广西芒果主要病虫害原色图谱及防治技术

陈永森 唐莹莹 黄国弟 主 编

中国农业出版社

北京

图书在版编目（CIP）数据

广西芒果主要病虫害原色图谱及防治技术 / 陈永森，唐莹莹，黄国弟主编. -- 北京：中国农业出版社，2024. 8. -- ISBN 978-7-109-32300-1

Ⅰ. S436.67-64

中国国家版本馆 CIP 数据核字第 2024L98R16 号

中国农业出版社出版

地址：北京市朝阳区麦子店街 18 号楼

邮编：100125

责任编辑：吴洪钟

版式设计：小荷博睿　　责任校对：吴丽婷

印刷：中农印务有限公司

版次：2024 年 8 月第 1 版

印次：2024 年 8 月北京第 1 次印刷

发行：新华书店北京发行所

开本：880mm×1230mm　1/32

印张：10.75　　插页：14

字数：325 千字

定价：52.00 元

本书编委会

前　言

芒果（*Mangifera indica* Linn.）是我国重要的热带、亚热带水果之一，素有"热带果王"的美誉。作为广西重要的特色水果之一，"百色芒果"品牌享誉国内外。截至2021年年底，广西芒果栽培面积158.41万亩*，其中投产面积118.03万亩，年总产量110.53万吨、总产值51.50亿元，仅次于柑橘、香蕉和葡萄，居全区水果生产产值第4位。在广西的14个地级市中，除桂林市、贺州市外，其余12个市均有芒果栽培，百色市以136.31万亩栽培面积居全区首位。广西芒果主要分布于百色市右江区、田阳区、田东县、田林县等右江河谷地区。南宁市武鸣区、西乡塘区、兴宁区、邕宁区、良庆区、上林县、宾阳县、横县、隆安县，钦州市灵山县、浦北县，崇左市扶绥县、龙州县，贵港市港北区、桂平市、平南县，梧州市藤县、苍梧县、岑溪市，玉林市兴业县、容县，柳州市柳北区、柳江区，来宾市兴宾区等地有零星种植。2010年以来，芒果产业经济效益持续向好，对农民脱贫增收发挥着越来越重要的作用，也成为了百色革命老区的支柱产业。随着我国居民消费水平的不断提高、运输物流行业的发展以及广西速丰桉退林还果等新一轮农业产业结构调整，广西芒果种植面积逐年扩大，规模化和

---

* 亩为非法定计量单位，1亩等于1/15公顷。

产业化程度进一步提高，芒果产业在广西农业经济中的地位和作用越来越突出。

广西属于我国芒果的中熟产区，湿热的亚热带季风气候适宜病虫害的发生，长期以来生产上对芒果栽培技术和品种选育研究较多，而对如何有效防控病虫害研究较少。20世纪80年代，广西开始大规模种植芒果，曾对小齿螟、白粉病、炭疽病等少数病虫害开展了研究，明确了当时主要病害的病原，发现并鉴定了芒果新虫害小齿螟，开展了病虫害的药剂筛选试验，确定了防治药剂，基本上满足了病虫害防治需要。21世纪初期，由于广西芒果种植品种单一，果园管理较为粗放，芒果炭疽病、细菌性黑斑病、矢尖蚧等病虫害不时暴发，造成严重的产量和经济损失，再加上市场价格不稳定，打击了果农信心，导致种植面积大幅度减少。2008年前后，随着电商和运输物流行业的发展，芒果市场需求逐年扩大，台农芒1号、桂热芒82号（桂七芒）、金煌芒、桂热芒10号等品质优良的品种广受消费者喜爱，种植面积迅速扩大。然而，由于果农管理技术参差不齐、右江河谷地区生态环境改变等原因，炭疽病、橘小实蝇、白粉病等常见病虫害不断加重；次要病虫害茶黄蓟马、横线尾夜蛾、芒果小齿螟、扁喙叶蝉等上升为主要病虫害，为害程度逐年加重；新的入侵危险性有害生物芒果果实象甲、壮铗普瘿蚊、畸形病、花瘿蚊等病虫害已构成严重威胁，病虫害问题成为制约芒果产业发展的重要因素。因此，准确识别病虫种类，了解其分布和危害程度，掌握相关防控技术，对广西芒果产业的健康发展和产业安全具有重要意义。

本书收集了广西壮族自治区亚热带作物研究所50多年来芒果病虫害防治技术研究成果，吸纳了国内外部分研究成果，系统地介绍了广西芒果常见害虫的分布及为害程度、发生为害特点、形态特征、生活习性、防治方法，以及常见病害的分布、危害程度、症状、病原（因）、发病规律、防治方法等。对各种病虫害突出以农业防治为主，与物理防治、生物防治、化学防治相结合的综合防治策略，体现了我国"预防为主，综合防治"的植保方针。全书共包括六部分内容：芒果虫害，芒果侵染性病害，芒果生理性病害，芒果采收、保鲜与贮运技术，芒果相关标准，禁用农药。文前附有彩图。

本书主要由陈永森、唐莹莹、黄国弟负责编写、整理、统稿和订正，李日旺、覃茜和彭鹏编写了部分内容，图片的采集、编辑和排版主要由陆祖正、覃昱茗、杨世安、莫永龙、罗世杏、郭丽梅、赵英、蓝唯、单彬、王运儒、邓有展、宁蕾等完成。中国热带农业科学院环境与植物保护研究所韩冬银副研究员为本书的编写给予了指导并提供部分资料和图片。本书在编写过程中，引用了一些国内外同行专家的研究结果和文献资料，并合理吸收了果农和基层农技人员的实践经验，在此对他们的工作表示感谢！

本书的出版得到广西重点研发计划项目"芒果重要病虫害监测调查与防控技术转化应用与示范"（桂科 AB18294040）和广西农业科学院基本科研业务专项（桂农科 2021YT141）资助，谨此致谢！

本书在编写过程中，难免有疏漏和不妥之处，敬请有关专家同行、读者批评指正，以便做进一步的修改与完善。

编　者

2023 年 12 月 1 日

目　录

前言

第一部分　芒果虫害

一、橘小实蝇 *Bactrocera dorsalis* Hendel ……………………… 1

二、茶黄蓟马 *Scirtothrips dorsalis* Hood ……………………… 4

三、红带滑胸针蓟马 *Selenothrips rubrocintus* Giard ………… 6

四、芒果扁喙叶蝉 *Idioscopus incertus* Baker ………………… 7

五、芒果横线尾夜蛾 *Chlumetia transversa* Walker ………… 10

六、芒果切叶象甲 *Deporaus marginatus* Pascoe …………… 13

七、芒果叶瘿蚊 *Erosomyia mangiferae* Fel ………………… 16

八、芒果花瘿蚊 *Dasyneura amaramanjarae* Grover ………… 19

九、壮铗普瘿蚊 *Procontarinia robusta* ……………………… 19

十、椰圆盾蚧 *Aspidiotus destructor* Signoret ……………… 22

十一、芒果小齿螟 *Pseudonoorda minor* Munroe …………… 23

十二、芒果蛱蝶 *Euthalia phemius* Doubleday ……………… 25

十三、双线盗毒蛾 *Porthesia scintillans* Walker …………… 26

十四、绿鳞象甲 *Hypomeces squamosus* Fabricius …………… 28

十五、潜皮细蛾 *Acrocercops syngramma* Mayr ……………… 29

十六、考氏白盾蚧 *Pseudaulacaspis cockerelli* Cooley ……… 30

十七、白蛾蜡蝉 *Lawana imitata* Melichar …………………… 31

十八、铜绿丽金龟 *Anomala corpulenta* Motschulsky ………… 33

十九、广翅蜡蝉 *Ricania speculum* Walker ……………………… 35

二十、芒果梢鞍象 *Acidodes fenatus* Faust ……………………… 36

二十一、小白纹毒蛾 *Orgyia postica* Walker ………………… 38

二十二、丽绿刺蛾 *Latoia lepida* Cramer ………………………… 40

二十三、芒果脊胸天牛 *Rhytidodera bowringii* White ……… 42

二十四、芒果果实象甲 *Sternochetus olivieri* Faust ………… 44

二十五、芒果重尾夜蛾 *Penicillaria jocosatrix* Guenee ……… 46

二十六、芒果天蛾 *Compsogene panopus* Cramer ……………… 47

二十七、芒果小爪螨 *Oligonychus mangiferus*

　　　　Rahman et Punjab ……………………………………… 48

二十八、黑翅土白蚁 *Odontotermes formosanus* Shiraki ……… 50

二十九、麻皮蝽 *Erthesina fullo* Thunberg ……………………… 52

三十、矢尖蚧 *Unaspis yanonensis* Kuwana ……………………… 54

三十一、橘二叉蚜 *Toxoptera aurantii* Boyer …………………… 56

三十二、芒果小蠹 *Hypothenemus hampei* Ferrari ……………… 57

三十三、绿额翠尺蛾 *Thalassodes proquadraria* Inouce ……… 59

三十四、橡胶木犀金龟 *Xylotrupes gideon* Linnaeus ………… 60

第二部分　芒果侵染性病害

一、芒果露水斑病 Mango sooty blotch ……………………………… 63

二、芒果细菌性黑斑病 Mango bacterial black spot ……………… 65

三、芒果炭疽病 Mango anthracnose ………………………………… 69

四、芒果白粉病 Mango powdery mildew …………………………… 74

五、芒果畸形病 Mango malformation disease …………………… 77

六、芒果流胶病 Mango Phomopsis gummosis …………………… 81

七、芒果煤烟病 Mango sooty mould ………………………………… 83

八、芒果蒂腐病 Mango stem end rot ……………………………… 86

九、芒果疮痂病 Mango scab ………………………………………… 90

十、芒果灰斑病 Mamgo Pestalogiopsis grey leaf spot ·········· 94

十一、芒果藻斑病 Mango Cephaleuros ·············· 96

十二、芒果树回枯病 Mango dieback ·············· 97

十三、芒果链格孢霉叶斑病 Mango *Alternaria* leaf spot ··· 100

十四、芒果叶点霉穿孔病 *Mango Phyllosticta* shot - hole ·· 102

十五、芒果曲霉病 Mango *Aspergillus* friut rot ·············· 103

十六、芒果树生黄单胞叶斑病 Mango *Xanthomonas*
        arboricola leaf spot ·············· 105

十七、芒果树叶片苔藓病 Mango leaves moss ·············· 105

十八、芒果附生地衣 Mango lichen ·············· 106

第三部分 芒果生理性病害

一、芒果缺钙症 Mango calcium deficiency ·············· 109

二、芒果缺镁症 Mango magnesium deficiency ·············· 110

三、芒果缺铁症 Mango iron deficiency ·············· 110

四、芒果缺钾症 Mango potassium deficiency ·············· 111

五、芒果缺锌症 Mango zine deficiency ·············· 112

六、芒果缺氮症 Mango nitrogen deficiency ·············· 113

七、芒果缺磷症 Mango phosphorus deficiency ·············· 113

八、芒果黑顶病 Mango black tip disease ·············· 113

九、芒果裂果症 Mango fruit split ·············· 114

十、芒果海绵组织病 Mango spongy tissue ·············· 115

十一、芒果生理性叶缘枯病 Mango physiological leaf
        edge blight ·············· 117

十二、芒果日灼病 Mango sunscald ·············· 118

十三、芒果寒害 Mango chilling injury ·············· 119

十四、芒果除草剂药害 Mango herbicide injury ·············· 121

十五、芒果多效唑药害 Mango paclobutrazol injury ·············· 121

第四部分 芒果采收、保鲜与贮运技术

一、采前防病 ··· 122

二、采收 ··· 123

三、清洗 ··· 126

四、分级 ··· 126

五、采后处理 ··· 127

六、包装 ··· 128

七、贮藏 ··· 129

八、催熟 ··· 131

第五部分 芒果生产相关标准

芒果苗木产地检疫规程 ·· 132

芒果贮藏导则 ·· 143

绿色食品 热带、亚热带水果 ·································· 148

绿色食品 产地环境质量 ······································ 155

绿色食品 食品添加剂使用准则 ································ 164

绿色食品 农药使用准则 ······································ 169

绿色食品 肥料使用准则 ······································ 181

芒果病虫害防治技术规范 ······································ 187

芒果栽培技术规程 ·· 208

芒果病虫害监测技术规程 第1部分：茶黄蓟马 ··············· 217

芒果病虫害监测技术规程 第2部分：白粉病 ················· 223

芒果病虫害监测技术规程 第3部分：橘小实蝇 ··············· 228

芒果病虫害监测技术规程 第4部分：炭疽病 ················· 233

芒果病虫害调查技术规程 第5部分：横线尾夜蛾 ············· 240

芒果病虫害调查技术规程 第6部分：芒果小齿螟 ············· 244

芒果病虫害调查技术规程 第7部分：扁喙叶蝉 ··············· 248

芒果套袋技术规程 ……………………………………… 252

芒果采后处理技术规程 ………………………………… 257

绿色食品　芒果生产技术规程 ………………………… 262

芒果水肥一体化技术规程 ……………………………… 276

芒果生产技术规程 ……………………………………… 281

芒果园弥雾喷药技术规程 ……………………………… 301

国际食品法典标准　芒果 ……………………………… 315

主要参考文献 …………………………………………… 321

附录　禁限用农药名录 ………………………………… 329

第一部分
芒果虫害

一、橘小实蝇 *Bactrocera dorsalis* Hendel

【分类】 橘小实蝇（*Bactrocera dorsalis* Hendel），中文异名柑橘小实蝇、东方实蝇、黄实蝇，属双翅目（Diptera），实蝇科（Tephritidae），寡鬃实蝇亚科（Dacinae），寡鬃实蝇族（Dacini），果实蝇属（*Bactrocera* Macquart）。

【分布及为害程度】 南宁市＋＋，百色市右江区＋＋、田东县＋＋、田阳区＋＋*。

【为害】 橘小实蝇主要为害寄主果实。成虫产卵于寄主果实内，幼虫孵化后在果内为害果肉，引起果肉腐烂。常常造成果实在田间裂果、烂果、落果，或采摘后出现腐烂，引致减产或失去食用价值。切开受害果，其中可发现有幼虫在为害。成虫产卵时在果实表面形成伤口，致使汁液大量溢出，伤口愈合后在果实表面形成疤痕。成虫产卵所形成的伤口容易导致病原微生物的侵入，使果实腐烂。在热带地区，橘小实蝇常与寡鬃实蝇属（*Dacus*）、果实蝇属（*Bactrocera*）的多种实蝇混合发生（图1-1-1）。

【形态特征】

成虫 体长7.0～8.0mm，翅1对，雌成虫体深黑色，复眼黄色，胸背黑褐色，具2条黄色纵纹，小盾片黄色，腹部赤黄色，有丁字形黑纹；翅透明，长约为宽的2.5倍，翅脉黑褐色（图1-1-2）。

---

* 仅列出发生地的表示轻微为害，"＋"表示中度为害，"＋＋"表示严重为害。下同。

卵 长椭圆形，长 0.8~1.2mm，宽 0.1~0.3mm，一端较尖细，另一端略钝，初产时白色透明，后渐变成乳黄色。

幼虫 分 3 龄，1 龄幼虫体长 1.6~4.0mm，2 龄幼虫体长 2.9~4.5mm，老熟幼虫体长 6~10mm。黄白色，蛆形，前端小而尖，后端大而圆。口钩黑色（图 1-1-3）。

蛹 体长 4.4~5.5mm，宽 1.8~2.2mm，椭圆形，初化蛹时淡黄色，后逐步变成红褐色。

【生活习性】 橘小实蝇的世代历期在不同地区有较大差异。一般卵期 1~3d，幼虫期 9~35d，蛹期 7~14d，成虫羽化后需经 10~30d 取食补充营养才开始交尾产卵。雌虫选择黄熟的果实产卵，在小果上不产卵，在完全膨大但未成熟的果实上有少量产卵。产卵于果皮内，每处产卵 5~10 粒，每雌产卵 160~200 粒，最高可达 1 000 多粒。孵化后幼虫在果肉内蛀食为害，老熟幼虫弹跳或爬行到潮湿疏松的土表下 2~3cm 处化蛹。成虫喜食带有酸甜味的物质，夜间喜聚在树冠内。早春高温干旱、夏季相对少雨有利于该虫的发生。成虫具趋光、喜低、栖阴凉环境的习性。

橘小实蝇在我国适生区域内，每年可发生多代，发生的代数与当地的气候、食物等关系密切。田间世代重叠，该虫在珠江三角洲地区、海南每年可发生 9~10 代；在福建厦门、云南西双版纳等地，每年发生 5~6 代，冬季没有明显休眠。在云南西双版纳、元江等地区，6—8 月是成虫发生高峰期；在广东，6—8 月和 11—12 月为成虫发生高峰。温度、湿度及食物是影响橘小实蝇发育、存活和繁殖的主要因素。

橘小实蝇各虫态适宜发育的平均气温在 14℃以上，最适发育温度为 25~30℃。气温高于 34℃或低于 15℃均对其发育不利，会造成成虫大量死亡。整个世代的发育起点温度为 12.19℃，完成整个生活史所需的有效积温为 334.4℃。

湿度与降水主要影响成虫产卵及幼虫化蛹。月降水量低于 50mm 对橘小实蝇种群不利，而 100~200mm 的月降水量有助于橘小实蝇种群的增长。月降水量大于 250mm 将导致橘小实蝇种群数量下降。土壤的湿度（含水量）对老熟幼虫化蛹有重要影响。土壤含水量在 60%～70% 时幼虫入土快，预蛹期短，蛹羽化率高；土壤含水量低于 40% 或高于 80% 时，老熟幼虫入土慢，幼虫和蛹的死亡率高。

橘小实蝇的寄主种类多，但不同寄主种类、同种寄主果实的不同成熟度对其取食、繁殖等具有不同影响。成虫对番石榴等 12 种寄主食物的产卵、取食嗜好性强弱表现为番石榴＞杨桃＞芒果＞番荔枝＞番橄榄＞黄皮果＞枇杷＞人心果＞莲雾＞油梨＞橙＞柑橘。雌成虫易受成熟度高、软、挥发物气味浓的水果气味的吸引，小果、膨大期果实及完全膨大但不成熟的果实受害较轻。果壳较厚、硬的品种受害也较果壳薄、软的轻。在芒果上，雌虫对黄软芒果气味的趋性最强。此外，产于寄主组织中的卵发育快、孵化率高；而裸露或非湿润状态下的卵发育迟缓且很少能孵化。不同芒果品种对橘小实蝇的抗性不同，本地芒、白花芒等品种较感虫，秋芒、泰国芒、象牙、紫花芒、桂香芒、串芒、红象牙等品种抗性较强，其中又以秋芒最为抗虫。

【防治方法】

（1）加强检疫　依据我国果蔬产品检疫的有关规定，对调运的芒果作物及产品需进行检疫及检疫处理。

（2）农业防治　从果实膨大期开始，及时收集田间烂果、落地果，或及时摘除被害果，集中深埋、焚烧、沤浸或用杀虫药液浸泡，深埋的深度要在 45cm 以上。在冬季或早春于成虫未羽化出土前，结合冬春季节清园，翻耕果园地面土层，有条件的可灌水 2～3 次，可杀死土中的幼虫、蛹和刚羽化的成虫。

（3）选用抗性品种　选用抗性品种或果实膨大成熟期与橘小实蝇发生高峰期不一致的品种。

（4）大田果实套袋　在幼果期，根据不同品种需求，选择质地好、透气性较强的套袋材料如无纺布等及时进行果实套袋，套袋时扎口朝下。

（5）果实采后处理　可使用热水、蒸汽、冷藏或辐射对果实进行采后处理。处理时应根据品种的不同而选择处理时间、温度或剂量。

（6）保护和利用天敌　使用对橘小实蝇3龄老熟幼虫具有强侵染力的小卷蛾斯氏线虫（*Steinernema carpocapsae*）A11品系等天敌产品于种植园地土壤中施放，使用剂量为300条/cm²，或在种植园进行药剂防治时宜选择对橘小实蝇成虫毒性较高但对天敌低毒性的药剂，保护利用实蝇茧蜂、跳小蜂、黄金小蜂及蚂蚁、隐翅虫、步行虫等橘小实蝇的寄生和捕食性天敌。

（7）应用不育成虫防治　采用剂量为90～95Gy的⁶⁰Co对橘小实蝇蛹进行辐射不育处理，成虫羽化后投放到野外，其中经处理的雄性成虫与野外的雌性成虫正常交配，但雌性成虫所产下的卵不育。

（8）利用性引诱剂或诱饵诱杀成虫　可选用S（Steiner）诱捕器或M（Mcphail）诱捕器，也可自制引诱瓶（可选用可乐瓶，在半壁开5cm×5cm小孔口，把盖封紧，用铁线穿过瓶盖，在瓶内固定挂置诱芯），利用大小约为5cm×5cm×0.2cm低密度的纤维板或海绵或棉花为诱芯，在诱芯中加入引诱剂和杀虫剂，诱杀成虫。如使用甲基丁香酚（ME）按10∶2比例加入多杀霉素或80％的敌敌畏加注于诱芯。

也可选用醚菊酯、三氟氯氰菊酯、多杀霉素、敌百虫、敌敌畏加入到1％的蛋白胨或3％的红糖配制药液喷树冠浓密处。

（9）药剂防治　选用敌敌畏、毒死蜱等拌制成含量为0.3％～0.5％的毒土在植株树冠下滴水线范围内撒施，每公顷撒450kg毒土。减少冬季虫口基数。可兼治芒果切叶象和芒果瘿蚊。

二、茶黄蓟马 *Scirtothrips dorsalis* Hood

【分类】　茶黄蓟马（*Scirtothrips dorsalis* Hood），属缨翅目（Thysanoptera），蓟马科（Thripidae）。

【分布及为害程度】　南宁市＋＋，百色市右江区＋＋、田东县＋＋、田阳区＋＋。

【为害】　蓟马以若虫、成虫在嫩梢、嫩叶、花蕾及小果上吸食组织汁液。在梢期，若虫、成虫在嫩叶背面群集活动，吸食汁液，受害叶片在主脉两侧会产生2条至多条纵列红褐色条痕。严重时叶背呈现一片褐色，叶片失去光泽，后期受害叶片边缘卷曲，呈波纹状，不能正常展开，甚至叶片干枯。新梢顶芽受害，生长点受到抑制，呈现枝叶丛生或萎缩。花果期，若虫、成虫集中为害花穗、幼果，造成大量落花落果；幼果被害后，果面出现黑褐色或锈褐色针状小点，甚至畸形，果皮组织增生木栓化，呈锈褐色粗糙状。幼果横径达2cm后不再受害。果实生长中后期，果皮变粗，出现凸起的红褐色锈皮斑。害虫也为害叶柄、嫩茎和老叶，严重影响芒果生长和果实质量（图1-2-1、图1-2-2）。

【形态特征】

成虫　体长约1mm，黄色。触角8节，暗黄色，第三、第四节感觉锥叉状。复眼暗红色，两复眼间单眼3个，三角形排列。头宽约为长的2倍，短于前胸；前缘两触角间延伸，后大半部有细横纹；两颊在复眼后略收缩；头鬃均短小，前单眼之前有鬃2对，其中一对在正前方，另一对在前两侧；单眼间鬃位于两后单眼前内侧的3个单眼内线连线之内。前翅橙黄色，近基部有一小淡黄色区；前翅窄，前缘鬃24根，前脉鬃基部4+3根，端鬃3根，其中中部1根，端部2根，后脉鬃2根。腹部背片第二至第八节有暗前脊，但第三至第七节仅两侧存在，前中部约1/3暗褐色。腹片第四至第七节前缘有深色横线。

卵　肾形，长约0.2mm，初期乳白，半透明，后变淡黄色。

若虫　初孵若虫白色透明，复眼红色，触角粗短，以第三节最大。头、胸约占体长的一半，胸宽于腹部。2龄若虫体长0.5～0.8mm，淡黄色，触角第一节淡黄色，其余暗灰色，中后胸与腹部等宽，头、胸长度略短于腹部长度。3龄若虫黄色，复眼灰黑色，触角第一、第二节大，第三节小，第四至第八节渐尖。翅芽白色透明，伸达第三腹节。蛹（四龄若虫）出现单眼，触角分节不清楚，伸向头背面，翅芽明显，伸达第四腹节（前期）至第八腹节（后期）。

【生活习性】 茶黄蓟马在海南全年发生，世代重叠，完成1个世代仅10多天。冬季以卵、成虫为主。若虫在早、晚和阴天多在叶面活动，晴天阳光直射则转移至叶背。老熟若虫多群集在被害叶片附近叶片背凹处，或瘿螨毛毡部，或在蛛网下，或叶片相叠处化蛹。成虫一般爬行，受惊扰时可弹飞。雌虫羽化后2～3d在叶背叶脉处或叶肉中产卵，可行有性生殖和孤雌生殖。卵散产，每雌虫产卵少则几十粒，多则100多粒。成虫有趋向嫩叶取食和产卵的习性。成虫、若虫还有避光趋湿的习性。一年抽梢次数多且发梢不整齐或有冬梢的果园，为害较严重；春秋干旱，为害严重。

【防治方法】

（1）控制抽生冬梢，减少其食料来源。

（2）田间悬挂黄色或蓝色粘虫板诱虫，跟踪监测，根据虫情及时进行药剂防治。

（3）在低龄若虫盛发期前用药防治。每隔5～7d喷1次，连喷2～3次。推荐选用乙基多杀霉素、啶虫脒、吡虫啉、毒死蜱、烯啶虫胺、螺虫乙酯、噻虫嗪、氯氰菊酯、溴氰菊酯等单剂或啶虫脒与氯氰菊酯混配制剂喷施嫩梢、嫩叶、花穗和幼果。

三、红带滑胸针蓟马 *Selenothrips rubrocintus* Giard

【分类】 红带滑胸针蓟马（*Selenothrips rubrocintus* Giard），属缨翅目（Thysanoptera），蓟马科（Thripidae）。

【分布及为害程度】 南宁市＋＋，百色市右江区＋＋、田东县＋、田阳区＋，贵港市平南县＋。

【形态特征】

成虫 长形，黑褐色，体长1.0～1.5mm，翅缘缨毛浓密呈灰黑色。

卵 肾形，黄白色，长约0.25mm。

若虫 长形，黄色，腹部基部呈带状亮红色（图1-3-1、图1-3-2）。

蛹　长形，体长约 1.0mm，形态似若虫，但具完全发育的翅芽。

【生活习性】　红带滑胸针蓟马年发生约 10 代。营孤雌生殖，卵单产于叶下表面且带有一滴类似粪便状物，卵期 1～3d，蛹期 6d。成虫、若虫多在靠近主脉的凹陷处或小沟中生活，常常将腹部末端翘起，端部尚带有一球状液滴。

红带滑胸针蓟马年发生有明显高峰，发生高峰与芒果的物候期关系密切，从初花期开始出现为害，至盛花期为害数量达最大，随着小果期的到来，虫口数量明显下降。在芒果生长、开花结果时，如遇温暖干旱天气，发生为害更严重。

【防治方法】

（1）控制抽生冬梢，减少其食料来源。

（2）田间悬挂黄色或蓝色粘虫板诱虫，跟踪监测，根据虫情及时进行药剂防治。

（3）在低龄若虫盛发期前用药防治。每隔 5～7d 喷 1 次，连喷 2～3 次。推荐选用乙基多杀霉素、啶虫脒、吡虫啉、毒死蜱、烯啶虫胺、螺虫乙酯、噻虫嗪、氯氰菊酯、溴氰菊酯等单剂或啶虫脒与氯氰菊酯混配制剂喷施嫩梢、嫩叶、花穗和幼果。

四、芒果扁喙叶蝉 *Idioscopus incertus* Baker

【分类】　芒果扁喙叶蝉（*Idioscopus incertus* Baker），中文异名芒果短头叶蝉。属同翅目（Homoptera），叶蝉科（Cicadellidae）。

【分布及为害程度】　南宁市＋＋，百色市右江区＋＋、田东县＋、田阳区＋，防城港市上思县＋，崇左市扶绥县＋。

【为害】　为害芒果的叶蝉除芒果扁喙叶蝉外，还有龙眼扁喙叶蝉［*Idiosopus clypealis*（Lethierry）］，两种叶蝉常混合发生。扁喙叶蝉以成虫和若虫群集刺吸芒果幼芽、嫩梢、花穗和果实汁液，致使芽死亡，嫩梢、花序枯萎，幼果脱落。在严重发生的果园，花序 100% 受害，虫口密度可高达 400 头/梢以上，直接影响当年的产量和植株生长。此外，此虫以若虫、成虫分泌大量的蜜露，引致叶片、果面和枝条发生煤烟病（图1-4-1、图1-4-2）。

【形态特征】

成虫　体长4.0～4.8mm，楔形，赭色。头宽为长的5.5倍；颜面的斑纹为黑褐色和黄褐色，头顶有较暗的云斑，中线色淡，后部有两块褐色长方形斑。前唇基端部黑褐色，喙较长，端部膨大而扁平，雄虫呈红色而雌虫呈黑褐色。前胸背板略带绿色，并具暗色斑和条纹，外角色较浅。小盾片三角形，浅赭色，基部（前缘）具3个黑色斑，居中的横置，两侧的呈三角形，中斑后面有两个很小的斑，两侧边缘亦有两个更小的斑。前翅青铜色，半透明，翅上具暗色斑，斑之间为透明区，翅脉清晰。足的腿节褐色，后足胫节端部黑色，腹板横斑黑色，臀节也为黑色（图1-4-3）。

卵　长椭圆形，长约1.0mm，最宽处0.3mm。初期白色半透明，逐渐变成乳黄色，顶端稍平。顶部具一白色絮状毛束。后期可见两黑褐色小眼点。

若虫　初孵时淡黄褐色，体背中央从前至后具一乳白色纵中线。老熟若虫胸部背面呈淡褐色，中胸具倒八字形淡黄白色线纹；翅芽达腹部第四节，与腹部分离或贴近。第一、第二腹节背面中央具黑褐色斑，以后各节黑褐色；第三至第五腹节背中央连成一大黄斑。体背纵中线呈淡黄色。足的腿节、胫节中部及爪为黑褐色，间以黄白色。

【生活习性】　在广西于盆栽植株上饲养年发生2～7代。世代重叠，同一虫子的后代，一年中繁殖最快的可比繁殖最慢的多出5代。在广西，3月2代重叠，4、5月3代重叠，6、7月4代重叠，8、9月5代重叠，共有6个代次发育的成虫同时进入下一年。无明显越冬滞育现象。在室内盆栽苗上饲养，其生活史历期各代差异甚大。若虫和卵的生长适温为19～26℃，高温低湿和低温高湿对卵和若虫生长发育不利。在日均温25℃室内条件下，卵期4d，若虫期14～18d，成虫期30～96d；而在日均温17.9℃条件下，完成一代需110～190d。

初羽化的成虫若无嫩梢、花序补充营养则不能交配产卵。成虫寿命长短与产卵前期有很大关系，产完卵的雌虫随即死去。未生殖雌虫的寿命可长达250d以上。成虫无趋光性。在非嫩梢期或花果期聚集于树冠茂密、叶色浓绿的植株上为害，一旦有植株抽芽梢，便迁往取食和产卵。成虫产卵于嫩芽、嫩梢、嫩叶中脉、花、花梗的组织内。卵散产，每雌平均产卵270粒，最多可达1 044粒。若虫5龄，若虫孵化后，卵壳仍留在寄主组织里，外表露出打开的白色卵盖，具有群集性。

成虫和若虫行动都很敏捷，爬行迅速，若遇惊动，成虫立即跳跃逃遁，发出如大雨点洒落叶片的声音。在田间，全年均可找到虫口，在非嫩梢花果期以成虫存在。在海南虫口的发生与嫩梢关系密切，发生时间基本与抽梢、抽花穗的时间同步，每年3—5月和8—10月为盛发期。该虫在枝叶或树皮缝中越冬。

【防治方法】

（1）农业防治　加强管理，合理施肥与修枝，改善果园通风透光条件。扁喙叶蝉有趋嫩绿、茂密的习性，应避免偏施氮肥，并适当增施钾、钙、磷肥以增强嫩梢花序纤维化，提高植株自身的抗虫能力。每年收果后应进行合理修枝整形，保持果园的通透性以抑制此虫的大发生。避免将物候不一致的品种混杂种植；使用生长调节剂控梢，使抽梢整齐一致。另外，在管理水平较高的果园，则可利用叶蝉趋嫩产卵的习性，在品种单一的果园有意识、有规划地间种少量早花品种，作为诱集叶蝉的"警戒树"，并随时消灭早期虫口，可避免大面积喷药而经济有效地将虫口数量控制在较低水平。

（2）药剂防治　根据虫情监测结果，特别是花芽期及嫩梢期等关键时期，及时喷药保护嫩梢和花穗。可交替选用下列农药：70%吡虫啉水分散粒剂3 000～4 000倍液，25%噻嗪酮可湿性粉剂1 000～1 500倍液，10%氯氰菊酯乳油1 500～2 500倍液。

（3）生物防治　扁喙叶蝉在芒果园中受到多种天敌的制约，如病原真菌对叶蝉的寄生率可达50%以上；蜘蛛类、猎蝽、螳螂和卵寄生蜂也普遍存在，因此应合理使用化学农药，尽量避免杀伤天敌。

五、芒果横线尾夜蛾 *Chlumetia transversa* Walker

【分类】 芒果横线尾夜蛾（*Chlumetia transversa* Walker），中文异名芒果蛀梢蛾、钻心虫。属鳞翅目（Lepidoptera），夜蛾科（Noctuidae）。

【分布及为害程度】 南宁市＋＋，崇左市扶绥县＋，百色市右江区＋、田东县＋、田阳区，钦州市灵山县＋。

【为害】 横线尾夜蛾主要为害芒果嫩梢及花穗。以幼虫蛀食嫩梢或花穗的髓部，导致受害部位枯死。严重影响幼树生长和结果树的产量（图1-5-1）。

【形态特征】

成虫 体长9~11mm，翅展19~23mm。体背黑褐色，腹面灰白色。头部棕褐色，前额被黄白色鳞毛，下唇须前伸，黑褐色，末端灰白色。颈片、翅基片、胸部背面均为黑色。雌虫触角丝状，雄虫触角基部栉齿状，端部丝状具纤毛。胸腹交接处有一八字形白色斑纹。前翅茶褐色，基线以内深褐色，如一大三角形斑；肾形纹浅褐色，镶黑边；中线细小，外线呈宽带状，微弯，分三层，内层黑褐色，宽阔，中层浅褐色，外层线状白色；亚端线宽阔，曲折成锯齿状，呈褐色；外层白色锯齿状纹很明显，大多中断不连接，有时中断成三段；端线黑色，为翅脉所间断，分成6个黑斑。后翅灰褐色，近后角有一白色短横纹，外缘黑色，各脉端部白色。腹部2~4节背中央耸起黑色毛簇，毛簇端部灰白色，腹部各节两侧各有一白色小斑点（图1-5-2）。

卵 扁圆形，直径约0.5mm。初产时青绿色，后转赤褐色，孵化前色变淡。卵表面有纵沟54~55条，有整齐的横格7~8个，接近顶端的横格颇不规则，卵顶中央有8~9片梅花状纹。

幼虫 4~6龄，老熟幼虫体长13~16mm，暗绿色，具红斑。头部及前背板为黄褐色，胸足绿色带褐。腹足趾钩列为单序中带，略呈弧形（图1-5-3）。

蛹 体长9～11mm，初化蛹时呈青褐色，后渐变褐色。复眼黑褐色。胸腹各体节散布着粗细不一的刻点。下唇须呈纺锤形，下颚须越过翅中部，略长于前足末端。中足接近翅端，后足微显露，与翅端齐平。触角短于中足。腹部末端钝圆光滑，不具臀棘。

【生活习性】 横线尾夜蛾年发生多代，世代重叠。完成1代的时间因季节而异，一般38～60d，但冬季可长达110多天，通常世代历期长短与气温高低及植株新梢萌发迟早有关。在广西南宁年发生8代，每年2—4月为害春梢和花序，4—6月和8—10月为害夏、秋梢。在海南岛年发生8～10代，12月至翌年1月为第一个虫口高峰期，为害花芽和嫩梢；5—6月和9—10月发生量也较大，分别为害夏梢和秋梢。花穗被害影响坐果和引起落果。

成虫期10～20d。成虫的趋光性和趋化性都很弱。翌年1—2月成虫开始羽化，羽化时间多在上午。在田间，成虫白天静伏于树干上或栖息于荫蔽处，下半夜为交配盛期。一般在交配后第3、4天开始产卵，最早开始于次晚，少部分个体10多天后才产卵。产卵多在上半夜进行。卵散产，成虫产卵时连续产卵10多粒后稍停息，然后又继续产卵。卵产于新梢下部或嫩叶下表面，少数产于嫩枝、叶柄和花序上，产卵量为54--435粒/雌。

卵期在夏、秋季约需3d，冬、春季约4d。幼虫历期的长短与温度密切相关，24～28℃仅需11～14d；低温或日夜温差大时，历期延长。幼虫大多在上午孵化。幼虫出壳后相当活跃，爬行寻找入侵部位。1～2龄幼虫主要为害嫩叶叶脉、叶柄，也有初孵幼虫直接为害嫩梢、花穗和生长点的；3龄以上幼虫主要钻蛀嫩梢，一头幼虫可转移为害多个嫩梢。幼虫老熟后从为害部位爬出，寻找化蛹场所，大部分个体爬行到植株根部周围的土中化蛹，部分直接在树干伤口、枯枝、天牛排泄物处吐丝封口化蛹。蛹期10～16d，随气温高低长短不同。11月下旬至12月以预蛹或蛹开始在芒果枯枝、树皮、天牛排泄物处越冬。

当树上被害梢开始出现凋萎状，则其中老熟幼虫已爬出，而尚未出现凋萎状的被害梢中尚有幼虫存在。这一特点为确定人工诱蛹防治此虫的适宜收蛹时间提供了依据。

【防治方法】

（1）人工防治　用石灰水涂刷树干，营造不利于幼虫化蛹的环境；在虫害较严重的果园，可在树干上绑扎塑料薄膜包椰糠（木糠）、草把或稻草，诱集老熟幼虫入内化蛹。定期取下烧毁。具体方法如下：剪取 10cm 宽的农用塑料薄膜（长度视树围大小而定）松松地环绕树干一圈，并留 10cm 长的接口重叠，其下端用包装带紧紧绑在树干上，拉开薄膜上端使之呈喇叭口状，填入湿润椰糠或木糠，以诱集沿树干下爬的横线尾夜蛾幼虫在其中化蛹。从田间 20% 被害梢出现凋萎之日起 10～12d 内收蛹，即下翻薄膜，倾落带蛹椰糠并收集，同时填入新材料备用。此法对减少下代虫源的效果显著。

（2）生物防治

①保护和增殖寄生天敌。在田间，幼虫寄生蜂花翅跳小蜂（*Microtrys* sp.）寄生致死率高达 56%；蛹寄生蜂大腿小蜂（*Bracaymeria* sp.）寄生率最高可达 89%。将人工诱到的虫蛹置于 2.0mm×2.0mm 的网笼中，悬挂于芒果植株上，待寄生蜂羽化后飞出，从而保护和增加天敌。

②养鸡灭虫。在芒果害虫中，入土化蛹的害虫除了横线尾夜蛾外，还有其他鳞翅目害虫及切叶象甲、橘小实绳、叶瘿蚊等。因此，在果园中养鸡取食入土化蛹的害虫，对抑制害虫种群的增长有着不可低估的作用。

（3）药剂防治　注意用药时间，重点抓好幼虫刚孵化至 3 龄前施用药剂，在新梢或花穗开始萌动至新梢转绿或花穗盛花前期定期喷药，或在这个时期当幼虫虫口密度达到每平方米树冠 10 头以上时立即喷药防治。可选用氰戊菊酯、溴氰菊酯、三氟氯氰菊酯、啶虫脒、吡虫啉、Bt 等；在横线尾夜蛾产卵期可分别用 80% 敌敌畏或 90% 敌百虫杀卵。以上药剂交替使用，减缓害虫产生抗药性。

六、芒果切叶象甲 *Deporaus marginatus* Pascoe

【分类】 芒果切叶象甲（*Deporaus marginatus* Pascoe），中文异名切叶象、切叶虎等。属鞘翅目（Coleoptera），象甲科（Curculionidae）。

【分布及为害程度】 南宁市＋＋，崇左市扶绥县＋，百色市右江区＋、田东县＋、田阳区＋＋。

【为害】 成虫取食嫩叶的上表皮和叶肉，造成近圆形的取食斑（图1-6-1），直径约2mm，留下白色透明的下表皮，几个至十几个取食斑连成片，使叶片卷缩，严重被害的叶片不久便干枯脱落。雌成虫在嫩叶上产卵，并从叶片近基部横向咬断，切口齐整如刀切，带卵部分掉落地面，造成秃梢。单头雌虫切叶80～145片，为害严重的几乎将整株嫩叶全部切断，严重影响植物正常生长（图1-6-2、图1-6-3）。

【形态特征】

成虫 体长4.0～5.0mm，喙长约1.5mm。头和前胸枯黄色，喙黑色；触角肘状，基半部为黑褐色，端半部为橘黄色，其上密生细毛。复眼半球形，稍突出于头部两侧，黑色。鞘翅褐灰色，缘折及翅端部灰黑色，肩部及端部黑色，每 鞘翅上有10纵列粗刻点，密生浅褐色细毛；鞘翅肩部下伸，肩角呈钝圆状。雌虫比雄虫略大，腹部肥大，腹部末端1～2节露出鞘翅外。足胫节、跗节灰黑色，各节端部末端膨大，下方具一端刺（图1-6-4）。

卵 长椭圆形，长0.7～0.9mm，宽约0.3mm。表面光滑，初产时白色，半透明，后渐变为淡黄色，具光泽。

幼虫 无足型，共3龄。体长5.2～6.5mm，宽1.4～1.8mm。初孵时乳白色，老熟时黄白色或深灰色，头部褐色或灰褐色。胴部可见11节，体节多具皱纹，腹部两侧各具1对肉刺，疏生淡黄色细毛。

蛹 离蛹。体长3.0～4.0mm，宽1.4～2.0mm，淡黄色，末

期呈浅褐色，两侧焦黑。头部有乳头状突起，上着生刚毛，体背被细毛。腹部向内弯曲，呈淡黄色或灰蓝色；喙管紧贴于腹面，末节着生肉刺 1 对。

蛹　扁椭圆形，长 4.0～4.5mm，宽约 4.0mm。土质，内实外松，内壁光滑。

【生活习性】　芒果切叶象甲年发生代数因地区而异，在海南年发生 9 代，广西年发生 7 代，云南西双版纳地区年发生 3～4 代。世代历期 30～50d。由于个体发育进度不一致，世代重叠严重，重叠代数可达 4 代。冬季无越冬现象。

卵期 2.5～4.0d。卵的孵化率与其所在叶片的湿度有关，在叶片保湿的情况下，孵化率可达 90%；若叶片掉落地上后受阳光暴晒 1～2d，叶片枯干，孵化率仅为 4% 左右；而在树荫下的叶片中卵的孵化率为 60%～80%。

幼虫期 3～6d。幼虫孵化后潜叶取食，造成蜿蜒曲折的隧道。隧道随虫体生长而逐渐加宽，常连通成片。1 片叶中有多头幼虫时，可将叶肉全部吃空，仅剩上下表皮层。幼虫发育的适宜土壤湿度（土水重量比）为 15% 左右，当大于 20% 时则推迟化蛹，甚至死亡；小于 10% 时虫体则失水萎缩卷曲，最终死亡。正在生长的幼虫因干燥会出现滞育现象，1 个月后若再给予适宜的湿度，仍能恢复取食，直至化蛹。

蛹期 6～9d。幼虫老熟后停止取食，入土做茧并进入预蛹期。预蛹期长短与气温和土壤湿度关系密切。当气温 25～35℃ 时，历时 13～18d；当气温在 15～25℃ 时约为 30d。幼虫入土化蛹深度与土壤湿度有关。当土壤干燥时，幼虫入土深度可达 3cm，而土壤湿润则只在 1.5 cm 的表土层化蛹。

成虫寿命平均 58d，最长可存活 140d，具向上性、趋嫩性、群集性，若遇惊扰即假死落地或飞逸。成虫羽化后常在蛹室内滞留 2～3d 后出土。成虫出土受温度及土壤湿度的影响，如气温低于 20℃ 则推迟出土；若土壤干燥板结，部分成虫无法破茧，困死于蛹室中。成虫出土后须取食嫩叶及嫩茎、花柄等补充营养，不取食老叶及已着卵的嫩叶；每对成虫平均取食叶肉 40mm²/d，最高的可达 270mm²/d，下午是取食高峰期。取食活动与气温有关，气温在 10～20℃时，取食量随气温下降而减少，当气温低于 10℃时，基本不取食并停止其他活动。出土 2～3d 后便开始交配，交配后 1～2d 开始产卵，产卵期长达 30～60d，产卵量为 200～495 粒/雌。产卵前先用口器在叶片正面主脉的一侧咬一小洞，然后产卵其中，并用口器压实产卵孔周围的叶表皮，由叶脉流出乳胶状物质将其封盖，每片叶上最多可产卵 16 粒，一般 3～7 粒，也有些虽咬了产卵孔却没产卵。卵均匀地交互成对产于嫩叶的主脉两侧，卵痕多为略向叶缘外弯的肾形。雌虫在一叶片上产卵后即爬行到近叶基处的边缘，迅速地从一侧咬向另一侧，切叶速度为 2～6mm/min，每虫一生可切叶 80～145 片。将叶片切断后，虫体转移到别的新叶产卵为害。也有叶片虽被产卵却不被咬切或咬而不断，这种现象在高温（＞30℃）干旱和低温（＜18℃）干燥季节常有发生。成虫为多交性，未交配的雌虫亦可产卵和切叶，但卵不孵化。新叶生长到一定长度（8.0cm）和宽度（2.5～5.0cm）时，即成为成虫产卵的场所，叶色转绿、叶形稳定后就不再受害。成虫的交配、产卵和切叶大多发生在 9：00—10：00，风雨天气对以上行为影响不大；成虫 9 月发生最多，因而秋梢受害最严重。

　　成虫有多型现象。根据其腹面的颜色可分为黄色型（黄色）、黑色型（黑色）和居间型（末端 2～3 节黄色，其余几节黑色）。自然种群以黄色型为主，占 65.7%，黑色型和居间型占 34.3%。不同色型的个体在寿命、取食、交尾、切叶及同性异色个体大小方面差异甚微，但其产卵量和产卵部位有分化倾向。黄色型 58.8% 的卵产在叶主脉内，黑色型 55.4% 的卵产在主脉侧边叶肉组织中。成虫的三种色型终生稳定，可自然混杂或单独完成生活史，共同组成切叶象甲自然种群。

　　【防治方法】

　　（1）农业防治　平时管理结合除草、施肥、控冬梢时翻松园土，破坏化蛹场所；在芒果抽梢期间，注意巡视果园，如发现被芒果切叶象甲为害的植株，收捡地上的嫩叶，并集中烧毁，消灭虫卵，降低下代虫源。

（2）生物防治　蚂蚁和寄生蜂是芒果切叶象甲的重要天敌，田间自然种群丰富，应加强保护利用。

（3）生态防治　有条件的果园，可在果园内饲养鸡。取食幼虫及蛹。此法可兼治叶瘿蚊等入土化蛹的害虫。

（4）药剂防治　重点抓好新梢嫩叶叶龄 5d 后开始喷药保护，阻止成虫产卵，杀死初孵幼虫。在嫩梢期，每天 10：00 前和 16：00 后振动树枝，发现每枝平均有成虫 3～5 头起飞时，应选用醚菊酯、毒死蜱、氯氰菊酯、顺式氯氰菊酯、溴氰菊酯、联苯菊酯、敌敌畏等进行喷药防治。以上药剂交替使用，减缓害虫产生抗药性。

海南地区每年修剪后，第一、第二蓬梢嫩叶期，可在树冠滴水线内的地面使用敌敌畏、毒死蜱等拌制成含量为 0.3%～0.5% 的毒土进行杀虫，此法可兼治芒果叶瘿蚊。对芒果切叶象甲发生为害严重地段、地块，应不定期采用挑治或点治方法喷药防治。

七、芒果叶瘿蚊 *Erosomyia mangiferae* Fel

【分类】　芒果叶瘿蚊（*Erosomyia mangiferae* Fel），属双翅目（Diptera），瘿蚊科（Ithonide）。

【分布及为害程度】　南宁市＋＋，钦州市灵山县，防城港市上思县＋，崇左市龙州县＋，玉林市＋，百色市右江区＋、田东县＋、田阳区＋。

【为害】　主要为幼虫为害嫩梢、嫩叶。幼虫咬破嫩叶表皮钻入取食叶肉，被害处呈浅黄色斑点，进而变为灰白色，最后变为褐色而穿孔破裂。易与炭疽病为害状混淆。严重时，叶片呈不规则的网状破裂、卷曲，枯萎脱落以致梢枯、树冠生长不良。为害高峰期植株新梢被害率高达 100%（图 1-7-1、图 1-7-2）。

【形态特征】

成虫　虫体草黄色。雄成虫体长 1.0～1.2mm，触角 14 节，触角长 1.1mm，略长于身体，第五节的基球部半球形，宽为长的 4/5。基柄长与宽几乎相等，端柄长是第五节全长的 1/4，或为基柄直径的 2 倍左右；基球部和端球部的亚端部各有 10 个轮生环丝，基球部的环丝长达端球部的中部，端球部环丝长达端柄的末端，两球状部的亚基部各有轮生的刚毛。触角末端有一乳状小突起。中胸盾板两侧色暗，中线色淡；翅透明；足黄色，前、中、后足爪均有齿，后足爪细长，在中部强度弯曲，渐向末端尖细；在爪基部 1/4 处具有 1 个长的弯齿；爪垫为爪的 1/2。抱握器基节基部有 1 个大的基叶，端节细长，略弯；阳茎粗壮，端部宽大，端缘中央具凹刻，亚端部侧各具一突起。雌成虫体长约 1.2mm。触角长与腹部相等或略短，从第三节起各节呈圆筒状并具有端柄，第五节筒状部分的长约为其宽度的 2 倍，端柄长占全节的 1/2，或为其宽的 2 倍，各节具 2 排轮生的刚毛。产卵器粗短，钩为腹部的 1/3，末端有大的端叶，其上密生小刺和数根刚毛。

卵　椭圆形，长约 1mm，一端稍大，无色。

幼虫　蛆形，初孵幼虫白色，稍后转为乳黄色。末龄幼虫体长 1.8～2.1mm，宽约 0.62mm，有明显体节。剑骨片细长，端部中央有较大的三角形凹刻，形成两个三角形大齿，在两齿的基部两侧各具一小凹刻（图 1-7-3）。

蛹　体黄色，短椭圆形，长约 1.4mm，前端略大，外面有一层黄褐色薄膜包裹。头的后面前胸处有 1 对长毛状黑褐色呼吸管。头部的前面有 1 对红色短毛。足细长，紧贴腹部中央，伸达腹部第五节。触角、翅芽均紧贴于蛹体两侧。

【生活习性】　在广西南宁地区及海南，芒果叶瘿蚊年发生 15 代，每代历时 16～17d。卵期 2d，幼虫期 7d，蛹期 5～6d，成虫期 2～3d。每年 4—11 月（海南 3—12 月）均有发生，夏、秋梢期是其虫口高峰期。11 月中旬后幼虫陆续入土 3～5cm 深处化蛹越冬。翌年 4 月（海南为 3 月）上旬前后羽化出土（表土温20～23℃，含水量 9%～15%），初羽化成虫爬出地面初时呈静止状态，继而双翅不停地相互拍击，并缓缓伸展；在地面爬行5～

10min 后开始飞翔。羽化时间随季节不同而异，5—8 月羽化高峰为 15：00—18：00，9—10 月为 9：00—10：00。成虫出土后当晚开始交配，21：00—22：00 为高峰期，至 3：00 前结束。次日上午雌虫产卵于嫩叶背面。成虫寿命短。雄虫于交尾后次晨即开始死亡，多数在次日晚上死去；雌虫多数在产卵后第 2 天死亡，少数在第 3 天。雌雄性比为（1.9～2.5）：1。成虫体小纤弱，雨天不利于飞翔活动，遇大风雨时被打落死亡。成虫有弱趋光性，但怕强光，故晴天成虫大多躲在树冠的荫蔽处。幼虫孵化时间主要在下午。随后咬破嫩叶表皮钻进叶内取食叶肉，引起水烫状点斑，随幼虫长大，形成小瘤状虫瘿，一片叶上最多可达几十个虫瘿。老熟幼虫咬破表皮爬出叶面弹跳或随露水落地，沿土壤缝隙入土化蛹。干旱对幼虫化蛹不利，落地幼虫在干燥的土壤中常不能正常入土化蛹；幼虫畏惧强光，在强光下暴晒 2～3h，即死亡；能耐高湿，土壤湿度大对其存活影响不大。在水盆中能活 15～20d，个别甚至能在水中化蛹。若土壤温湿度适宜，幼虫进入表土后，在土壤缝隙中 2d 左右结成一层体外薄膜化蛹。

【防治方法】

（1）**农业防治**　此虫喜温暖潮湿的气候和荫蔽的环境，应注意修剪树冠，保持果园内通风透光；选植梢期较一致的品种或化学控梢以免新梢交替抽生为瘿蚊提供持续的食料；春梢抽出前，或果园嫩梢受害严重时，对果园进行除草松土。

（2）**药剂防治**　重点抓好新梢嫩叶抽出 3～5cm、嫩叶展开前后期间进行喷药保护，阻止成虫产卵，杀死初孵幼虫。每隔 7～10d 1 次，连喷 2～3 次。选用阿维菌素、吡虫啉、螺虫乙酯、敌敌畏、毒死蜱、氯氰菊酯、顺式氯氰菊酯、溴氰菊酯于新梢期喷洒嫩叶。选用敌敌畏、毒死蜱等拌制成有效成分含量为 0.3%～0.5% 的毒土在植株树冠下滴水线范围内撒施，每公顷撒 300～450kg 毒土。此法可兼治芒果切叶象甲等。

八、芒果花瘿蚊 *Dasyneura amaramanj arae* Grover

【分类】　花瘿蚊（*Dasyneura amaramanj arae* Grover），中文异名花蕾蛆。属双翅目（Diptera），瘿蚊科（Cecidomyiidae）。

【分布及为害程度】　百色市右江区＋＋、田阳区＋。

【为害】　主要影响芒果开花、授粉、坐果，严重的花穗受害率高达 68%，幼果受害率达 45.6%。被害花蕾由黄绿色变为淡红色，每个花蕾一般有 1～6 头幼虫，严重影响开花结果，特别在谢花结果时，成虫产卵于幼果，当幼果豌豆大小时皱缩脱落，严重影响芒果产量（图 1-8-1、图 1-8-2）。不为害叶片，没有虫瘿出现。该虫在广西元江 1 年发生 6～7 代。卵期 4～5d，幼虫期 9～15d（图 1-8-3、图 1-8-4），蛹期 7～12d，成虫期 2～6d，越冬虫源为 12 月中下旬羽化，翌年 1 月初出现第 1 代，4 月中旬以老熟幼虫、预蛹或蛹入土越冬。成虫产卵 1～10 粒。

【防治方法】

（1）出现第 1 代及在芒果花序中有 1 朵小花开放时进行喷药防治，可有效保护花蕾不受侵害，降低以后几代的虫源。

（2）大田大面积防治花瘿蚊，利用 40% 速扑杀和 24% 万灵各稀释 1 000 倍药液，在芒果初花期进行喷雾防治，连续喷药 4 次，可取得较好的防治效果。防治时两种农药最好交替使用。

（3）除喷洒农药防治外，还应在芒果采摘后，深翻园土，破坏花瘿蚊的越冬场所，从而达到预防的目的。

九、壮铗普瘿蚊 *Procontarinia robusta*

【分类】　壮铗普瘿蚊（*Procontarinia robusta*），属双翅目（Diptera），瘿蚊科（Cecidomyiidae），普瘿蚊属（*Procontarinai* Kieffer & Cecconi）。

【分布及为害程度】　南宁市＋＋。

【为害】 成虫将虫卵产在芒果嫩叶的背面，孵化后幼虫直接钻入叶内取食为害，造成叶片隆起，形成黑色虫瘿，梅雨季节幼虫为害部位经常形成斑点、孔洞、腐烂，虫瘿数量多的严重影响植物生长发育，从而导致芒果树提前衰老、叶片发黄干枯、提早凋落、不开花结果等现象（图1-9-1至图1-9-4）。

【形态特征】

成虫 雄虫翅长1.4～1.5mm。后头峰短，尖。眼桥宽，中部13～15个小眼面。口须被稀疏刚毛，节数和各节比例有变化，大多口须3节，少数4节，甚至一侧口须3节，而另一侧口须4节。第1、2节近柱状，第2节长于或短于第1节，第3节中间宽、两端窄，长于或短于第2节，如为4节，通常各节长度较接近。触角2＋12节，柄节杯状，腹面着生几根刚毛；梗节近半球形，色稍深，小于柄节；鞭节双结型，基结和端结大小、形状相似，近球形，每结中部着生一圈环丝和一圈长刚毛；基颈短而不明显，与结部一样被微毛，端颈短；第1鞭节的结间缢缩常很浅，不与第2鞭节愈合；鞭节从基部至端部端颈渐长，翅透明，长为宽的2.1～2.2倍，足密被窄鳞，胫节短于腿节，爪长，在基部1/3处弯折。雌虫翅长1.7～1.9mm。触角鞭节结部筒状，基部着生一圈粗刚毛，近端部着生一圈排列不规则的粗刚毛，中部具一些细刚毛，近基部和近端部各具1圈短环丝，由2条纵向的环丝相连，颈很短，约为结长的1/5；端节细长，长约为宽的3.8倍，具端突。翅长为宽的2.2～2.4倍。产卵器极短、宽，不能伸缩，尾须中部愈合，末端圆突，其上着生许多短刚毛，背面着生一排长刚毛，腹瓣小。

幼虫 1龄幼虫：初孵幼虫，头部缩在第1胸节中，胸部共3节，腹部9节；初期体乳白色，后期在第1、第2胸节间有一黑色的斑块；体长0.15～0.6mm。2龄幼虫：1龄幼虫蜕皮后，在第1胸节的腹面中央形成一纵贯的、红褐色的、三叉戟状剑骨片；身体两侧有稀疏的侧气孔式气管，有9对气门；体长0.6～1.0mm。3龄幼虫：身体从乳白色逐渐变成蜡黄色，体长从1mm增长到1.8～2.1mm。

蛹 初蛹前，蛹脱掉幼虫的皮，剑骨片随皮脱掉，全身呈蜡黄色，复眼、翅芽、足、触角呈淡黄色，翅芽从开始短及第1腹节，到后来至第3腹节，足细长，并列排在腹部中央，伸过翅芽，到达腹末，触角紧贴体表，经过复眼，沿翅芽前沿至翅芽外端，在头顶触角基部伸出一对黑褐色、刺状呼吸管，腹部圆鼓。中蛹复眼左右愈合，颜色由淡黄色，经橙黄色、橘红色，变成深红色，胸部颜色开始变暗。后蛹复眼颜色由深红色变成黑色，胸部、翅芽、足及触角的颜色变为灰黑色、黑色，腹部变为灰白色，透过蜡白色、半透明的蛹壳，可明显看到腹部表面长出许多黑色长毛。

【生活习性】 每年发生4代，4—11月为害情况比较严重。成虫喜欢在晚间羽化，21：00—22：00最盛，成虫自虫瘿中羽化飞出后当天便可交尾。成虫怕光，白天躲在树皮的缝隙中或土壤中等较阴暗处，交尾后的雌虫选择在芒果树初露苞的嫩叶背面上产卵，卵散产。瘿蚊产卵对芒果叶片选择性较强，当叶片生长到5日龄以后就不会再在上面产卵。同一叶片可被多头成虫重复产卵。成虫寿命短，仅1～2d。一般小叶、细叶型的本地芒果品种为害较轻，大叶、宽叶型的品种为害较重。成虫夜间活跃，在叶蓬间飞舞或停留在叶片上。

【防治方法】

（1）农业防治 冬季结合修剪，将带虫枝叶剪除并集中烧毁，减少越冬虫源；选植梢期较一致的品种或化学控梢以免新梢交替抽生，为瘿蚊提供持续的产卵场所。

（2）化学防治 重点抓好新梢虫叶率大于30%、叶有虫瘿数大于2个时，进行喷药保护，阻止成虫产卵，杀死初孵幼虫。每隔7～10d 1次，连喷2～3次。可选用阿维菌素、吡虫啉、螺虫乙酯、毒死蜱、氯氰菊酯。选用敌敌畏、毒死蜱等拌制成有效成分含量为0.3%～0.5%的毒土在植株树冠下滴水线范围内撒施，每公顷撒300～450kg毒土。此法可兼治芒果切叶象甲等。推荐用药：70%吡虫啉水分散粒剂3 000～4 000倍液、4.5%高效氯氰菊酯乳油1 500～2 000倍液、25%噻嗪酮可湿性粉剂1 000～1 500倍液、

10%联苯菊酯乳油 2 000～2 500 倍液。

十、椰圆盾蚧 *Aspidiotus destructor* Signoret

【分类】 椰圆盾蚧（*Aspidiotus destructor* Signoret），拉丁文异名 *Temnaspidiotus destructor* Signore。中文异名黄薄椰圆蚧、木瓜蚧、恶性圆蚧、黄薄轮心蚧。属同翅目（Homoptera），盾蚧科（Diaspididae）。

【分布及为害程度】 百色市右江区＋＋、田阳区＋＋、田林县＋＋、田东县＋＋。

【为害】 在芒果上发生为害的介壳虫多达 10 多种，重要的种类有椰圆盾蚧、黑褐圆盾蚧、红蜡蚧和矢尖蚧等。椰圆盾蚧以若虫和雌成虫群栖于叶背或枝梢茎上，或附着于叶背、枝条或果实表面，刺吸组织中的汁液，被害叶片正面呈黄色不规则的斑纹或叶片卷曲，叶片黄枯脱落。新梢生长停滞或枯死，树势衰弱（图 1 - 10 - 1、图 1 - 10 - 2）。

【形态特征】

介壳 雌成虫介壳圆形，直径 1.8～2.0mm，淡黄色，薄而透明，中央有两个黄色壳点，为若虫蜕皮壳，外观可见壳内黄色虫体。雄成虫介壳椭圆形，质地和颜色与雌虫介壳相似，稍小。直径 0.7～0.8mm，褐色，介壳较雌介壳厚，中央只有 1 个黄色壳点。介壳与虫体易分离。

成虫 雌成虫长卵圆形或卵形，前端较圆，后端较尖，黄色，直径 1.2～1.5mm。雄成虫体长 0.75 mm，橙黄色，复眼黑褐色，足、触角、交尾器及胸部背面褐色，具前翅 1 对，透明，足 3 对。腹末有针状交尾器。

卵 长约 0.2mm，椭圆形，黄绿色，产于介壳下母体后方。

若虫 卵形，1 龄若虫体长 0.23～0.25mm，淡橙黄色，足 3 对、触角、尾毛各 1 对，口针较长。2 龄若虫除口针尚存外，足、触角、尾毛消失。

蛹 长椭圆形，黄绿色。

【生活习性】 椰圆盾蚧在长江以南各地年发生 2～3 代，均以受精雌成虫越冬，翌年 3 月中旬开始产卵，卵产于介壳下，不规则堆积。4—6 月以后盛发。若虫孵化后，从介壳边缘爬出，喜在叶片及成熟的果实上固定为害。雌成虫的繁殖能力与营养条件有关，寄生在果实上的平均产卵 145 粒/雌，寄生在叶片上的平均产卵约 80 粒/雌。成虫交配多在夜间进行，交配后 2～3 周产卵，产卵期长达 15～55d。初孵若虫向新叶及果上爬动，后固定在叶背或果上为害。雄若虫蜕皮 2 次，经预蛹期和蛹期，羽化为成虫。雌若虫经 2 次蜕皮后变为雌成虫。雌虫的各龄若蚧发育所需天数因气温而异，15℃时为 78d，在 28℃时为 28d。雄成虫的寿命很短，最多仅有 4d。

【防治方法】

（1）农业防治 保持果园、植株通风透光，及时剪除受害严重的叶片和小果，降低虫口密度。

（2）生物防治 注意保护蚜小蜂、跳小蜂等寄生性天敌及瓢虫、草蛉等捕食性天敌，进行化学防治时选用对这些天敌低毒的杀虫剂，并尽量采取田间挑治，少用全面喷雾。

（3）药剂防治 掌握好在若虫盛发期喷药防治，可选用 240g/L 螺虫乙酯悬浮剂、顺式氯氰菊酯、高效氯氰菊酯、三氟氯氰菊酯、毒死蜱、毒死蜱·氯氰菊酯、吡虫啉·噻嗪酮、啶虫脒·二嗪磷、吡·高氯、石蜡油等喷洒有虫部位和有虫植株。

十一、芒果小齿螟 *Pseudonoorda minor* Munroe

【分类】 芒果小齿螟（*Pseudonoorda minor* Munroe），属鳞翅目（Lepidoptera），螟蛾科（Pyralidae）。

【分布及为害程度】 南宁市＋＋，崇左市扶绥县＋，百色市右江区＋＋、田东县＋＋、田阳区＋＋。

【为害】 主要为幼虫钻蛀果实，受害果表面虫粪累累，失去食用价值；株受害率 10%～80%，果实受害率 5%～60%；同时引起大量落果，造成严重经济损失（图 1-11-1、图 1-11-2）。

【形态特征】

成虫 体长 9～14mm，翅展 22～28mm。复眼突起黑色。头下部至腹面为灰白色，有光泽。触角线状，头部褐色。头部至胸部和翅基部共有 7 个白色小斑点，其中头部一个，胸部两侧各一个，两侧翅基部各两个，似形成一个八字形。腹背板第三节和第四节交接处有一个小白点。腹末端为灰黑色，翅为灰色，翅上有 6 个小黑点，翅外缘、翅顶角和缘纤毛为灰黑色。中后足具有距，在前足上有灰黑色绒毛，在中足上具有黑色绒毛，腹部与翅齐平或略长于翅（图 1-11-3）。

卵 淡黄色，扁圆形。

幼虫 末龄体长 18.5～20mm。1 龄幼虫体色为淡黄色，分节不明显，以后渐为淡红色或鲜红色，末龄幼虫为红褐色或紫褐色。幼虫体节 11 节，其中腹部 8 节，体节分节明显。头部褐色，前胸背板黑色，同时黑色斑以中纵线分裂为两块，腹足趾钩为单行，长短相间（图 1-11-4、图 1-11-5）。

蛹 体长 11～15mm。初期体色为淡褐色，近羽化时深褐色（图 1-11-6）。

【生活习性】 芒果小齿螟在广西年发生 3 代，世代重叠。老熟幼虫在树干的裂缝内化蛹或以滞育的老熟幼虫越冬。第二年 3 月下旬越冬老熟幼虫陆续结茧化蛹。4 月上旬为成虫羽化盛期。4 月中旬为第一代卵孵化盛期。4 月中旬至 5 月为第一次幼虫为害高峰期。5 月底至 6 月初幼虫陆续化蛹。6 月上、中旬为成虫羽化高峰期和第二代卵孵化期。6 月中旬为幼虫发生为害的第二次高峰期。6 月底至 7 月初第二代老熟幼虫陆续化蛹。7 月中旬为第二代成虫羽化和第三代卵孵化高峰期。7 月中下旬幼虫陆续为害，8 月下旬至 9 月上旬幼虫老熟，陆续转移到树干裂缝内滞育越冬。在田间，该虫 5 月初虫口密度逐渐增高，6 月以后开始出现世代重叠，7、8 月逐渐减少。

成虫无趋化性，有弱趋光性。成虫多在 3：00—8：00 羽化，占羽化总数的 91.4%。羽化后成虫飞到树冠内活动（白天多躲在树冠内栖息），经 1～3d 后交配，交配时间为 19：00—22：00 和 2：00—3：00，以 19：00—22：00 为多，交配时间 47～545s（秒），交配后即可产卵。卵产于果实表面或果柄附近，散产或聚产；卵期 4～8d，产卵量 6～76 粒/雌，成虫寿命 2～17d；雌雄比例为 1：1.4。幼虫孵化后即在果实表面蛀食为害，初孵幼虫为害轻，2 龄以后为害加重。幼虫有转果为害习性，一般 1 个受害果有 1～2 头虫为害，多的可达 10 头，受害严重的果实腐烂脱落；1 头幼虫可转果（花生粒至龙眼大小的果）为害 7 个果实。

【防治方法】

（1）检疫防治　依据我国有关规定，对调运的芒果作物及产品需进行检疫及检疫处理。

（2）农业防治　加强栽培管理，保持果园清洁。及时清理落果，并集中处理，如挖坑深埋，或倒入粪池浸泡等，不得随意堆放或乱丢。

（3）药剂防治　坐果期使用药剂进行保果，重点掌握好幼虫刚孵化至蛀入果实前进行喷药防治。可选用溴氰菊酯、氯氰菊酯、氰戊菊酯、氟铃脲、杀铃脲、阿维·甲维盐等喷施幼果。每隔 10～15d 喷 1 次，连喷 2～3 次。

十二、芒果蛱蝶 *Euthalia phemius* Doubleday

【分类】　芒果蛱蝶（*Euthalia phemius* Doubleday），属鳞翅目（Lepidoptera），蛱蝶科（Nymphalidae）。

【分布及为害程度】　南宁市＋，百色市右江区＋、田东县＋、田阳区＋。

【为害】　低龄幼虫咬食叶表组织，造成叶片呈缺刻状，近老熟时，可将叶片食光，仅剩中脉，影响树势。

【形态特征】

成虫　雌雄异型。雄成虫体长约 23mm，翅展 62mm，体背黑色，腹部灰白色，触角黑褐色，锤状部底面和末端红色。翅黑棕色，前翅中室内有黑色线纹围成的空心大横斑两个，一个在中部，一个在室端；中室外有一排白色条斑，后翅臀角有一浅蓝色区，外缘镶边黑色，似锯齿状。后翅自外缘至臀角有一个宽阔的浅蓝色区。雌成虫体长约 25mm，翅展 68mm，色较浅，前胸黑灰色，前翅有一宽大的白色斜带，自前缘中部伸向后角，前缘近顶角处有两个并排的小白点，后翅无浅蓝色区（图 1-12-1）。

卵 近半球形，直径约 1.5mm，灰绿色。表面有粗大的蜂窝状网纹，并遍生白色竖毛。

幼虫 老熟幼虫体长约 38mm，绿色，背线宽大，淡黄白色杂有紫红色，体两侧伸出 10 对长而尖的羽毛状突起物，其长超过体宽的 1 倍。头部隐藏于突起下面，粗看头尾难分（图 1-12-2）。

蛹 近菱形，淡绿色。头部两个尖角都是金黄色，有反光；胸部后缘及侧面共有 5 个金黄色斑点（图 1-12-3）。

【生活习性】 在海南一年四季均可见幼虫为害，在广西 4—10 月可见幼虫为害。成虫白天活动、交尾、产卵。卵散生在叶片上，每叶 1 粒。幼虫常栖息在叶梢正中，因其背线颜色与叶片中脉相似，不易察觉。幼虫老熟后，迁到较完好的叶片，倒挂在叶背中脉化蛹。

【防治方法】

（1）农业防治 结合修剪整形，摘除叶片上的虫蛹。白天用网捕成虫。

（2）药剂防治 在幼虫发生高峰期，可选用溴氰菊酯、阿维菌素、氰戊菊酯、三氟氯氰菊酯等喷施。

十三、双线盗毒蛾 *Porthesia scintillans* Walker

【分类】 双线盗毒蛾（*Porthesia scintillans* Walker），拉丁文异名 Euproctis scintillans Walker。中文异名棕衣黄毒蛾、桑褐斑毒蛾。属鳞翅目（Lepidoptera），毒蛾科（Lymantriidae）。

【分布及为害程度】　南宁市＋，崇左市龙州县＋。

【为害】　主要为幼虫取食叶片、花和果实，造成叶片缺刻，严重时叶片仅剩网状叶脉；咬食花或小果，使受害花果脱落；果实膨大后为害造成果实表面粗糙或缺刻，影响果实产量和质量（图 1－13－1、图 1－13－2）。

【形态特征】

成虫　体长 10.0～13.5mm，雄虫翅展 19～26mm，雌虫翅展 25～37mm，体黄褐色，头部和颈部橙黄色，胸部浅黄棕色，腹部黄褐色，肛毛簇橙黄色。前翅赤褐色，微带浅紫色闪光，翅上有两条黄色的波状纹，有的个体不清晰。前缘、外缘的缘毛黄色，外缘缘毛黄色部分被赤褐色部分分隔成 3 段。后翅黄色。

卵　扁圆形，横径 0.6～0.7mm，中央凹陷。初产时黄色，后渐变为红褐色。由卵粒聚成块状，卵块上有棕色短毛覆盖。

幼虫　老熟幼虫体长 22～25mm，头部褐色，体暗棕色，前胸背面有 3 条黄色纵纹，侧瘤橘红色，向前凸出。中胸背面有 2 条黄色纵纹和 3 条黄色横纹。后胸背线黄色。腹部第一节、第二节和第八节有棕色短毛刷，其余毛瘤污黑色或浅褐色，第三至第七腹节背线黄色较宽，其中央贯穿深红色细线。第九腹节背面有倒 Y 形黄色斑（图 1－13－3）。

蛹　圆锥形，长 8.7～13mm，褐色。体表有许多刚毛，末端着生 26 根小钩。有疏松的丝茧，上有毒毛。

【生活习性】　双线盗毒蛾年发生 5～6 代，第一代卵产于 4 月上旬，4 月中旬孵化，4 月中下旬为幼虫为害盛期，4 月下旬至 5 月上旬为化蛹盛期，幼虫期约 25d。第一、第二代为害花穗及幼果较为严重。以老熟幼虫或蛹在树干基部的表土内、树皮裂缝或洞孔内越冬，冬季暖和时，幼虫仍能取食。春季后，成虫羽化，多在傍晚进行，羽化当晚即可交尾。成虫有趋光性。雌虫一生只交尾 1 次，次日开始产卵，每雌成虫可产卵 40～84 粒。卵多产在叶片背面或花穗柄上，堆聚成长条形块状，卵期 5～10d。初孵幼虫有群集性，先取食卵壳，后取食叶下表皮和叶肉，把叶片吃成小缺刻。3 龄后分散取食，不仅可食尽全叶，还可取食叶柄、花等。幼虫期15～20d，末龄幼虫吐丝结茧黏附在落叶上化蛹，蛹期5～10d。

此虫的发生与气温、立地条件、造林密度有关。冬季连续低温，越冬幼虫存活率低，翌年的虫害轻；疏林受害比密林重；行道树、孤立树木比整片纯林重；阳坡地比阴坡地受害重。幼虫天敌有姬蜂和小茧蜂。

【防治方法】 参考芒果毒蛾防治方法。

十四、绿鳞象甲 *Hypomeces squamosus* Fabricius

【分类】 绿鳞象甲（*Hypomeces squamosus* Fabricius），中文异名蓝绿象、绿绒象虫、大绿象虫。属鞘翅目（Coleoptera），象甲科（Curculionidae）。

【分布及为害程度】 南宁市＋，百色市右江区＋、田阳区＋。

【为害】 该虫以成虫取食寄主植物幼芽、嫩叶及嫩枝，使叶片残缺不全，甚至咬断新梢、花序梗和果柄，造成大量落花落果，严重影响果树生长（图1-14-1）。

【形态特征】

成虫 体长15～18mm，全体黑色，密生墨绿、淡绿、淡棕、古铜、灰、绿等闪闪有光的鳞毛，有时杂有橙色粉末。头、喙背面扁平，中间有一宽而深的中沟，复眼十分突出，前胸背板以后缘最宽，前缘最狭，中央有纵沟。小盾片三角形。雌虫腹部较大，雄虫较小（图1-14-2、图1-14-3）。

幼虫 末龄幼虫体长15～17mm，体肥大多无褶，无足，乳白色至黄白色。

卵 长约1mm，卵形，浅黄白色，孵化前暗黑色。

【生活习性】 长江流域年生1代，华南2代，以成虫或老熟幼虫越冬。4—6月成虫盛发。浙江、安徽多以幼虫越冬，6月成虫盛发，8月成虫开始入土产卵。广西、广东终年可见成虫为害。不同寄主植物对绿鳞象甲引诱作用的大小顺序分别为芒果＞荔枝＞柑橘＞

茶树；芒果与荔枝、柑橘嫩梢上引诱的绿鳞象甲数量间无显著差异。

【防治方法】

（1）绿鳞象甲成虫具有假死性，可在成虫出土高峰期人工捕杀　即在成虫盛发期，选择被为害的林木（叶片有缺刻状），在树冠下铺垫塑料布，摇动树木，将掉下的成虫集中杀灭。或者在人工捕杀之前先将杂草锄干净，可不用铺塑料布，直接摇动树木，让成虫掉在地上进行捕捉。

（2）用胶黏杀　用桐油加火熬制成胶糊状，涂在树干基部，宽约 10cm，象甲上树时即被粘住。涂一次有效期 2 个月。

（3）药剂防治　在成虫盛发期用 90％敌百虫、50％敌敌畏 500 倍稀释液，90％巴丹、2.5％敌杀死、50％倍硫磷、50％马拉硫磷、50％辛硫磷 800～1 000 倍稀释液，10％天王星乳油 3 000 倍稀释液喷杀，喷药时，树冠和树旁下面的地面均要喷湿。由于绿鳞象甲鞘翅较厚，尽量避免使用菊酯类等触杀性药剂。

（4）注意清除园林内和园林周围杂草，在幼虫期和蛹期结合中耕，每亩可用 95％巴丹 300g 拌土施于树冠下，然后翻松土壤，可杀死部分幼虫和蛹。

十五、潜皮细蛾 *Acrocercops syngramma* Mayr

【分类】　潜皮细蛾（*Acrocercops syngramma* Mayr），属鳞翅目（Lepidoptera），细蛾科（Gracillariidae）。

【分布及为害程度】　南宁市＋＋、百色市右江区＋＋、田阳区＋＋、田东县＋＋、田林县＋＋、西林县＋、隆林各族自治县＋。

【为害】　主要为幼虫在嫩梢皮下蛀食，使皮层呈膜状脱离，影响嫩梢长势，严重时造成枝条干枯、死亡（图 1 - 15 - 1 至图 1 - 15 - 3）。

【形态特征】

成虫　体长约 4mm，灰褐色，间有白色斑纹。

幼虫 末龄幼虫体长 4mm，淡黄色，头部黄褐色。

蛹 茧椭圆形，透明，丝质。

【生活习性】 成虫夜间活动，产卵于嫩梢上，幼虫孵出后蛀入皮下，在其中蛀食，致使皮层呈膜状脱离，严重时整条枝条的周围一圈皮层脱离，致使枝条干枯、死亡。

【防治方法】

（1）检疫处理 将带虫苗木或接穗进行熏蒸处理，可 100％杀伤幼虫。

（2）药剂防治 在成虫羽化期，特别是越冬代成虫羽化期喷药1～2 次，可有效控制为害。可选用的药剂包括阿维菌素、甲维盐、阿维·甲维盐、敌敌畏、溴氰菊酯等。

十六、考氏白盾蚧 *Pseudaulacaspis cockerelli* Cooley

【分类】 考氏白盾蚧（*Pseudaulacaspis cockerelli* Cooley），中文异名贝形白盾蚧、广菲盾蚧、椰子拟轮蚧。属半翅目（Hemiptera），同翅亚目盾蚧科（Diaspididae），白轮盾蚧属（*Pseudaulacaspis*）。

【分布及为害程度】 百色市右江区＋、田阳区＋、田林县＋＋，南宁市＋。

【为害】 作为一种刺吸式口器的害虫，主要以刺吸式口器吸食植物汁液造成为害，雌成虫和若虫常寄生在植株叶片、绿色茎秆或枝干上，受害状经常表现为布满白色介壳或者絮状物，并出现黄白色斑点，造成植株营养不良，树势衰微，叶片变黄脱落，最终导致寄主植物枝干枯甚至死亡，该虫在吸食植株汁液的同时还会传播病毒，为害十分严重（图 1-16-1、图 1-16-2）。

【形态特征】

成虫 雌成虫介壳长梨形或圆梨形，雪白色，有的具轮纹，长2.16～3.14mm，宽 1.15～1.80mm。壳点 2 个，黄褐色，突出于介壳前端。雌成虫体纺锤形，黄色，体长 1.20～1.85mm，体宽

0.60～0.91mm，前胸及中胸常膨大，后半部变狭，游离腹节侧突
显著。臀板淡褐色，臀板凹较显著。近产卵时的雌成虫体转为橘黄
色，臀板深褐色。雄成虫介壳丝蜡质，白色，长形，背面略见 1 条
纵脊，长 1.10～1.54mm，宽 0.46～0.53mm。只有 1 个壳点，黄
褐色，位于介壳前端。雄成虫体橘黄色，体长 0.74～0.89mm，翅
展 1.10～1.72mm。复眼棕黑色，触角具细刚毛，前翅灰白色，交
尾器细长针状（图 1 - 16 - 3、图 1 - 16 - 4）。

　　若虫　初孵若虫体椭圆形，黄色，体长 0.25～0.29mm，体宽
0.14～0.17mm，触角和足发达。固定取食后的 1 龄若虫身体明显
增大，体长 0.37～0.41mm，体宽 0.23～0.29mm，身体隆起，触
角和足渐趋退化。1 龄若虫无法区别雌雄，2 龄若虫雌雄差异明显。
2 龄雌若虫体形似雌成虫。

　　卵　卵黄色，长椭圆形，长 0.22～0.24mm，宽 0.11～
0.13mm。近孵化时具 1 对黑色眼点。

【生活习性】　在广西 1 年发生 3 代左右。

【防治方法】

（1）检疫　加强果树调运中的检疫工作，防止虫源蔓延。

（2）保护和引进天敌　如日本方头甲、捕食性螨及捕食性蓟
马、寄生蜂、草蛉、瓢虫等。对虫害有明显控制作用。

（3）药剂防治　若虫孵化期喷施 2.5%溴氰菊酯乳油 3 000 倍
液或 50%大灭乳油 2 500 倍液。

十七、白蛾蜡蝉 *Lawana imitata* Melichar

【分类】　白蛾蜡蝉（*Lawana imitata* Melichar），中文异名白
鸡、白翅蜡蝉、紫络蛾蜡蝉。属同翅目（Homoptera），蛾蜡蝉科
（Flatidae）。

【分布及为害程度】　南宁市＋＋，崇左市扶绥县＋、龙州
县＋，百色市右江区＋＋、田东县＋、田阳区＋。

【为害】　为害芒果的蜡蝉有近十种，主要有白蛾蜡蝉、青

蛾蜡蝉、碧蛾蜡蝉、八点广翅蜡蝉等。白蛾蜡蝉以成虫、若虫群集于较隐蔽的枝条、嫩梢、花穗上吸食汁液，成虫刺伤枝条产卵，被害处附有许多白色棉絮状蜡物，使寄主树势生长衰弱，枝条干枯，引致落果或果实品质变劣；其排泄物可引起煤烟病，影响树势，降低果实商品价值，严重时造成落果或品质变劣。

【形态特征】

成虫　体长 18～20mm，翅展 42～45mm，黄白色或碧绿色，体被白色蜡粉。头部向前尖突，复眼灰褐色。触角短小，基部三节膨大，其他节细如刚毛。前翅近三角形，黄白或碧绿色，翅脉多分枝呈网状，外缘平直，顶角尖锐突出；后翅白色、黄白色或粉绿色，膜质、柔软、半透明。静止时，四翅合成屋脊形覆盖于体背上。后足发达，能弹跳，遇惊动即弹跳起展翅飞翔（图 1 - 17 - 1、图 1 - 17 - 2）。

卵　长椭圆形，黄白色，长约 1mm。表面有细网纹，卵粒聚集排列成纵列长条块。

若虫　末龄若虫体长约 8mm，白色稍扁平，虫体被白色棉絮状蜡粉。翅芽末端平截；腹末有成束粗长的蜡丝。

【生活习性】　华南地区每年一般发生 2 代。第一和第二代若虫发生高峰期分别在 4—5 月和 7—8 月，成虫高峰期分别在 6—7 月和 9—10 月。以成虫在寄主茂密的枝叶丛间越冬。每年 3—4 月，越冬成虫开始活动、交尾产卵，卵产在枝条、叶柄皮层中，卵粒纵列成长条块，每块有卵几十粒至 400 多粒；产卵处稍微隆起，表面呈枯褐色。成虫善跳能飞，但只作短距离飞行。初孵若虫有群集性，全身被有白色蜡粉，受惊即四散跳跃逃逸。若虫群集的树枝如棉絮包裹的细棒，若不细看难以发现；随着虫龄的增大，若虫扩散为害。生长茂密、通风透光差的果园，通风透光差的树冠内膛，在夏秋季遇上阴雨天气等，均有利于该虫发生为害。在冬季或早春，气温降至 3℃以下连续出现数天，越冬成虫大量死亡，虫口密度下降，翌年白蛾蜡蝉第一代发生相对较少。

【防治方法】

（1）农业防治　结合修枝整形，剔除过密枝条，使树体通风透光，不利害虫繁衍。随时剪除虫、卵枝，减少虫源。在若虫期，可用竹扫帚把若虫扫落，进行捕杀或放鸡捕食。

（2）生物防治　若虫的常见天敌有草蛉、螯蜂、绿僵菌等。注意保护利用果园原有的天敌。

（3）药剂防治　在成虫盛发期、成虫产卵初期、若虫低龄期进行药剂防治，果园中可根据虫口分布及时挑治1～2次。可选用噻虫嗪、毒死蜱、氰戊菊酯、敌敌畏、敌百虫等喷洒有虫枝叶、花穗及果实。

十八、铜绿丽金龟 Anomala corpulenta Motschulsky

【分类】　铜绿丽金龟（*Anomala corpulenta* Motschulsky），中文异名铜绿金龟。属鞘翅目（Coleoptera），丽金龟科（Rutelinae）。

【分布及为害程度】　南宁市＋，崇左市扶绥县＋。

【为害】　常造成大面积幼龄果树叶片残缺不全，有的甚至叶片全部被吃光。幼虫主要取食农作物的地下部分，多在清晨和黄昏由土壤深处移动到土表为害，苗木被咬食后易倒伏、叶片发黄枯死。其主要为害虫期为3龄幼虫，有两个为害盛期，一个是9月初始进入3龄后摄取量猛增，另一个是3龄幼虫越冬刚刚结束后活动为害直至5月；成虫主要为害寄主植物叶片，特别是鲜嫩的幼苗、幼树等，交尾结束后有一段食量大增期，整株叶片被吃光，还可迁移寄主为害（图1-18-1）。

【形态特征】

成虫　成虫体长19～21mm，触角黄褐色，鳃叶状。前胸背板及鞘翅铜绿色具闪光，上面有细密刻点。鞘翅每侧具4条纵脉，肩部具疣突。前足胫节具2外齿，前、中足大爪分叉（图1-18-2、图1-18-3）。

幼虫　老熟幼虫体长约32mm，头宽约5mm，体乳白，头黄褐色近圆形,前顶刚毛每侧各为8根,成一纵列;后顶刚毛每侧4根,斜列。额中例毛每侧4根。肛腹片后部复毛区的刺毛列,各由13~19根长针状刺组成,刺毛列的刺尖常相遇。刺毛列前端不达复毛区的前部边缘。

卵 光滑,呈椭圆形,乳白色。幼虫乳白色,头部褐色。

蛹 体长约20mm,宽约10mm,椭圆形,裸蛹,土黄色,雄末节腹面中央具4个乳头状突起,雌则平滑,无此突起。

【生活习性】 铜绿丽金龟1年发生1代,以幼虫在土壤中越冬。翌年春幼虫开始上升活动并取食为害。铜绿丽金龟为昏出型昆虫,活动高峰在20:00—22:00,在此期间进行取食、交配、产卵等。成虫具有趋光性、假死性和群集性。

【防治方法】

(1)农业防治 搞好田间卫生,清除田间地头的杂草,深翻农田,冻垡晒垡。在蛴螬发生区轮作,可在田间种植蛴螬不喜食的芝麻、棉花等直根系作物。此外,合理施肥,特别是在使用有机肥时选择腐熟的农家有机肥;适时灌水,这样既可强健作物,增加抵抗力,还可迫使蛴螬下潜或死亡,减轻为害。

(2)物理防治 利用铜绿丽金龟成虫趋光性、假死性、昼伏夜出性等特点,在盛发期人工杀虫,或使用频振式杀虫灯、黑光灯等诱杀。此外,由于成虫喜欢取食榆、柳、杨等树木叶片,可以在田间放置诱集枝条并集中杀死成虫。

(3)化学防治

①幼虫防治。主要从药剂拌种、土壤处理等方面入手。处理土壤的方法包括地面施药、农药灌根、药剂拌土、撒施毒饵等。

②成虫防治。主要是在其盛发期进行农药喷雾或撒施毒饵等。使用50%磷胺乳油与50%杀螟松乳油,75%辛硫磷乳液与90%晶体敌百虫,0.5%苦参碱AS、1.8%阿维菌素EC与5%氟虫脲DC等。

(4)生物防治 昆虫病原线虫可主动搜寻寄主,对地下害虫等钻蛀害虫具有良好的效果。昆虫病原菌对蛴螬具备较强的寄生能力。真菌杀虫剂是触杀性杀虫剂，具有广谱性、可形成再侵染、易生产等特点，连续几年施用，能起到长期控制的作用。钩土蜂科（Tiphiidae）土蜂为体外寄生蜂，雌蜂可自动寻找寄主进行专性寄生，对蛴螬有明显的防治作用。

十九、广翅蜡蝉 *Ricania speculum* Walker

【分类】 广翅蜡蝉（*Ricania speculum* Walker），属半翅目（Hemiptera），同翅亚目（Homoptera），广翅蜡蝉科（Ricaniidae）。

【分布及为害程度】 南宁市＋，崇左市龙州县＋。

【为害】 广翅蜡蝉成虫、若虫喜于嫩枝、嫩芽、嫩叶、花蕾和幼果上吸食汁液，导致芒果枝梢枯萎，叶片退绿发黄、落花和落果，严重影响树势及产量。初孵若虫群集为害。4龄后开始分散取食。成虫产卵于当年生枝条光滑处木质部内，也可产于嫩叶背面主脉内。每处产卵5～22粒，排列成一行，并覆有棉絮状白色蜡丝。产卵部位常见流胶，影响枝条生长。重者产卵处以上枝条失水枯死，并随着若虫龄期增大，为害加重，分泌物增多，其分泌物黏附于枝叶和果实上，导致煤烟病发生，使果皮、枝叶表面覆盖煤烟病菌，影响光合作用，降低果品质量（图1-19-1）。

【形态特征】

成虫 体长7～9mm，翅展19～28mm，平均翅展24mm；头、胸棕褐色或黑色，腹部褐色或黄褐色；前翅深褐色，有3个较大的透明斑（个别只有2个），其前缘近端部有1个近半圆形的透明斑，外缘有2个较大的透明斑，前斑形状不规则，后斑长圆形，翅面散布白色蜡粉；后翅黑褐色，半透明，前缘基部有一段狭长的透明斑，翅面散生浅绿色的蜡粉；足为黄褐色，但腿节为暗褐色（图1-19-2）。

若虫 1～2龄若虫为乳白色，3龄若虫呈浅绿色，4～5龄若虫呈褐色。腹部末端有蜡丝10束，其中稍长2条向上向前弯曲并张开，另外8条蜡丝中2条与虫体平行向后伸展，其余6条分布于虫体两侧，每侧 3 条斜向上举起。

卵 长卵圆形，初产时无色，后渐变为白色到米色，近孵化时为浅黄色。长 0.7～1.3mm，平均长 1.0mm。顶端有乳状突起。卵块双行倾斜产于嫩枝、叶脉或叶柄组织内，上面覆盖白色棉状物，厚薄不均。

【生活习性】 成虫羽化多在 21：00 至次日 2：00，刚羽化的成虫全身白色，眼灰色，12h 后逐渐转为黑褐色，15h 能飞翔，成虫飞翔能力较强，善跳跃，雌雄比 1.2：1，羽化后交尾，交尾时间为 19：00，交尾后 6～8d 雄虫死亡，7～9d 雌成虫开始产卵，平均卵量 72 粒。每头雌虫产卵 2～5 次，产卵期 5～6d，每次产卵 15～20 粒，产卵在 9：00—12：00 进行，产卵时先用产卵器刺开嫩枝、叶柄、叶背中脉的皮层，然后将卵产在刻痕内，多单行排列，少双行排列，荫蔽、湿度大的果园发生重，同一坡地，下坡比上坡果园发生重。

【防治方法】 冬季清园时，可剪除带有卵块的枝条，发现断裂、破损的枝条应及时清除并集中烧毁；也可通过铲除杂草、清理枯枝落叶与翻地等营林管理措施，破坏其越冬场所，减少虫源；在成虫发生的高峰期，利用成虫的趋光性，可悬挂诱虫灯诱杀成虫；在低龄幼虫期，可选择化学防治的方法进行防治，如 1～3 龄期可选蚍虫啉、艾美乐与阿克泰等农药；严重为害时可选用阿维菌素等烟雾剂防治成虫。

二十、芒果梢鞍象 *Acidodes fenatus* Faust

【分类】 芒果梢鞍象（*Acidodes fenatus* Faust），中文异名芒果长足象。属象虫科，长足象亚科。

【分布及为害程度】 南宁市，防城港市上思县，百色市右江区、田阳区、隆林各族自治县。

【为害】 主要为害苗圃苗木和果树嫩梢，平均被害率为10%～20%，最严重的地块可达 70% 以上。成虫啃食嫩茎和叶柄基部组织，使呈大小不等的伤疤。雌成虫在嫩梢上刺孔产卵，孵化后的幼虫钻入髓（图 1-20-1、图 1-20-2）。

【形态特征】

成虫　体长 9～9.5mm，宽 3～3.5mm，长筒形，黑褐色，遍体密披红褐色鳞片，在鞘翅末端的红褐色鳞片密堆呈拱起状。头小，复眼黑色，有光泽。喙长 3.5～4mm，下垂弯曲，雄虫的喙粗短，基部密生突起刻点，雌虫的喙比较细长而光滑。触角膝状，11 节，柄节细长，梗节粗短，鞭节第 1～5 节短小近圆形，第 6～8 节膨大，第 9 节收缩呈纺锤状。触角着生在雄虫喙的近基部 1/2 处，雌虫则为 1/3 处。前、中、后胸腹板均密布突起刻点，鞘翅肩角钝圆，前足特长，其腿节和胫节内侧各有刺突 1 枚，中足靠近前足而较短，后足距中足较远而最短，仅为前足长 2/3。前胸背板向后弯下，而鞘翅末端的鳞片堆朝前拱起，似马鞍形，故有梢鞍象之称（图 1-20-3、图 1-20-4）。

卵　长筒形，长 1.8mm，宽 0.8mm，初产时乳白色，将近孵化时，两端稍透明，中间卵黄组织明显。

幼虫　乳白色，肥胖弯曲，头部发达，红褐色，蜕裂线明显，上颚黑褐色，胴部皱褶，疏布刚毛。初孵出时体长 1.75mm，宽 0.85mm，老熟幼虫体长 12mm，宽 3mm（图 1-20-5）。

蛹　为离蛹，初为淡黄色，近羽化时红褐色，体长 10.3mm，宽 3.1mm，遍体疏生刚毛，头部较大。喙紧贴在胸部，长达腹部第 1 节，触角着生在喙的近基部 1/3～1/2 处，沿着管喙紧靠在前胸腹板外缘，前胸背板宽圆，胸足向内收拢，前足跗节内卷，紧靠喙的中部，中足跗节外伸，贴于喙的末端，后足跗节亦外伸，靠在后翅末端。腹部少节，各节背面均有推动蛹体运动的刺突。

【生活习性】　一年发生 2～3 代。年发生 2 代的以幼虫在被害的枝梢内越冬，翌年 2 月中旬和 3 月上旬越冬幼虫分别开始化蛹和羽化；年发生 3 代的以羽化成虫越冬，2 月中旬至 3 月下旬越冬成虫交尾产卵，其幼虫于 4 月下旬至 5 月上旬相继化蛹和羽化。新羽化的成虫于 3 月中旬至 5 月下旬交尾产卵，5—6 月是第 1 代幼虫盛发期，6月下旬和7月上旬第2代虫卵和幼虫相继出现，8—9月是幼虫钻蛀为害的第2个高峰。8月部分幼虫陆续化蛹，以羽化成虫越冬，另一部分幼虫则继续在被害的枝梢内钻蛀并逐渐进入越冬状态。

成虫羽化后仍在蛹室停留一段时期，尔后啮通羽化孔爬出，自然死亡率最高达到52.9%。成虫离开蛹室后飞往新抽嫩梢啮食幼嫩皮层，经7～10d后开始找寻配偶交尾，雌虫边交尾边取食。有伪死性，稍受惊动即坠地装死3～5min而后逃逸。产卵时，雌成虫沿枝梢从下而上先行刺孔，一般3～7个成行，而后转体180°让腹部末端朝下将卵粒产入刺孔，每1枝梢产卵1～3粒，多数为1粒。卵横置于卵室中间，卵室容积比卵粒大1.5～2倍，卵期3～5d。幼虫孵出后即在枝梢的髓部钻蛀取食，蛀道长7～15cm，每一被害枝梢有幼虫1条，幼虫期22d，其中1龄期4d，2龄期3d，3龄期15d，自然死亡率42.1%。老熟幼虫以木屑和粪粒在蛀道上端营造的蛹室内蜕化，蛹室顶端留有一个针孔状的通气孔，作为羽化成虫的出口，预蛹期12d，蛹期5～7d。

【防治方法】

（1）农业防治　在果树和苗木抽新梢季节应3～5d巡查果园或苗圃1次，捕杀取食交尾成虫，防止其刺孔产卵。剪除被害而枯萎、弯折的枝梢，并注意杀死其中的害虫。

（2）药剂防治　在产卵和幼虫盛发期，应用80%敌敌畏乳油750倍和50%乐果乳油500倍混合液或20%速灭杀丁乳油750～1 000倍液喷射被害枝梢，可收到杀死害虫和保梢的效果。

（3）生物防治　芒果梢鞍象天敌种类很多，幼虫期有中黄猎蝽、环足猎蝽、黄惊蚁等，卵和蛹期有多种寄生蜂，因而在治理害虫时要注意保护天敌，防止滥施农药。

二十一、小白纹毒蛾 *Orgyia postica* Walker

【分类】　小白纹毒蛾（*Orgyia postica* Walker），中文异名刺毛

虫、棉古毒蛾等。属鳞翅目（Lepidoptera），毒蛾科（Lymantriidae）。

【分布及为害程度】　南宁市＋、百色市右江区＋、田阳区＋、田东县＋、田林县＋。

【为害】　初孵幼虫群集在叶上为害，后逐渐分散，取食花蕊及叶片。叶片被食成缺刻或孔洞，还咬食果实表面及果肉，造成果实表面粗糙或缺刻，影响果实产量和质量。

【形态特征】

成虫　雄虫体长约 24mm，呈黄褐色，触角羽毛状，前翅棕褐色，具暗色条纹；基线和内横线黑色、波浪形，横脉纹棕色带黑边和白边；外横线黑色、波浪形，前半外弯，后半内凹；亚外缘线黑色、双线、波浪形；亚外缘区灰色，有纵向黑纹；外缘线由一列间断的黑褐色线组成。雌虫翅退化，全体黄白色，呈长椭圆形，体长约 14mm。

卵　直径约 0.7mm，白色，有淡褐色轮纹。

幼虫　体长 22～30mm。头部红褐色，体部淡赤黄色，全身多处长有毛块，且头端两侧各具长毛 1 束，胸部两侧各有黄白毛束 1 对，尾端背方亦生长毛 1 束。腹部背面具忌避腺（图 1-21-1、图 1-21-2）。

蛹　幼虫老熟后，在叶或枝间吐丝，结茧化蛹。蛹体黄褐色。茧黄色，带黑色毒毛。

【生活习性】　该虫在福建闽北地区一年发生 6 代，世代重叠，每年 6—8 月可见各种虫态同时存在。以幼虫越冬，越冬幼虫在冬季晴暖天气仍可活动取食，翌年 3 月上旬开始结茧化蛹，3 月下旬始见成虫羽化。雌成虫羽化后因不善飞行，常攀附在茧上，等待雄蛾飞来交尾。交尾后，雌蛾产卵于茧外或附近其他植物上，平均产卵 383 粒/雌。卵块状，卵块上常覆有雌蛾体毛。在夏季卵期 6～9d，幼虫期 8～22d，蛹期 4～10d；冬季卵期 17～27d，幼虫期 24～61d，蛹期 15～25d。世代历期 40～90d。初孵幼虫有群栖性，3 龄后开始分散，有时可见 10 余头幼虫聚在一起，大发生时可将植物叶子全部食光。老熟幼虫在叶或枝间吐丝作茧化蛹，茧上常覆有幼虫体毛，雄虫茧常小于雌虫。

【防治方法】

（1）农业防治　加强果园管理，保持物候一致。结合疏梢、疏花，剪除带虫的枝条。

（2）生物防治　该虫寄生性天敌较多，通常情况下可将其种群数量抑制下去。天敌有毒蛾绒茧蜂（*Apanteles colemani* Vier）、黑股都姬蜂（*Dusona nigrifemur* Sonan）、古毒蛾追寄蝇（*Exorista larvarum* L.）等。

（3）药剂防治　在 3 龄幼虫前选用吡虫啉、溴氰菊酯、毒死蜱、阿维菌素等进行喷雾。

二十二、丽绿刺蛾 *Latoia lepida* Cramer

【分类】　丽绿刺蛾（*Latoia lepida* Cramer），中文异名青刺蛾、绿刺蛾。属鳞翅目（Lepidoptera）刺蛾科（Limacodidae）。

【分布及为害程度】　南宁市＋，百色市田东县＋、田林县＋、隆林各族自治县＋、右江区。

【为害】　低龄幼虫聚集取食叶片表皮或叶肉，致叶片呈半透明枯黄色斑块。大龄幼虫食叶呈较平直缺刻，严重的叶脉全无，甚至整株叶片均被吃光，严重影响寄主植物的光合作用和养分积累，以及正常生长。其幼虫体表的刺毛接触到皮肤后会产生剧痛、红肿甚至过敏。

【形态特征】

成虫　雌虫体长 11～14mm，翅展 23～25mm，触角线状；雄虫体长 9～11mm，翅展 19～22mm，触角基部数节为单栉齿状。前翅翠绿色，前缘基部尖刀状斑纹和翅基近平行四边形斑块均为深褐色，带内翅脉及弧形内缘为紫红色，后缘毛长，外缘和基部之间翠绿色；后翅内半部米黄色，外半部黄褐色。前胸腹面有 2 块长圆形绿色斑，胸部、腹部及足黄褐色，但前中基部有一簇绿色毛（图 1-22-1）。

幼虫 初孵幼虫体长 1.1～1:3mm，黄绿色，半透明。老熟幼虫体长 24～26mm，头红褐色，前胸背板黑色，体翠绿色，背中央有 3 条暗绿色和天蓝色连续的线带，体侧有蓝灰白等色组成的波状条纹。背侧自中胸至第 9 腹节各着生枝刺 1 对，每个枝刺上着生 20 余根黑色刺毛，第 1 腹节侧面的 1 对枝刺上夹生有几根橙色刺毛；腹节末端有黑色刺毛组成的绒毛状毛丛 4 个（图 1-22-2）。

蛹 长卵圆形，长 14～17mm，宽 8～10mm，前期黄绿色，后期黄褐色。茧棕色，茧壳上一端常覆有黑色刺毛和黄褐色丝状物。

【生活习性】 一年发生 2 代，以老熟幼虫在树干上结茧越冬。翌年 4 月下旬化蛹，5、6 月间成虫羽化，交尾后产卵于叶背，卵数粒至百余粒，呈鱼鳞状排列，卵期 4～7d。成虫多在 19：00—21：00 羽化，雌雄性比约 1：1.3。成虫夜间有较强的趋光性，并在夜间活动，但白天多静伏在叶背。雄成虫一般比雌成虫活跃，雌成虫羽化后即可交尾，交尾后次日开始产卵，成虫寿命 4～9d。每只雌成虫一生可产卵 9～16 块，平均产卵量约 206 粒。卵期 5～7d，幼虫初孵时不取食；2～4 龄有群集为害的习性，整齐排列于叶背，啃食叶肉留下表皮及叶脉，使叶片呈透明薄膜状；4 龄后逐渐分散取食，吃穿表皮，形成大小不一的孔洞；5 龄后幼虫食量骤增，自叶缘开始向内蚕食，形成不规则缺刻。

【防治方法】

（1）农业防治 结合树冠修剪，进行树干涂白，摘除虫茧，摘除卵块，降低来年虫源数量；结合田间巡查，在低龄幼虫群集为害时人工摘除叶片捕杀。

（2）物理防治 利用黑光灯诱杀成虫。

（3）生物防治 该虫田间天敌有螳螂、猎蝽、绒茧蜂、紫姬蜂和寄生蝇等，应注意保护利用。可在秋冬季收集虫茧，放入纱笼，保护和引放寄生蜂；另外，可使用每克含孢子 100 亿 CFU 的白僵菌粉 0.5～1.0kg，在雨湿条件下防治 1～2 龄幼虫。

（4）药剂防治 幼虫发生期及时选用醚菊酯、毒死蜱、灭幼脲

3 号、氟铃脲、杀铃脲、鱼藤酮、氯氰菊酯等进行喷雾防治。以上药剂交替使用，减缓害虫产生抗药性。

二十三、芒果脊胸天牛 *Rhytidodera bowringii* White

【分类】 脊胸天牛（*Rhytidodera bowringii* White），属鞘翅目（Coleoptera），天牛科（Cerambycidae）。

【分布及为害程度】 南宁市＋，崇左市龙州县＋，百色市右江区＋、田东县＋、田阳区＋。

【为害】 主要为幼虫蛀食枝条、树干，造成枝条干枯、断枝或树干倒折。受害植株呈缺肥状，叶片黄化，树势衰退，树冠稀疏，甚至整株枯死。被害枝梢上每隔一定距离有一圆形排粪洞，沿小枝到主干。

【形态特征】

成虫 体长 23～36mm，宽 5～9mm，栗色至栗黑色。体狭长，两侧平行。额具刻点，触角及复眼之间有纵向黑色脊纹，复眼后方中央有 1 条短纵沟，头顶后方有许多小颗粒；触角之间、复眼周围及头顶密生金黄色绒毛。触角鞭状 11 节，雄虫触角较雌虫稍长，约为体长的 3/4，第 5～10 节外侧扁平，外端角钝，内侧具小的内端刺。第 11 节扁平。前胸背板前后端具横脊，中间两侧圆弧状突出呈鼓状，其上具 19 条隆起的纵脊，纵脊之间的深沟丛生淡黄色绒毛。小盾片较大，密被金色绒毛，鞘翅基部阔，末端较狭，后缘斜切，内缘角突出，刺状；翅表面密布刻点，基部刻点较粗密，除具灰白色短毛外，翅面尚有由金黄色毛组成的长斑纹，排列成 5 纵行。体腹面及足密被灰色或灰褐色绒毛。

卵 长 2mm，宽 1mm，椭圆形，初为乳白色，后呈黄褐色，表面粗糙无光泽。

幼虫 共 12 龄。老熟幼虫体长 58～77mm，胸宽 8～11mm，乳黄色，被稀疏的褐色毛。头部背面前端漆黑色，上颚发达，黑褐色，凿形。前胸背板似革质，散生褐色细毛，前部具较浅的小刻点，有两个黄褐色横斑，中区较光滑，颜色较淡，后缘呈乳白色盾状隆起，上具纵沟，两侧纵沟较细而平行；具后背板褶；前胸腹板主腹片后缘具5～7个乳头状突起。胸部气门位于中胸中部，椭圆形。腹部第1～7腹节背面和腹面均有小疣突起，背面的小泡突由4列疣突组成，腹面的小泡突仅有2列疣突。

　　蛹　裸蛹，体长36～39mm，宽约11mm，初期为黄白色，后变淡黄褐色，较扁平。腹侧面及背面具刺状突。触角纤细，呈弧状，贴于体侧，和翅芽平行，不达翅端。

　　【生活习性】　主要以幼虫越冬，也有少数蛹或成虫在孔道内越冬。成虫寿命14～35d。成虫发生时间因地区略有差异。成虫羽化后在蛹室中滞留一段时间（10～30d），后经排粪孔爬出。成虫羽化、交尾、产卵等活动均在夜间进行，有趋光性。白天多栖息在叶片浓密的枝条上。成虫一生可发生多次交尾，多次产卵，经交尾的雌虫在雄虫离去数分钟后即开始产卵。交尾后的雌成虫产卵于枝条末端的芽痕或枝条伤口的皮层与木质部之间的缝隙中。每雌虫一生产卵十几粒至几百粒不等。卵期10～12d。卵散产，多处1粒，也有6～8粒黏结成块的。幼虫期260～310d。幼虫孵化后即蛀入枝条向主干方向钻蛀。隧道为简单的圆筒形，内壁黑色，幼虫可在其中上下活动。被害枝干上每隔一定距离有一排粪孔。幼龄时排粪孔小而密，随着虫龄增长，排粪孔渐大且距离逐渐加大。在小枝条的孔洞外黏附有疏松的黄白色粒状虫粪及木屑；大枝干或主干排粪孔外及下方的叶片上或地上存在新鲜、凝结成块的混着黑色黏稠树体分泌物及木屑的虫粪，是此虫存在的重要标志。幼虫钻蛀的方向因钻蛀部位不同而不同，在小枝条里，沿树枝中心向下延伸；在大枝干里，常靠边材钻蛀；如枝条侧斜，其隧道及排粪孔常在下侧方；而枝干若竖直，则各个方向均可被蛀害。不论隧道在枝干的任何方向，其排粪的分支子隧道一定是向下倾斜，以利排粪和防雨水侵入。蛹期30～50d。老熟幼虫在原隧道内筑一长7～10cm略宽于一般隧道的蛹室内化蛹，蛹室的两端常用白色分泌物封闭。

【防治方法】

（1）农业防治

①清除虫害枝。结合田间管理，根据各地芒果采收情况，每年收果后，逐株检查，发现虫枝即从最后（最下方）一个排粪孔下方15cm处剪除虫害枝，以后每1～2个月复查1次，即可将此虫控制在为害初期。新植果园于次年起开始检查虫害情况，并长期坚持。

②截冠复壮。对于树冠已破坏的重虫害树，可在收果后进行重修剪，将病虫老弱枝全部锯除，只保留主干枝或按需求进行芽接，同时加强抚管，增施有机肥，促进新冠形成。

（2）物理防治　在成虫大量羽化及飞出交尾、产卵的时间，应加紧巡园观察，发现成虫时可用捕虫网加以捕杀；发现天牛蛀道的孔洞，可用铁丝穿刺孔道钩杀幼虫。

（3）药剂防治　采用注射器将40％辛硫磷或80％敌敌畏50倍液5～10mL注入隧道，可100％杀死隧道内的天牛幼虫。注药前，清除最后一个排粪孔口的虫粪后，用小刀或手持电钻钻一向下倾斜的与蛀道相通的孔洞，注入药液后用棉花、胶塞或湿泥封住洞口，并用塑料薄膜包住，以免药液挥发。若用棉花蘸药液堵塞虫洞，则应用湿泥封住排粪孔以保药效。

二十四、芒果果实象甲 *Sternochetus olivieri* Faust

【分类】　芒果果实象甲（*Sternochetus olivieri* Faust），中文异名云南果核象。属鞘翅目（Coleoptera），象甲科（Curculionidae），芒果象属（*Sternochets*）。

【分布及为害程度】　百色市德保县。

【为害】　芒果果实象甲为害果肉的症状与芒果果肉象甲相似。受害果核切开种皮后，发现子叶受害严重，子叶上无明显蛀道，被蛀食处堆满虫粪，老熟幼虫在虫粪筑成的蛹室内化蛹，成虫羽化后继续逗留在蛹室内直至果核裸露，方咬破种皮形成一圆形孔洞钻出。一个果核内大多是1头虫，个别为2头。被害种子失去萌发能力（图 1-24-1）。

【形态特征】

成虫 体长 7.0～8.0mm，宽约 4.0mm。与芒果果肉象甲的主要区别为：芒果果实象甲个体稍大。体壁黑色，被覆锈赤色、黑褐色和白色鳞片。芒果果实象甲头部额中间有窝，芒果果肉象甲额中间无窝。芒果果实象甲鞘翅奇数行间较隆，每行间各具一行小瘤，鞘翅前端有一斜带，斜带较宽，后端有一直带。而芒果果肉象甲鞘翅仅具斜带，直带一般不明显，奇数行间鳞片瘤少而不大明显（图 1-24-2、图 1-24-3）。

卵 长椭圆形，乳白色，长约 0.8mm，宽约 0.4mm，有一端较小而向内弯。

幼虫 头部很小，黄褐色，胴部乳白色，胸足退化为肉瘤状突起，没有趾钩，但有刚毛 1～2 根。

【生活习性】 以成虫在枝干裂缝及果核内越冬。越冬成虫于第二年 2—3 月恢复活动，在嫩梢或花穗上取食，以补充营养，3 月中、下旬开始交尾产卵，一般在 1 个幼果产卵 1 至多粒卵，幼虫孵化后取食果肉或钻入果核内为害，致使果肉、果核都失去应用价值。幼虫成熟后，在果内化蛹。蛹期约 7d。新形成的蛹近白色，但在羽化前变成浅红色。在每个果内通常只有 1 头成虫，最多可达 6 头。4 月下旬至 5 月中旬是为害高峰期。

【防治方法】

（1）检疫处理 依据我国有关规定，对输入的芒果果实和芒果种子或苗木需进行检查，当发现带有芒果果实象甲时，应进行熏蒸或辐照或销毁处理。具体处理方法如下：

种子处理：使用溴甲烷进行熏蒸，处理剂量为 25～30℃常压下 72g/m³，熏蒸时间 3h。

苗木处理：使用溴甲烷进行熏蒸，处理剂量为常温常压下30～40g/m³，熏蒸时间 2～4h。

鲜果处理：用 γ 射线辐照处理，处理剂量为 500～850Gy。

（2）农业防治 结合田间管理进行清园，包括铲除果树下杂草，修剪整枝，拾捡落果、烂果，锯平断裂枝条，用波尔多液涂白堵塞树干缝隙、孔洞，精细翻耕土层等。

（3）药剂防治　在芒果象甲发生区，从幼果期开始进行田间巡查，发现为害及时进行防治。可选用毒死蜱、氯氰菊酯、醚菊酯、敌敌畏、顺式氯氰菊酯、高效氯氰菊酯、三氟氯氰菊酯、毒死蜱·氯氰菊酯等喷洒树冠。7d1 次，连喷 3 次。以上药剂交替使用，减缓害虫产生抗药性。

二十五、芒果重尾夜蛾 *Penicillaria jocosatrix* Guenee

【分类】　芒果重尾夜蛾（*Penicillaria jocosatrix* Guenee），中文异名芒果叶夜蛾。属鳞翅目（Lepidoptera），夜蛾科（Noctuidae）。

【分布及为害程度】　南宁市＋＋，崇左市扶绥县＋，百色市右江区＋、田东县＋、田阳区＋。

【为害】　主要为幼虫咬食嫩叶和嫩梢，严重时，常常将嫩叶吃光，仅留老叶，也为害花芽。

【形态特征】

成虫　体长约 15mm，翅展 26～28mm，前翅紫褐色，亚缘线明显，靠内呈紫红色，中线前半部模糊，后半部明显，近顶角处有一白色斑纹，缘毛紫褐色；后翅基半部白色，端半部紫褐色，翅中央有 1 个黑点。

卵　扁圆形，黄绿色。

幼虫　老熟幼虫体长约 24mm，头部淡黄色，臀节较膨大，刚毛短，背面毛片紫红色，有的体背有细小不规则的紫红色斑。气门椭圆形，色深，腹足趾钩单序中带。

蛹　红褐色，尾端钝圆，无臀刺。

【生活习性】　雌成虫夜间活动，弱趋光性。多在未展开的幼叶或花芽鳞片处产卵。初孵幼虫取食幼芽，随着幼虫龄期的增加，便咬食嫩叶。老熟幼虫沿树干往下寻找隐蔽处吐丝结茧化蛹，茧薄且附有虫粪及堆积物。

【防治方法】

（1）人工防治　在大发生期间，可采用主干绑扎塑料薄膜包椰糠（木糠）诱集蛹。具体方法同芒果横线尾夜蛾。

（2）药剂防治　当芒果抽梢 3.0～4.5cm 长时，据田间虫情进行喷药，可选用氰戊菊酯、溴氰菊酯、三氟氯氰菊酯、吡虫啉、啶虫脒、Bt、氟铃脲、杀铃脲等。以上药剂交替使用，减缓害虫产生抗药性。

二十六、芒果天蛾 *Compsogene panopus* Cramer

【分类】　芒果天蛾（*Compsogene panopus* Cramer），中文异名福木天蛾、臀角斑天蛾。属鳞翅目（Lepidoptera），天蛾科（Sphingidae）。

【分布及为害程度】　南宁市。

【为害】　主要为幼虫咬食芒果嫩叶，造成缺叶或叶片呈现缺刻状，严重时将芒果叶片食光，影响植株长势。

【形态特征】

成虫　翅展158mm 左右，是天蛾中的大型种类。头、胸部橘黄色至棕褐色，颈板棕色；腹部棕黄色，第三至第四和第四至第五节间在背中线两侧各有 1 对小黑斑，第五节后的各节两侧有黑斑；胸、腹部的腹面橙黄色。前翅暗黄色，基部棕色，外线棕色较宽，内侧成一直线，外侧弯曲；外缘中部有较大的棕色三角形斑块。端线棕色较细，呈波状纹，近后角处有椭圆形棕黑色斑 1 块。后翅前缘黄色，外缘呈深褐色横带，内线、中线及外横线棕色明显，中央有粉红色斑。

卵　圆形，色泽变化较大，多为鲜红色或黄色，表面具花纹。

幼虫　共 5 龄。1～4 龄幼虫头尖，顶端二叉状，头部密布颗粒状突；5 龄幼虫体长 78mm，尾角长 20mm；头稍尖，不分叉，散布颗粒状突；第二腹节至腹末节粉绿色，尾角黄绿色。幼虫静止时呈乙字形；腹足 4 对，唯第四对腹足发达，虫体靠第四腹足和臀足倒悬于叶上。

蛹　体长约 62mm，暗褐色，第四腹节最宽，腹部末端较尖，臀棘钩状二分叉。

【生活习性】 芒果天蛾年发生3代。以蛹越冬。第一代在2月中、下旬至3月间羽化为成虫；5月中旬至6月间第二代成虫出现；9月下旬至10月间第三代成虫发生。成虫有趋光性，喜欢在荫蔽的嫩叶丛中产卵，每雌产卵量40～50粒。卵散产，1～2粒聚在一起。卵期8～9d。幼虫孵出后先取食嫩叶，3龄以上转移到老叶上取食。幼虫期31～33d。化蛹前幼虫体背紫红色，幼虫沿芒果树茎干爬行进入茎基部的土中，造蛹室化蛹。蛹期20～22d。

【防治方法】

（1）农业防治 结合果园冬季管理、松土和施肥等，将在芒果树根颈部土中越冬的蛹消灭。根据散落地面上的虫粪位置，寻找和捕杀幼虫。

（2）物理防治 利用成虫的趋光性，用黑光灯诱捕成虫。

（3）药剂防治 在幼虫初期选用三氟氯氰菊酯、毒死蜱、阿维菌素、氰戊菊酯等进行喷雾防治。

二十七、芒果小爪螨 *Oligonychus mangiferus* Rahman et Punjab

【分类】 芒果小爪螨（*Oligonychus mangiferus* Rahman et Punjab），属叶螨科（Tetranychidae），小爪螨属（*Oligonychus*）。

【分布及为害程度】 南宁市，百色市右江区、田阳区、田林县、田东县、隆林各族自治县。

【为害】 主要为害芒果的功能叶，成螨、若螨、幼螨栖息于芒果叶面，以口针刺入叶片组织吸取汁液，在虫口密度高时也为害叶背。芒果叶片受害后，被害部位褪绿，出现灰白色斑点。为害刚开始虫口密度较小时，叶面变色斑点稀少，面积也较小，而叶背基本不表现症状，随着虫口密度的增加，褪绿、变色斑点不断扩大，严重时叶面变为灰白色，最终整叶干枯、脱落。另外，芒果小爪螨具有吐丝结网的特性，受害部位伴有大量螨体蜕皮和丝网，影响了植株的光合作用，从而影响芒果的生长和结果（图1-27-1至图1-27-4）。

【形态特征】

雌成螨　体长0.53mm，宽0.36mm，紫红色，椭圆形，第三对背中毛和内骶毛之间背面表皮纹路不规则。生殖盖纹路横向，其前方纵行。背毛13对，刚毛状，长度大于列间距，有臀毛，肛后毛1对。气门沟末端小球状，须肢跗节的端感器圆柱状，粗短，长3.4μm，宽4.8μm。背感器长2.6μm，刺状毛长5μm。爪间突爪状，腹面有刺毛簇。

雄成螨　体长0.43mm，宽0.23mm，红色，菱形，气门沟末端小球状。须肢跗节的端感器退化，长1.5μm，宽1μm。背感器长2.8μm，刺状毛长5μm。Ⅰ～Ⅳ爪间突爪状，腹面有刺毛簇。阳茎无端锤，钩部较短，弯向腹面（图1-27-5、图1-27-6）。

若螨　具足4对，前若螨淡紫色，后若螨淡红色。幼螨具足3对，刚孵化时为黄色，取食后呈淡紫色。

卵　圆形，初孵时为棕红色，快孵化时呈黄色。

【生活习性】　芒果小爪螨世代重叠明显，在海南无越冬现象，终年发生。世代发育历经卵、幼螨、第一若螨、第二若螨、成螨5个阶段，在第一若螨、第二若螨、成螨之前各有1个静止期。其繁殖速度与温度有关，低温发育缓慢，在一定温度范围内发育速度随温度的升高而加快，世代发育起点温度为8.91℃，完成世代发育所需有效积温为191.83℃，在海南芒果上每年可发生约27代。24～28℃为芒果小爪螨种群增长的最适温度，高温不利其生长，观察发现，在35℃以上幼螨不能存活。每年10月至翌年4月因少有暴雨，且气温适宜，食料充分，是芒果小爪螨严重发生期，而4—10月因高温且常有暴雨，发生较轻。芒果小爪螨的产卵量、存活率、种群趋势指数也因气温的不同而有所不同，产卵量在28℃时最高，达40.14粒/雌，32℃最低，为8.44粒/雌；世代存活率以24℃最高，为89.6%，16℃最低，为55.8%；种群趋势指数在24℃最高，为24.88，32℃时最低，为4.10。该螨具有群集性，以成螨、若螨、幼螨群集于叶面取食为害，卵单产于叶面，并用分泌液将卵固定，以免散失。两性生殖或孤雌生殖，但是未受精卵孵出的均为雄螨。

【防治方法】

（1）农业防治　结合各种农事操作，避免大面积种植同一个品种。清除果园内其他寄主植物，可以减少芒果小爪螨的发生。

（2）生物防治　可引进胡瓜钝绥螨在当地建立天敌种群，用以防治该螨。

（3）药剂防治　选用对该螨针对性强的杀螨剂，少用广谱性的杀虫杀螨剂，及时全面进行药剂防治；对于个别株虫口密度比较大时，用挑治法进行防治。另外，由于该螨主要在叶面为害，施药时应注意将药液喷施到叶面，宜选择在早上或下午静风时喷药，应注意轮换用药，以保持该螨对药剂的敏感性。可选用240g/L螺虫乙酯悬浮剂、1.8％阿维菌素乳油、15％哒螨灵乳油或虫螨腈、2.5％功夫乳油或甲维盐等喷雾防治。如果虫口数量为每叶20头以上，且叶片上着有大量未孵化的卵肘，则在第一次施药后间隔10d再喷1次药效果更佳。

二十八、黑翅土白蚁 *Odontotermesf ormosanus* Shiraki

【分类】　黑翅土白蚁（*Odontotermes f ormosanus* Shiraki），属等翅目，白蚁科（Termitidae）。

【分布及为害程度】　南宁市＋。

【为害】　主要为工蚁为害树皮及浅木质层和根部。造成被害树干外形成大块蚁路，长势衰退。侵入木质部后，则树干枯萎；尤其对幼苗，极易造成死亡。蛀食使根部腐烂，不能吸取水分和养分，严重时，全株枯死。采食为害时做泥被和泥线，严重时泥被环绕整个树干周围而形成泥套。

【形态特征】

成蚁　有翅繁殖蚁，体长27～29.5mm，翅展45～50mm。体背面黑褐色，腹面棕黄色，翅黑褐色；触角 19 节；前胸背板后缘中央向前凹入，中央有一淡色十字形黄色斑，两侧各有一圆形或椭圆形淡色点，其后有一小而带分支的淡色点。

蚁后及蚁王　体长 70～80mm，体宽 13～15mm。无翅，色较深，体壁较硬。蚁后腹部特别大，白色腹部上呈现褐色斑块。

兵蚁　末龄兵蚁体长 5.5～6mm；头部深黄色，胸、腹部淡黄色至灰白色，头部发达，背面呈卵形，长大于宽；复眼退化；触角16～17 节；上颚镰刀形，在上颚中部前方有一明显的齿。前胸背板元宝状，前窄后宽，前部斜翘起。前、后缘中央皆有凹刻。兵蚁有雌雄之别，但无生殖能力。

工蚁　末龄工蚁体长 4.6～6.0mm，头部黄色，胸、腹部灰白色。头侧缘与后缘连成圆形，囟位于头顶中央；后唇基显著隆起，中央有缝。

卵　长约 0.8mm。长椭圆形，乳白色。

【生活习性】　黑翅土白蚁具有群栖性，无翅蚁有避光性，有翅蚁有趋光性。有翅成蚁每年 3 月开始出现在巢内，4—6 月在靠近蚁巢地面出现婚飞孔突，孔突圆锥状，数量很多。在气温达到22℃以上，空气相对湿度达 95％以上的闷热暴雨前夕、傍晚前后爬出婚飞孔突（圆锥形高出地面的开口），开始婚飞。经过婚飞和脱翅的成虫，一般成对钻入地下建筑新巢，成为新的蚁王、蚁后繁殖后代。蚁巢位于地下 0.3～2.0m 之处，新巢仅是一个小腔，3 个月后出现菌圃。在新巢的成长过程中，不断发生结构和位置的变化，蚁巢腔室由小到大，由少到多，个体数目达 200 万个以上。繁殖蚁从幼蚁初具翅芽至羽化共 7 龄，同一巢内龄期极不整齐。兵蚁保卫蚁巢，工蚁担负扩筑蚁巢、采食和喂饲幼蚁、蚁王、蚁后。工蚁采食时，在树干上做成泥线、泥被或泥套，隐藏其内采食树皮及木纤维。当日平均气温达 12℃时，工蚁开始离巢采食，在 15～25℃范围内，平均气温 20℃左右，工蚁采食达到高峰，高温 32℃以上和低湿 70％以下均不利于黑翅土白蚁的取食活动。故在整个出土取食期中，4—5 月和 9—10 月（尤其在 4 月中下旬和 8 月下旬至 9 月初）为全年两次外出采食为害高峰期。进入盛夏后，工蚁一般不进行外出活动。11 月底后工蚁停止外出采食，回巢越冬。

【防治方法】

（1）农业防治　结合农事操作，发现蚁巢后及时人工追挖，在追挖过程中，要掌握挖大不挖小，挖新不挖旧，对白蚁追进不追出，追多不追少的原则，一定要挖到主巢，消灭蚁王、蚁后和有翅繁殖蚁。

（2）物理防治　在每年 4—6 月有翅繁殖蚁的分群期，利用有翅蚁的趋光性，在蚁害发生区域采用黑光灯诱杀有翅繁殖蚁。

（3）药剂防治　在白蚁为害高峰，在被害植株基部及附近用毒死蜱、氯氰菊酯、溴氰菊酯、樟脑油、吡虫啉、联苯菊酯等直接喷施或灌浇于植株泥被上，可有效防治白蚁为害。在发现蚁路和婚飞孔时，挖出 2cm 以上的蚁路，撒施 70％灭蚁灵粉剂，毒杀白蚁。

二十九、麻皮蝽 *Erthesina fullo* Thunberg

【分类】　麻皮蝽（*Erthesina fullo* Thunberg），中文异名黄斑蝽、臭屁虫、臭大姐。属半翅目（Hemiptera），蝽科（Pentatomidae）。

【分布及为害程度】　南宁市＋，崇左市龙州县＋、扶绥县＋、百色市右江区＋。

【为害】　该虫以若虫或成虫刺吸果实及嫩枝汁液，导致果面黑点，凹陷，局部果肉组织木栓化，呈疙瘩果状。同时携带多种病菌，常导致受害果感染其他病害，使果品质量和品质严重降低。

【形态特征】

成虫　体长 20～25mm，宽 10.0～11.5mm，体黑褐色，密布黑色刻点及细碎不规则黄斑；头部狭长，头部前端至小盾片有 1 条黄色细中纵线；触角 5 节，黑色；喙浅黄色，4 节，末节黑色，达第 3 腹节后缘；前胸背板前缘及前侧缘具黄色窄边；胸部腹板黄白色，密布黑色刻点（图 1-29-1）。

若虫　体长 20～25mm，宽 10.0～11.5mm，体黑褐色，密布

黑色刻点及细碎不规则黄斑；头部狭长，头部前端至小盾片有 1 条黄色细中纵线；触角 5 节，黑色；喙浅黄色，4 节，末节黑色，达第 3 腹节后缘；前胸背板前缘及前侧缘具黄色窄边；胸部腹板黄白色，密布黑色刻点。

卵　灰白色，块状，略呈圆柱形，顶端有盖，周缘具刺毛。

【生活习性】　麻皮蝽在北方果区 1 年发生 1 代。在食物充足、温度 25～30℃、相对湿度 80％～95％条件下，卵期 4～7d，平均 5.5d，若虫期 21～33d，平均 27d，完成一代需 25～40d。卵期、若虫期、世代历期与温度、食物密切相关。产卵后的雌成虫、雄成虫的寿命也因此而具差异，成虫寿命最短的 11～17d，最长的 21～29d。因此田间存在世代重叠。多在 10：00—16：00 时取食，12：00—14：00 时交配。交配后的雌虫 1～2d 开始产卵，卵多产在芒果树叶片背面或嫩枝的芽眼处，卵排列整齐聚集成卵块。雌虫一生产卵 126～173 粒，分多次产出，产出率达 93.6％。成虫飞翔力较强，具群集习性；喜栖息，活动在向阳的树冠中、上部位。白天多在芒果树枝干、枝叶、花（蕾）、幼果、果实上停歇或取食为害，活动比较隐蔽。日落后成虫、若虫开始进入枝叶浓密、干燥的叶片背面隐蔽。

【防治方法】

（1）农业防治　冬季清园时清除病虫为害的枝叶、干翘树皮、果园及周边的杂草，集中烧毁。同时，树干涂白。以减少麻皮蝽越冬场所，有效降低虫口数量。

（2）物理防治

①人工捕杀。人工抹杀叶背麻皮蝽卵块；利用其假死性，将其震落捕杀；在树干上束草诱杀。

②套袋。果实套袋通过空间阻隔对防止麻皮蝽损害有一定作用。宜选用大型号的袋子。

（3）化学防治

①在麻皮蝽发生严重的果园，可于成虫和若虫发生盛期，喷40％毒死蜱乳油 2 000 倍液、50％辛硫磷乳油 1 000 倍液、20％氰

戊菊酯乳油 2 000 倍液、20％甲氰菊酯乳油 2 000 倍液、10％高效氯氰菊酯乳油 2 000 倍液等进行防治。

②利用麻皮蝽喜食甜液的特性，用蜂蜜 20 份、水 20 份、20％甲氰菊酯乳油 1 份配制成毒饵，涂抹在果园周边的树木 2～3 年生枝条上，诱集麻皮蝽吸食。在无雨情况下，药效可维持 10d。

（4）生物防治　沟卵蜂、平腹小蜂、黑卵蜂、啮小蜂等对麻皮蝽卵的寄生率很高。在麻皮蝽的卵期，在果园释放，以有效控制麻皮蝽的数量。同时，这些蜂还可以寄生其他种类的蝽象。

三十、矢尖蚧 *Unaspis yanonensis* Kuwana

【分类】　矢尖蚧（*Unaspis yanonensis* Kuwana），中文异名矢尖盾蚧，矢尖介壳虫。属半翅目（Hemiptera），盾蚧科（Diaspididae）。

【分布及为害程度】　南宁市＋，百色市右江区＋、田阳区＋，梧州市藤县，贵港市平南县、桂平市。

【为害】　矢尖蚧若虫和雌成虫固定寄生在芒果组织上，以刺吸式口器终身插入组织，依靠吸取大量汁液生存，受害芒果常可见叶片褪绿变黄、卷缩、脱落；果皮形成黄斑，果实生长受阻，失去商品价值；严重时枝条枯死或个别植株死亡。受害严重的芒果叶片密集大量白色介壳，似覆盖一层棉絮，影响芒果的光合作用和透气性，严重削弱树势。芒果叶片、果实、枝干均可受害（图 1 - 30 - 1至图 1 - 30 - 3）。

【形态特征】

雄成虫　体细长，橙黄色，头圆形，浅紫色，眼睛深紫褐色，1 对触角及 3 对足橙黄色，上均着生细毛。透明前翅 1 对，后翅退化成平衡棒，无口器，末端有一锐利的生殖刺。雄成虫经历胚胎变化的全过程，是完全发育的个体。

雌成虫　雌若虫两次蜕皮后成年。雌成虫体长形，黄色，老熟后变橙色。头胸部膨大而略呈五角形，腹面有发达的刺吸式口器，颚丝很长，无翅无足，眼消失，头胸愈合。腹部末端有腺刺，肛门与中臀叶之间有 1 条肛后沟，臀板黄褐色完全愈合，末端有 1 个三角形凹刻。雌虫腹部褶皱，当完全成熟时，腹部展开；产卵后腹部又开始收缩，在介壳下的后端留一定空间，作为产卵室和孵卵室。

若虫　1 龄若虫长 0.25mm 左右，体椭圆形，淡黄色，头部前缘平直，有发达的 1 对触角和 3 对足，眼深褐色，突出，位于两侧触角后方。雌雄形态一致，难以区别。其发育过程历经 3 个阶段：静止阶段、可活动或分布阶段、固定或生长阶段。1 龄若虫是雌虫唯一能够活动的时期。2 龄若虫足完全消失，触角退化只留遗迹，体形和雌成虫很相似，但形体更扁平一些，雌虫更饱满一些。雄性 2 龄若虫所形成的介壳，由分泌物和 1 龄若虫蜕皮组成，白色，蜡质，长形，两侧略平行，背面有 3 条隆起的纵脊线，蜕皮位于前端。雌性 2 龄所形成的介壳，是由 1 龄和 2 龄若虫蜕皮以及雌虫丝腺分泌物在虫体背面组成的坚硬保护介壳，前端尖狭，后端阔圆，介壳上有明显的纵脊线，整个介壳形似箭头。

蛹　预蛹橙黄色，椭圆形，眼深紫褐色，前足芽微微弯曲；中足芽和后足芽直而短，翅芽到达中足芽末端同一水平。蛹橙黄色，复眼变大，触角芽、翅芽以及各足芽继续伸长发育，腹部末端有生殖刺芽。

卵　长 0.2mm 左右，椭圆形，黄色，表面光滑有光泽；卵壳白色，卵表面被有很细的霜状分泌物。卵隐蔽于雌虫体腹面叠褶处。

【生活习性】　矢尖蚧生活史有世代重叠现象，主要以受精雌成虫越冬。越冬雌成虫绝大部分集中在树冠下部叶片背面。南宁地区每年 3 月初现第一代若虫；3—4 月为虫害始发期，随着气温回升，虫口数逐渐上升；5—9 月为发生为害盛期，虫口数达到高峰；10 月后矢尖蚧的活动和为害减弱，虫口数下降；12 月至翌年 2 月气温低，虫口数维持较低水平。矢尖蚧的传播主要发生在若虫可活动阶段，除了自身爬行传播，风也可以成为传播媒介。初孵若虫栖息于母体介壳下，在经历数小时的静止状态后进入活动状态，快速爬离介壳，并向周围爬动，活泼阶段平均 126h；而后将口器插入芒果组织固定下来开始取食，即刻起开始分泌银色丝状物，银丝互相缠卷在一起覆盖于虫体背部，逐渐加厚形成保护薄膜，成为介壳的第一层膜。雄若虫具群居性，一般十几头或几十头聚集固定在芒果叶背处，而雌若虫分布无规律。不同芒果品种对矢尖蚧的抗性不同，金水仙芒和沙华绿芒等品种较抗虫。

【防治方法】

（1）农业防治　冬季清园涂白；将带虫源的残枝、虫枝修剪，集中烧毁。保持果园通风透光。

（2）药剂防治　目前对该虫的特效药有螺虫乙酯或爱本（氟啶虫胺腈＋毒死蜱），以前一般使用毒死蜱或杀扑磷，但杀扑磷为禁用农药，毒死蜱的药效也越来越差，代替药为螺虫乙酯。也可使用噻嗪酮＋吡虫啉的组合，但效果差一点。

三十一、橘二叉蚜 *Toxoptera aurantii* Boyer

【分类】　橘二叉蚜（*Toxoptera aurantii* Boyer），属半翅目（Hemiptera），蚜亚科（Aphidinae）。

【分布及为害程度】　南宁市＋，防城港市上思县＋，百色市右江区＋、田阳区＋。

【为害】　橘二叉蚜喜聚集在新梢嫩叶背面或嫩茎上，被害新梢、嫩叶卷曲、皱缩，节间缩短，不能正常生长，严重时还易引起落果及大量新梢无法抽出的情况，蚜虫排泄的"蜜露"还能诱致煤烟病的发生（图1-31-1至图1-31-3）。

【形态特征】

无翅孤雌蚜　体卵圆形，长2.5mm，宽1.5mm，红褐色，头部黑色，腹部背面有清楚的五边形网纹，触角全长1.4mm，有瓦纹，第3节长0.37mm。腹管短，圆筒形，长为基宽的2倍。尾片长圆锥形，中部收缩，有微刺组成的瓦纹，有毛16～20根，尾板末端圆，有毛24～28根。

有翅孤雌蚜　体长卵形，长2.1mm，宽0.96mm，头胸黑色，腹部褐至黑绿色，有黑斑。触角全长 1.3mm，第 3 节有小圆形次生感觉圈 8~12 个，在外侧排成一行。腹管圆筒形，长为基宽的 1/2，尾片长圆锥形，有毛 9~18 根，尾板末端圆形，有毛 14~24 根。

卵 长椭圆形，长 0.7mm，宽 0.35mm，黑色，卵壳表面光滑有光泽。

【生活习性】 1 年可以繁殖 10~25 代，通常 10d 左右就可以完成 1 个世代，夏季只需 4~5d，常出现世代重叠。

【防治方法】

（1）农业措施 冬春季清园，剪除有卵枝或被害枝，集中烧毁。在春、秋梢抽发初期，抹芽控梢，除去被害和抽发不整齐的新梢，切断其食物链。

（2）生物措施 保护和利用果园自然天敌，控制橘二叉蚜为害。在气温高、天敌繁殖快、数量大的季节，应尽量不施药或少喷药防治，充分利用瓢虫、食蚜蝇、蚜茧蜂等主要天敌的控蚜作用。

（3）物理防治 利用蚜虫对黄色的趋性，可在果园内悬挂黄板诱杀蚜虫，悬挂密度以每亩 20~25 张黄板为适。

（4）药剂防治 施药的时期为夏梢抽发期（5—6 月）和秋梢抽发期（8—9 月），施药的重点部位是新梢。当新梢有蚜率在 10% 以上时，就要开展药剂防治。药剂选择：10% 吡虫啉 WP 3 000 倍液或 3% 啶虫脒 EC 2 500 倍液。

三十二、芒果小蠹 *Hypothenemus hampei* Ferrari

【分类】 芒果小蠹（*Hypothenemus hampei* Ferrari），属鞘翅目（Coleoptera），象虫科（Curculionidae），小蠹亚科（Scolytinae）。

【分布及为害程度】 百色市右江区。

【为害】 该虫以雌成虫从果实脐区钻蛀进入内部，蛀食果肉和种子，并产卵于蛀道内（图 1 - 32 - 1、图 1 - 32 - 2）。

【形态特征】

成虫 体呈圆柱形，暗褐色到黑色，有光泽。雄虫比雌虫小。头部藏于前胸背板下，有蚕豆形复眼。头背中央具一条深陷的中纵沟，延伸额面，有细网状的多皱额面。前胸较为发达，有密集鳞片，背板弓凸。鞘翅基部肩角处有明显突起，而且光滑。雌虫刚毛列间的距离等于刚毛长度，同列刚毛间的距离稍短于刚毛长度，雄虫刚毛间距离相对较长。腹部共 4 节，末端较尖。雌成虫体长1.5mm，雄成虫体长约 1.0mm（图 1-32-3）。

幼虫 共 2 个龄期，通常呈"C"形，乳白色，略透明，头部呈褐色，无足，头上和身体两侧覆盖白色硬毛，口器突出。1 龄幼虫体长 1.1mm；2 龄幼虫体肥多皱，体长 1.7mm（图 1-32-4、图 1-32-5）。

卵 椭球形，乳白色，表面光滑有光泽，长 0.6mm。雌成虫不规则成堆产卵，初产卵略透明，后从中间向一侧变白逐渐扩散至另一边（图 1-32-6）。

蛹 初期为乳白色，后期变为褐色，头部藏于前胸背板之下，前胸背板边缘有 3～10 个彼此分开的乳头状突起，每个突起上面有 1 根白色刚毛，腹部有 2 根较小的白色针状突起。蛹长 1.7mm。

【生活习性】 芒果小蠹完成一个生命周期至少需要 25d，受温度和果实硬度（胚乳）影响，这个周期可能超过 60d，在不同国家，其生活史周期、发生的世代数均不同。雌成虫蛀入咖啡果实后，将卵产于蛀道，卵、幼虫、蛹均在果内完成发育，成虫羽化后 2d 内即达到性成熟；完成交配后雌虫钻出果实，寻找新的寄主入侵，雌虫只需要受精一次便会终生产卵。雌虫的产卵期一般为 11～15d，平均每只雌虫可以产卵 24～63 粒；卵产后 5～9d 孵化，幼虫期 10～26d，蛹期 4～9d。芒果小蠹的羽化率与温度和相对湿度有关，温度 25～26℃、湿度大于 90% 有利于成虫羽化，大雨也可促进成虫从落果中羽化。雌雄成虫性别比例约为 10∶1。成虫寿命存在差异，雄虫寿命 20～87d；雌虫寿命可长达 81～282d，平均 131d。芒果小蠹侵害与气温呈显著正相关，与海拔呈显著负相关，但最低气温、最低湿度和最低降水量对虫害发生并无显著影响。

【防治方法】

（1）农业防治　采收后应尽可能将树上、地面上的未成熟或掉落的果实全部收集，中断昆虫的生命周期，避免树上余留果实及地面上的落果成为下一季害虫繁衍的温床，可达到相当好的防治效果。

（2）物理防治　使用诱杀器监测与诱杀。诱杀器中装入甲醇和乙醇以 1∶1（或 3∶1）的体积比调制，并使用白色或红色装置可有效诱引雌虫。

（3）生物防治　利用芒果小蠹的天敌，如拟寄生蜂类捕食动物，或采用线虫类和真菌类虫体寄生菌。目前防治效果比较好的是寄生蜂类和真菌类。

三十三、绿额翠尺蛾 *Thalassodes proquadraria* Inouce

【分类】　绿额翠尺蛾（*Thalassodes proquadraria* Inouce），属鳞翅目（Lepidoptera），尺蛾科（Geometridae）。

【分布及为害程度】　南宁市，百色市右江区、田林县、田阳区。

【为害】　为芒果、荔枝、龙眼等热带果树的一种重要害虫。该虫主要以幼虫取食荔枝、芒果等寄主植物的嫩梢、嫩叶，造成网孔状或缺刻，从而影响果树的生长和产量。

【形态特征】

成虫　体长 19～21mm，翅展 28～32mm，触角雌虫丝状，雄虫羽状；翅翠绿色，布满白色细碎纹；雄蛾生殖器抱器瓣近端有刺突（图 1-33-1）。

幼虫　初孵淡黄色，老熟浅褐色；2～3 龄有明显的浅褐色背中线（图 1-33-2 至图 1-33-4）。

蛹　纺锤形，臀棘 4 对，呈倒"U"形排列。

卵　圆柱形，长 0.6～0.7mm；初产浅黄色，孵化浅红色。

【生活习性】 初孵幼虫不活跃,从叶尖梢下的叶缘开始取食,4、5龄取食量激增,进入暴食期,取食量占整个幼虫期的90%以上,虫口密度大时可将整片叶子连同叶柄吃光。老熟幼虫沿树干爬到地面上的草丛落叶间化蛹,或吐丝缀连相邻的叶片成苞状,在其中化蛹,蛹体腹末端有丝状物与覆盖物黏结在一起。成虫白天喜栖息于树冠及枝叶的背光处。夜间活动,飞翔能力较强,清晨及傍晚为羽化盛期,羽化当晚交尾,交尾后2~3d产卵。每年发生7~8代。

【防治方法】

(1)农业防治 可在幼虫未入土前,用塑料薄膜铺放在果树主干周围,并在上面铺一层厚6~10 cm湿度适中的松土,为尺蛾化蛹创造适宜的条件,然后集中消灭。清除地下落叶或在各代幼虫入土化蛹盛期,在树主干周围深1~3cm的土层范围内挖除虫蛹,以减少下一代虫源。

(2)物理防治 在尺蛾各代成虫羽化盛期,每2hm²果园内放置一支40W的黑光灯诱杀成虫。

(3)药剂防治 800~1 000倍90%晶体敌百虫液能有效防治绿额翠尺蛾、刺蛾、金龟子、天牛等害虫。

(4)生物防治 通过释放赤眼蜂能较好地防治绿额翠尺蛾、卷叶蛾、荔枝蒂蛀虫等。

三十四、橡胶木犀金龟 *Xylotrupes gideon* Linnaeus

【分类】 橡胶木犀金龟(*Xylotrupes gideon* Linnaeus),中文异名独角仙,俗称吱喳虫。属鞘翅目,犀金龟科。

【为害】 食性杂,除为害芒果外,还能为害荔枝、龙眼、柑橘、桃、李、菠萝、甘蔗、玉米等果树及农作物。以成虫咬食成熟的芒果和被其他害虫为害过的果实,影响产量及果实的商品价值。幼虫(蛴螬)为害果树营养根群,严重影响果树生长(图1-34-1)。

【形态特征】

成虫 体长30~48mm,宽15~26mm,体棕红至黑褐色,鞘翅色较淡，有光泽。雌雄二态，雄显著大于雌。有发声器，能发出"吱喳"声。触角10节，棒状部3节。前胸背板四周有边框，小盾片宽阔，鞘翅密布浅皱刻点。臀板外露，胸下密披绒毛。足粗壮，前足胫节外缘3齿。雄虫头部额顶有一粗大角状突起，分叉后弯。前胸背板中向前凸伸，形成粗大角突，端部微分叉并向下弯，有些虫体角突较不规范（图1-34-2、图1-34-3）。雌虫头、胸部无角突（图1-34-4至图1-34-6）。

卵 长约3mm，卵圆形，乳白色，后变污黄色。

幼虫 老熟幼虫长50～65mm，圆筒形，黄白色常弯曲，体多横皱，密生褐色短毛。头黑褐，前胸两侧上方各有1个褐色菱形斑。气门褐色，周围有白色环。

蛹 长约35mm，踝黄褐色至褐色，雄蛹头顶向前突起角状物，雌蛹正常。

【生活习性】 此虫1年发生1代。以幼虫在堆肥或有机质多，深20～30cm的土壤中越冬。春天，气温回升，土中的幼虫也恢复活动，4月上旬开始化蛹，下旬为化蛹盛期，5月上旬进入羽化盛期。初羽化的成虫先在蛹室中蛰伏一段时间，然后方出土活动。白天潜伏在蒙蔽处、覆盖物下或疏松的土壤中，晚上取食、交尾和产卵。成虫羽化后20d左右进行交尾，又经10多天才产卵。6月上旬开始产卵，下旬前后为产卵盛期。卵多产在果园有机质多的土杂肥、厩肥及其他堆肥里，或散产在树盘周围疏松的土壤中，每雌产卵20粒左右，卵期约12d。7月为幼虫盛孵期。初孵幼虫先分散活动，后随虫体长大，食量增加，渐移至树冠根区施有机肥的地方为害。幼虫终生在土中生活，历期270d左右，除短期冬蛰外，为害期长达5～6个月。其成虫寿命约80d，有趋光性。活动时期恰值芒果果实成熟期，成熟果常受害。

【防治方法】

（1）人工捕杀成虫 在成虫初出土活动时，利用其活动栖息习性，可在果园覆盖物下，各种荫蔽场所寻捕成虫予以消灭；或用烂菠萝放置果园，诱集成虫，人工捕杀。

（2）灯光诱杀　在果园安装 20W 黑光灯，下置水盆，水中滴些柴油，成虫赴灯掉进水盆，可被淹杀。

（3）药剂防治　对为害严重果园，在果实收获前 10～15d，可用酯类农药 2 000 倍稀释液，或用 35% 赛丹 3 000～4 000 倍稀释液，或用 5% 鱼藤酮乳油 1 000 倍稀释液，或 20% 甲氰菊酯乳油 6 份加水胺硫磷 4 份混合剂 1 500～2 000 倍稀释液喷雾。果实成熟期，农药宜慎用。

（4）幼虫防治　及时清理果园及周边堆肥和厩肥。幼虫发生严重的果园，在树冠周遭撒 1：20 的 3% 呋喃丹，或 3% 米乐尔颗粒剂与泥沙混合的毒土，施药后盖上浅土。撒毒土应在收果以后进行。

第二部分
芒果侵染性病害

国外报道的芒果病害约有 80 种，其中真菌病害约 70 种，细菌病害、藻斑病、线虫病及丛枝病近 10 种。我国已知约 60 种，其中真菌病 47 种、细菌病 2 种、线虫病 2 种、藻类病 2 种，并以炭疽病、蒂腐病、细菌性黑斑病、白粉病、疮痂病、露水斑病等发生最为普遍，也最为严重。此外，比较重要的病害还有畸形病、灰斑病、煤烟病、藻斑病和流胶病等病害。

一、芒果露水斑病 Mango sooty blotch

芒果露水斑病是近年来在广西、海南、云南等地芒果上的常见病害，又称果实污斑病。芒果露水斑病主要危害果实，当芒果进入生长后期，病害症状便逐渐表现出来，田间湿度大时，特别是在露水重时或大雾过后，症状非常明显，故而得名。发生严重时，果面布满黑色或深褐色污斑，对果实的外观品质影响很大。露水斑病对芒果的果肉无影响，也不引起果实腐烂，采摘后的露水斑病芒果在常温下放置数日，病斑也没有明显变化。广西的发病率有时可高达 100%。

【分布及危害程度】 南宁市＋＋＋，百色市田东县＋＋＋、右江区＋＋＋、凌云县＋＋＋、田阳区＋＋、田林县＋＋、西林县＋＋、隆林各族自治县＋＋。

【症状】 芒果露水斑病的症状复杂多样，病斑呈不规则形的油渍状或水渍状，有些病斑边缘明显，有些则不明显；湿度大时，病斑上有黑色或墨绿色的霉层，此霉层系病原菌丝在芒果果面放射状生长的结果，霉层中有大量的分生孢子梗和分生孢子，病斑处果皮不能转色或转色不好（图2-1-1、图2-1-2）。与煤烟病病原菌在寄主表面附生生长不同，露水斑不能用手轻易抹除，即使抹除了霉层，其下的油渍状也不消失（图2-1-3）。但该病不侵入果肉，也不引起果实腐烂，只对果面角质层有一定的溶解作用。

【病原学】 通过组织分离、柯赫氏法则验证、形态学鉴定和可疑病原菌的 rDNA-ITS 的序列比对分析，将常见病原菌鉴定为枝状枝孢菌 [*Cladosporium cladosporioides* （Fr.） De Varies]，但引起芒果露水斑病的病原菌并不止一种，球孢枝孢菌（*Cladosporium Sphaerospermum* Penz.）等真菌亦有可能是芒果露水斑的病原之一。芒果露水斑病可能是多种病原真菌侵染或混合侵染所造成的结果。

【病害循环】 病原菌以菌丝或分生孢子在芒果枝梢树皮、枯死的花序和果园杂草等上存活，随雨水、露水和风传播至果实，在果面生长，果实发育前期通常不表现症状，果实发育中后期遇适宜的发病条件，症状常突然表现，果实采收后，在较高的贮藏温度和湿度条件下，仍继续危害。

【发病条件】 田间观察表明，较高的温度以及果园露水重、大雾、降雨等高湿的环境有利于病害的发生，且在地势低洼、通风不良、杂草众多的果园更易发病。果实发育中后期遭遇大雾、降雨等天气，病害常异常暴发；物候期一致、清洁的果园病害发生较少；果园刺吸式害虫分泌的蜜露可以为病原菌提供营养，有利于病害的发生；果实渗出物较多，果面营养丰富的品种容易发病。温度28℃左右，相对湿度大于90%，最适宜病斑的扩展。

【防治方法】

（1）农业防治 果实采后结合修剪整形，清除内膛枝，增加果园通风透光性；修剪后和开花前喷洒石硫合剂或波尔多液对该病有预防作用；花期结束后，摇除病残花穗，清除侵染来源；果实发育期及时清除果园杂草以及枯枝落叶，覆草栽培果园应该定期刈割；及时套袋护果。

（2）化学防治　果实发育中后期使用杀菌剂喷雾防治。可选用药剂有甲基硫菌灵、吡唑醚菌酯、苯醚甲环唑、腈菌唑、氟硅唑、喹啉铜、氯溴异氰尿酸等，间隔10～15d喷药，喷雾要均匀，连续使用2～3次可明显降低病害的危害，并兼防芒果炭疽病和疮痂病等果实病害；特别是遭遇大雾、降雨等天气后，或者果园早晚露水重的果园，一定要及时采取化学防治措施；使用杀虫剂及时防治果园刺吸式害虫，喷药时注意叶片背面、枝叶密集处和地面植被等害虫容易躲藏的地方。

二、芒果细菌性黑斑病 Mango bacterial black spot

芒果细菌性黑斑病又称细菌性角斑病或溃疡病。在非洲、亚洲和澳大利亚均有发生，是欧盟列举的重要的危险性有害生物。在我国台湾、广东、广西、云南、海南、福建和四川等主产区普遍发生，一般造成产量损失达15%～30%，严重时达50%以上。常造成早期落叶，果实受害对其商品价值影响较大，同时芒果炭疽病病原菌、蒂腐病病原菌常从病斑裂口处侵入果实，导致贮藏期大量烂果。2007年我国也将其列入进出境检疫性有害生物名录。

【分布及危害程度】　南宁市＋＋，百色市右江区＋＋＋、田东县＋＋＋、田阳区＋＋、田林县+。

【症状】　主要危害芒果叶片、枝条、花芽、花和果实。

叶片受侵染初生水渍状小点，逐步变成黑褐色，扩展后病斑边缘常受叶脉限制而呈多角形或不规则形，有时多个病斑融合成较大的病斑。病斑表面隆起，呈亮黑色，背面颜色较浅，周围常有黄晕，后期病斑有时变成灰白色；叶片中脉及叶柄也可受害纵裂；重病易脱落，病斑周围叶片组织仍保持绿色（图2-2-1）。

果实受侵染初生暗绿色、水渍状、针头大的小点，扩展后变成黑褐色、隆起、圆形或不定形病斑，病部中央常呈星状开裂，流出琥珀色或黑褐色胶液，如经雨水溅散，雾、露滴流淌，在果面常形成条状、微黏的污斑（图2-2-2至图2-2-4）。病果终至腐烂，但腐烂速度比芒果炭疽病、蒂腐病慢。

幼梢、果柄常出现棱形纵向溃裂，病斑边略隆起，状如火山口，常渗出胶液，后变黑色；枝条上形成开裂流胶黑色大病斑，扩展环绕枝条造成枝枯，在花序主轴和分枝上，形成长条形黑褐色病斑，有时流胶。

芒果细菌性黑斑病与炭疽病、疮痂病于发病初期易混淆。炭疽病斑近圆形，病斑边缘明显，中央稍凹陷色浅，边缘色深。疮痂病斑隆起明显，中央凹陷，但不纵裂也不流胶，组织木栓化，颜色浅；而细菌性黑斑病斑呈星状开裂，且裂口较深，流出黏质物，病斑颜色较深，果实成熟后病斑一般不会扩展导致软腐。

【病原学】

（1）病原细菌　薄壁菌门黄单胞菌属野油菜黄单胞芒果致病变种［*Xanthomonas campestris* pv. *Mangiferaeindicae*（Patel，Moinz et Kulkarni）Robbs，Ribeiro et Kimura］。

（2）形态　菌体短杆状，大小（0.3～0.6）μm×（0.9～1.6）μm，不产生芽孢，无荚膜，多数单个排列，革兰氏阴性，鞭毛单根极生。病原细菌在营养琼脂（NA）平板培养72h，菌落圆形，乳白色或黄色，稍隆起，表面光滑，有光泽，边缘完整，大小1.0～1.5mm，在NA和Wakimoto（PSA）培养基上，生长中等，菌落圆形，表面光滑，白色至乳白色，液面环状。

（3）生理　King's B平板培养24～72h，在365nm紫外线照射下菌落不发亮，培养基亦不呈黄绿色。菌体在含1%～2%食盐的NA培养液中培养72h，生长良好，培养液呈混浊状，但不能在含3%以上食盐的NA培养液中生长。菌体接种于NA培养液置36℃下不能生长，培养液澄清；在22℃下培养，菌体能生长，培养液稍浑浊；在27～32℃下培养，生长良好，最适生长温度28℃，培养72h培养液浑浊不透明。能使葡萄糖氧化产酸，属呼吸型代谢，能利用阿拉伯糖、果糖、半乳糖、甘露糖、蔗糖、乳糖、麦芽糖、棉子糖、海藻糖、甘露醇、木糖、山梨糖和甘油，并使其产酸但不产气，不能利用山梨醇、菊糖和水杨苷产酸。能利用柠檬酸盐、琥珀酸盐作为唯一碳源，并使其呈碱性反应，但不能利用酒石酸盐、草酸盐、乳酸盐作为唯一碳源。氧化酶反应阴性，过氧化氢酶阳性，脲酶阳性，脂肪酶阴性，能使淀粉水解，明胶液化，石蕊牛乳胨化、产氨、产硫化氢，不产吲哚，硝酸盐还原阴性，不产生果聚糖。在巴西、南非等地分离到产生黄色素的菌株，但其致病性较弱。

（4）生理分化　Some 等人利用酯酶（EST）、磷酸葡萄糖变位酶（PGM）和超氧化物歧化酶（SOD）三种同工酶系统，对来自 8 个国家 3 种不同寄主作物的 26 个芒果细菌性黑斑病病菌菌株进行了同工酶多样性研究，结果鉴定了 4 个菌群：①来自大多数国家的芒果和胡椒树的无色素菌群；②来自巴西芒果的无色素菌群；③来自法国西区加椰芒果的无色素菌群；④来自不同地区芒果的黄色素菌群。Gagnevin 利用水稻白叶枯病菌（*X.oryzae* pv.*oryzae*）*hrp* 基因簇作为探针，对芒果细菌性黑斑病病菌进行了 RFLP 分析，分群结果与 Some 等人报道的一致；Pruvost 利用 API 细菌鉴定系统测定了 68 个芒果细菌性黑斑病病菌对碳水化合物的利用情况，以及对抗生素和重金属的敏感性，将芒果细菌性黑斑病病菌分为 10 个菌群，总的分群结果与 Some 等人的同工酶系统、Gagnevin 的 *hrp* - RFLP 分群结果一致。

（5）寄主范围　该病原细菌除侵染芒果外，还可能侵染腰果、巴西胡椒、加椰芒果和槟榔青等漆树科植物，人工接种还可以侵染野芒果和紫薇科植物。

【病害循环】　病原细菌潜伏在病叶、病枝条、病果内、果园内外杂草上越冬，尤以病秋梢为主，翌年借雨水溅射传到新生的器官组织上，从伤口或水孔、气孔、皮孔、蜡腺、油腺等自然孔口侵入发病，芒果结果后又经风雨传播到果实上危害，潜育期随品种和种植区的气候条件不同而不同，一般为 5～15 d。贮运中湿度大时，接触传染，导致大量果实发病。远距离传播主要是带菌苗木、接穗和果实等。

【发病条件】

（1）气候条件　高湿和凉爽的温度（15～20℃）有利于病原细

菌越冬存活，但高湿和温暖（25～30℃）的条件有利于发病。台风或暴雨过后，常常在嫩梢、嫩叶上造成许多伤口，为病原细菌的侵入提供了便利的途径。所以，每次台风之后，常导致芒果细菌性黑斑病大暴发，尤其是地势开阔的低洼地受到水浸之后，发病更重，避风、地势较高的果园发病较轻。常风较大的地区，枝叶和果实相互摩擦造成伤口，在降雨和露水重的天气条件下，也容易发生细菌性黑斑病。芒果果实感病性与果实发育阶段及湿度等天气因素有密切关系：收获前1个月是果实敏感期，此时的伤口和皮孔等部位是病菌最为有效的侵入点；影响果实侵染的主要环境因子是降雨。因此芒果采前遇到降雨天气容易导致病害暴发。

（2）品种抗病性　尚无免疫品种，印度品种 Peter Alphenes、Muigea Nangalora、Neclum Baneshan 较感病。国内广西本地土芒、广西 10 号芒、桂热 10 号芒、贵妃芒、凯特芒、金煌芒易感病、紫花芒、桂香芒、绿皮芒、串芒、台农 1 号芒和粤西 1 号中抗，红象牙芒比较抗病。据报道抗病品种的酚类化合物、黄酮类化合物、总糖及氨态氮含量均较高。

【防治方法】

（1）种植抗病品种　在重病区可考虑种植上述比较抗病的品种。

（2）果园四周种植防风林　在沿海地带或平坦易招风的果园营造防风林或设置风障，一般 3.3～6.6hm² 果园四周营造一片防护林带较适宜，或直接在林地开辟果园，利用天然林带防风。

（3）做好预防工作　新果园尽量选健康无病苗木，或及早剪除病叶，雨季定期喷洒波尔多液或其他铜制剂预防。果园与苗圃最好分开，尽量不要在投产果园行间育苗。引进的种子、实生苗、接穗做好检疫工作，或先做消毒处理后再进入苗圃。

（4）清洁果园　结合采后修剪，彻底清除枯枝落叶，集中烧毁或撒石灰深埋。台风雨后及翌年春雨前再清园一次，发病严重的果园可重剪后换冠。

（5）化学防病　生产中应该密切关注天气变化，长时间的阴雨、大雾天气，应该加强病害的防治。在修剪后以及台风暴雨前后喷药保护果实、幼叶、嫩枝不受侵染。可选用的药剂有1％等量式波尔多液、72％农用链霉素4 000倍液、77％可杀得可湿性粉剂600倍液、30％氧氯化铜＋70％甲基硫菌灵（1∶1）800倍液、3％中生菌素1 000倍液、20％噻菌铜700倍液、2％春雷霉素500倍液。其他药剂还有喹啉铜、辛菌胺、氯溴异氰尿酸等。使用农用链霉素时加入黄原胶增效剂效果更佳。

此外，用苯并噻二唑（BTH）可有效地诱导出对芒果细菌性黑斑病的抗性。还有人筛选到芽孢杆菌等生防菌株，在田间使用有一定的防治效果。

三、芒果炭疽病 Mango anthracnose

芒果炭疽病是芒果生长期及采后的主要病害之一。早在1893年美国就报道了此病害。后来在印度、印度尼西亚、菲律宾、泰国、秘鲁、圭亚那、波多黎各、古巴、马来西亚、法国、南非及巴西等国家先后报道。芒果炭疽病在我国广西、广东、云南、海南、福建和四川等省（自治区）均有发生。该病害在芒果生长期侵染叶片常引起叶斑，严重时造成落叶，侵染枝条则造成回枯等症状，影响芒果树的正常生长发育；开花季节和坐果早期如果遭遇阴雨天气，常常导致大量落花落果，使果实减产30％～50％，采前在果实表面形成病斑，影响果实外观品质；在贮运期，病果率一般为30％～50％，严重的可达100％。

【分布及危害程度】 南宁市＋＋，玉林市，百色市右江区＋＋、田东县＋＋、田阳区＋＋，崇左市扶绥县＋、龙州县，防城港市上思县＋、防城区，钦州市灵山县。

【症状】 主要危害嫩叶、嫩枝、花序和果实。严重时可引起落叶、枝枯、落花、果腐。

叶片 嫩叶染病大多从叶尖或叶缘开始，初期形成黑褐色、圆形、多角形或不规则形小斑。扩展后或多个小斑融合可形成大的枯死斑，使叶片皱缩扭曲，嫩叶发病严重时，呈快速凋萎状。天气干燥时，枯死斑常开裂、穿孔。病叶常大量脱落，枝条变成秃枝。成龄叶片病斑多呈圆形或多角形，直径常小于 6 mm，病斑两面生黑褐色小点（即分生孢子盘），在潮湿环境下，分生孢子盘上可出现橙红色的分生孢子堆（图 2-3-1）。

枝条 嫩枝病斑黑褐色，纵向扩展，环绕全枝后形成回枯症状，病部以上的枝条和叶片枯死；顶芽受害常呈黑色坏死状；病斑上生黑色的小粒点，为病原菌的分生孢子盘（图 2-3-2）。

花序 侵染花梗形成长条形或不规则形的红褐色或黑色病斑，受害花变成褐色或黑色，最终干枯凋萎、脱落，严重时整个花序枯死，造成花疫（图 2-3-3）。

果实 幼果受害后最初出现红色斑点，扩大后出现近圆形的黑色凹陷病斑或整个果实变黑腐烂，导致大量落果，较大的果实由于自身生理或自我疏果而败育后形成僵果，病原菌在其上营腐生生长并产生大量的分生孢子。发育中期的果实受侵染后果皮上出现近圆形黑色凹陷病斑。在果园，病原菌侵染青果，常在果皮上造成小的红点症状，偶尔在发育后期的青果上也可以看到黑色的炭疽病斑，大量病斑愈合常在果肩上形成大面积粗糙龟裂的黑色炭疽斑块或沿果肩向果尖排列呈"泪痕状"。芒果果实炭疽病更常见发生在采后阶段，果实青熟采收后在贮藏过程中，在果面可见圆形黑色或褐色的病斑，不同大小的病斑可相互愈合形成大病斑覆盖果面，或常呈现"泪痕"；病斑通常仅限于果皮，在严重的情况下病原菌可侵入果肉。后期，病原菌在病斑上形成分生孢子盘和橙色到粉红色的分生孢子堆（图 2-3-4）。

【病原学】

（1）病原菌　目前文献报道引起芒果炭疽病的病原菌有两种：一种是胶孢炭疽菌［*Colletotrichum gloeosporioides*（Penz.）Penz. & Sacc.］，又称盘长孢状刺盘孢，属于半知菌类刺盘孢属，是引起芒果炭疽病的主要病原菌，有性阶段为子囊菌门小丛壳属围小丛壳菌［*Glomerella cingulata*（Stonern.）Spauld et Schrenk］。

另一种是尖孢炭疽菌（*C. acutatum Simmonds*），又称短尖刺盘孢，有性阶段为尖孢小丛壳菌（*Glomerella acutata* Guerber&Correll），较为少见。

（2）形态　胶孢炭疽菌的分生孢子盘半埋生，黑褐色，圆形或卵圆形，扁平或稍隆起，大小（110～260）μm×（30～85）μm。刚毛深褐色，1～2个隔膜，直或弯，（50～100）μm×（4～7）μm。分生孢子圆柱形、椭圆形，无色，单胞，两端钝圆，中间有一油滴，大小（9～24）μm×（3～4.51）μm。在马铃薯葡萄糖琼脂（PDA）培养基上菌落灰绿色，气生菌丝绒毛状，后期产生橘红色的分生孢子堆。有性阶段通常在培养基上不难产生，子囊壳烧瓶状，有明显的喙，直径90～152μm，高104～160μm；子囊大小（41～72）μm×（8～12）μm，单层壁，棍棒形，不成熟的子囊壳中可见侧丝，成熟后侧丝消失；子囊孢子宽肾形、长椭圆形至纺锤形，无色稍弯曲，单行排列，大小（10.5～15.1）μm×（4.3～7.4）μm。尖孢炭疽菌分生孢子单胞、无色、梭形，大小（10.2～16.5）μm×（2.2～3.6）μm，中间有一油滴。它在芒果上产生的症状与胶胞炭疽菌基本相同，二者还存在复合侵染现象。

（3）生理　胶胞炭疽菌的生长温度范围为7～37℃，适温20～31℃，最合温度28℃，37℃下菌丝生长畸形，分生孢子形成的适温为25～31℃。pH5～8适宜病原菌生长，当pH3时菌丝生长畸形，菌落边缘呈波浪状；在pH3～10范围内均可形成分生孢子，pH3.5～4.5的环境条件下产孢量最大。分生孢子在相对湿度100％的条件下培养3h即可萌发，6～9h是分生孢子萌发高峰期，12h可产生附着胞，在有水膜条件下分生孢子萌发率和附着胞形成率均显著提高。葡萄糖、果糖、蔗糖有利于 *C. gloeosperioides* 的菌丝体生长，淀粉有利于其产孢。分生孢子在蒸馏水中可萌发并产生附着胞，在芒果叶煎汁、葡萄糖液、蔗糖液中其萌发率和附着胞形成率均显著提高。

光照可促进病原菌形成分生孢子。短时（10～30min）阳光照射可诱导菌落大量产生分生孢子。黑暗有利于分生孢子萌发，而光照对分生孢子萌发有一定的抑制作用。在培养基中添加一定量的酵母膏（8～10g/L）对该菌分生孢子形成有明显促进作用。较高的温度环境有利于分生孢子的产生，干燥的环境不利于产孢，但有利于孢子存活。机械损伤也能刺激菌丝体产生分生孢子。紫外线照射不利于分生孢子的存活。

病原菌分生孢子在适宜营养条件下萌发时，可产生两种具有不同功能的芽管，一种芽管在其先端形成附着胞；另一种芽管直接转化成分生孢子梗，并在其上产生分生孢子，即该菌有微循环产孢特性。不同菌株间在致病性上存在较大差异，尽管目前尚未发现本菌有生理小种分化现象，但种内存在丰富的遗传多样性，来源于芒果的菌株常被聚为一类。

（4）寄主范围 据报道，在我国南方五省（自治区），此病至少可危害61科160种植物，常见的寄主有苹果、梨、葡萄、柿、橡胶、胡椒、油梨、香蕉、柑橘、腰果、番石榴、番木瓜、龙眼、荔枝、咖啡、可可等。

【病害循环】 病原菌主要以菌丝体在芒果病叶、病枝及落叶、枯枝上越冬。据调查，越冬老叶带菌率为51.4%、枝条为18.5%、落叶为21.9%、枯枝为31.4%。病原菌在寄主病残体上可存活2年以上。冬季老叶病斑上，存活的病原菌量最低。春雨期间越冬病残体上产生大量分生孢子，通过风、雨、昆虫等传播到花序及嫩梢上，分生孢子在水膜中萌发产生芽管，形成附着胞和侵染钉穿过角质层直接侵入表皮，也可从伤口、皮孔、气孔侵入寄主。发病的幼果和挂在树上的僵果上产生的分生孢子也可以侵染果实或叶片引起再侵染。未成熟的果皮中5，12-顺式十七碳烯基间苯二酚、5-十五烷基间苯二酚、5（7，12-十七烷二烯基）间苯二酚等取代间苯二酚类抗菌物质含量较高，病原菌暂时停止生长，进入潜伏状态，待果实进入后熟阶段，抗菌物质含量减少到较低水平，病原菌进入活跃的死体营养状态，菌丝迅速生长扩展，致使果面产生坏死病斑，发生采后炭疽病。但采后炭疽病为单循环病害，病斑通常不可能发生从果实到果实的再侵染。

【发病条件】

（1）气候条件　20～30℃，90％以上的相对湿度最有利于发病。在我国华南与西南芒果产区，每年春秋季芒果嫩梢期、花期及幼果期，温度均适宜发病，此期如遇阴雨连绵或雾大湿度高的天气，病害常严重发生。湿度是左右我国芒果种植区炭疽病发生与流行的关键因子。据报道，16℃以上，每周降雨 3d 以上，相对湿度高于 88％，病害可在两周内大流行。冬、春严寒遭冻害后也易导致病害大流行。

（2）品种抗病性　尽管目前还没有发现免疫品种，但芒果品种间抗病性存在明显差异。台农 1 号在广东、海南表现较高的抗性，白花芒、吕宋芒、金钱芒、扁桃芒、泰国象牙芒、云南象牙芒、粤西 1 号、秋芒、金煌芒、玉文 6 号、海顿芒、圣心芒、凯特芒和陵水芒等中抗；湛江红芒 1 号、红象牙、鹰嘴芒、紫花芒、桂香芒、爱文芒、白象牙芒、肯特芒、印度 2 号和印度 3 号等抗病力较弱。

（3）生育期　叶片最易感病的时期是抽芽、开叶至古铜期，淡绿期次之，青绿期的叶片抗病性很强，即使受害，病斑扩展也会受到限制。花期和幼果期较为感病，成熟果易感病，且发病后腐烂迅速。枝条以嫩梢期最易感病。

此外，芒果叶瘿蚊（*Erosomyia mangicola* Shi.）为害所造成的伤口容易诱发病害，且其危害状与炭疽病症状近似，应注意区分。

【防治方法】

（1）农业防治　选用优良抗病品种，同时注意在产前、产后结合化学防治，才能获得满意的防治效果；结合修剪，剪除病枝、病叶，清除园中病残体，集中烧毁或挖沟撒石灰深埋；合理安排种植密度，结合修枝整形，剪除内膛枝，保持果园通风透光；低洼地果园注意排涝，降低果园湿度；幼龄果在化学防治后适时套袋护果。

（2）化学防治　重点保护嫩梢和保花保果。开叶后每 7～10d 喷药一次，直至叶片老化。花蕾抽出后每 10 d 喷一次，连续喷 3～4 次，小果期每月喷一次，直至成熟前。供选用的药剂有：25％阿米西达悬浮剂 600～1 000 倍液，或 30％爱苗乳油 3 000～3 500 倍液、75％达科宁可湿性粉剂 500～800 倍液、1％石灰等量式波尔多液、50％托布津 700 倍液、50％多菌灵 800 倍液、65％代森锰锌可湿性粉剂 600～800 倍液、50％苯莱特可湿性粉剂 1 000 倍液，新近推广的药剂还有烯唑醇、苯醚甲环唑、安泰生、戊唑醇、吡唑醚菌酯和氟吡菌酰胺等。此外，也可使用苯丙噻重氮（BTH）等诱抗剂、藜芦碱等植物源农药、芽孢杆菌等拮抗微生物来防治。干旱地区或夏季高温期应适当降低药剂使用浓度，并避开中午用药，以免对嫩叶、果皮造成药害。

（3）果实采后处理　精选的好果，用 51℃温水浸果 15min，或 54℃温水浸果 5min；也可用 500mg/kg 苯来特或 1 000mg/kg 多菌灵、42％特克多悬浮剂 360～450 倍液浸果 3min；或用施保克药液（含有效成分 250mg/L）浸泡 30s，然后在含氧量 6％的环境中贮藏。其他化学处理措施，如氯化钙、柠檬酸、草酸或水杨酸处理，壳聚糖涂膜或乙烯受体抑制剂 1-甲基环丙烯（1-MCP）处理等对芒果采后炭疽病都有不同程度的控制作用，其原理可能与抑制果实呼吸速率或乙烯释放，延缓果实成熟，提高果实抗性有关。

四、芒果白粉病 Mango powdery mildew

芒果白粉病是一种分布广泛且危害较严重的病害，该病于 1914 年在巴西首次报道，在我国广西、海南、广东、云南和四川等芒果产区均有分布，属常发性主要病害。本病主要危害花序和幼果，造成大量落花、落果，降低产量。该病在广西流行年份的花序发病率达 80％以上，造成大量的落花、落果，产量损失严重。

【分布及危害程度】　南宁市＋＋，百色市右江区＋＋＋、田东县＋＋＋、田阳区＋＋＋，防城港市上思县＋、防城区，崇左市扶绥县＋、龙州县，玉林市，钦州市灵山县。

【症状】　本病主要危害花序、幼果、嫩叶和嫩枝。发病初期病部的器官出现少量分散的白色小粉斑，病斑扩大融合后形成一层白色粉状物（图2-4-1）。最后，感病组织变褐，病部组织坏死。

花序 花序特别感病，发病时，花蕾停止开放，花瓣和花柄变黑枯死，花蕾大量脱落，在病部覆盖一层白色粉状物。花序基部首先变为黑褐色，逐渐整个花枝变褐，最后脱落（图2-4-2至图2-4-4）。

叶片 嫩叶容易发病，老叶较少发病。发病初期首先在叶背出现浅灰色斑，上面覆盖一层稀疏的白粉，随病斑扩大，叶片上的白粉逐渐增多，最后布满整个叶片（图2-4-5）。发病严重时叶片常扭曲畸形，最后脱落。条件不适宜时，病斑停止扩展，形成褪绿色斑或红褐色的坏死斑，影响叶片的正常生长（图2-4-6、图2-4-7）。

幼果 常危害幼果，青果一般不发病。发病时表面产生白粉病斑，随着果实的发育，幼果和果柄变褐色，常在豌豆大小时脱落，对产量影响很大（图2-4-8）。

【病原学】

（1）病原 无性阶段为半知菌类芒果粉孢菌（*Oidium mangiferae* Berthet）。有性阶段为子囊菌门菊科白粉菌（*Erysiphe cichoracaerum* DC.），国内芒果上尚未发现有性阶段。

（2）形态 菌丝体寄生在寄主表面，无色，有分隔，以吸器侵入寄主体内吸收营养。分生孢子梗直立，单生，长度64～163μm。分生孢子卵圆形，无色透明，常串生在分生孢子梗的顶端，大小为（30～42）$\mu m \times$（15～21）μm。

（3）生理 芒果白粉菌属于专性寄生菌，不能在死亡的组织上存活。目前尚不能用人工培养基繁殖培养。病原菌分生孢子萌发的温度范围为9～32℃，最适温度为23℃。湿度对病害的影响较小，相对湿度在0～100%时分生孢子均可萌发，但相对较高的湿度更利于孢子萌发。

【病害循环】 病原菌以菌丝体或分生孢子在寄主叶片和幼嫩枝条上越冬，当环境条件适宜时，病组织上即可产生大量的分生孢子，借助气流传播到寄主幼嫩组织上，分生孢子萌发时长出芽管和附着胞，附着胞前端产生侵入丝，侵入寄主表皮细胞并在其内形成吸器，吸收寄主的营养物质。同时在菌丝上产生大量分生孢子梗和分生孢子，借助气流进行再传播，形成再侵染。在适宜的环境条件下，病害的潜育期为 3～5d。

【**发病条件**】

（1）温湿度　温度是影响芒果白粉病流行的主要条件。月平均气温为 21～23℃时，最有利于白粉病的发生。在华南地区，一年中芒果白粉病的发生一般早于芒果炭疽病，1 月下旬至 2 月中旬开始发病，2—4 月芒果抽叶开花期为本病盛发期。湿度对白粉病发生影响较小，但 70％以上的相对湿度往往有利于病害的发生，因为较高的湿度不仅有利孢子萌发，同时也可延缓芒果叶片的老化速度，从而有利于病原菌的侵入。在温度适宜的环境条件下，有时干旱地区发病也很严重。

（2）物候期　该病主要危害芒果的幼嫩组织。在叶片上主要发生在嫩叶期。在开花季节可严重危害花序和花柄。危害果实主要在幼果期，青果和熟果期不危害。因此，每年芒果开花的季节，此时气候较为凉爽，往往也是本病发生流行的季节。

（3）品种抗性　不同品种对白粉病的抗病性有差异，以象牙芒最易感，留香芒次之，秋芒和青皮芒最抗病。

（4）栽培管理　大量施用氮肥，造成枝叶幼嫩，往往有利于白粉病的发生和流行。

【**防治方法**】

（1）选用抗病品种　在白粉病流行地区，应选用抗病品种，如种植留香芒、秋芒和青皮芒。

（2）合理施肥　在栽培管理上应增施有机肥和磷钾肥，避免过量施用氮肥。特别是在芒果开花结果季节更应注意施肥的合理性。

（3）化学防治　化学药剂是防治本病的主要措施。在开花初期和幼果期开始喷药，间隔期 15～20 d。常用药剂有：20％三唑酮乳油 1 000～2 000 倍液、15％三唑酮可湿性粉剂 1 000～1 500 倍液、硫黄胶悬剂 200～400 倍液、70％甲基硫菌灵可湿性粉剂 600～

800 倍液、10％苯醚甲环唑水分散剂 800～1 500 倍液、12.5％烯唑醇可湿性粉剂 2 000 倍液等。

五、芒果畸形病 Mango malformation disease

芒果畸形病又称芒果丛芽（花）病、芒果簇芽（花）病。1891年该病首次发现于印度，目前在马来西亚、巴基斯坦、埃及、南非、巴西、以色列、墨西哥、美国、苏丹、阿曼苏丹国、古巴、乌干达、委内瑞拉、斯威士兰、尼加拉瓜、萨尔瓦多、澳大利亚、孟加拉国和阿拉伯联合酋长国等国家均有发生。芒果畸形病在我国四川省攀枝花市和云南省华坪县部分芒果园已发生多年，2009 年周俊岸等报道在广西也发现了芒果畸形病，但随后即被铲除，其他地区尚未发现。该病主要危害嫩梢和花序，病花序几乎无法结果。印度一芒果园连续 3 年对该病害的危害所做的一项调查发现，因花序畸形导致的产量损失高达 86％；在印度北部，超过 50％的芒果树受到该病危害，产量损失巨大。在南非 73％的芒果园存在该病，株发病率可高达 70％。在巴西的圣弗朗西斯科河流域，一些果园株发病率甚至高达 100％。在我国四川省攀枝花市和云南省华坪县部分发病严重的芒果园，株发病率高达 100％，导致大部分枝条无法结果，造成严重经济损失。

【分布及危害程度】 南宁市。

【症状】 根据受害部位不同，芒果畸形病可分为营养器官畸形和花序畸形。

营养器官畸形多发生在幼苗，在结果树上也很常见。幼苗上的典型症状是植株顶端优势丧失，抽出的嫩叶变细，枝条节间缩短，冒出大量新芽，最后簇生成团，进而干枯（图 2-5-1、图 2-5-2）；成龄果树的枝条被感染后，其侧芽也会萌发，并成束生长呈"扫帚"状，最后干枯，但是在下一个生长季节仍会过度萌发，畸形芽常发生在剪枝的部位（图 2-5-3）。畸形芒果苗的根系浅且三级侧根少于正常苗。幼苗早期（3～4 个月）受感染后植株保持矮小直到最后干枯；后期被感染的幼苗发育受抑制但仍可继续生长。发病程度严重的成龄果树发育不良，植株矮小。

花芽分化紊乱常出现不正常的开花坐果现象，如挂果期长出花序、抽梢期开花等。在通常情况下，表现营养器官畸形的枝条将会产生畸形的花序。发病的花序整个或部分畸形，相比于正常花序（图 2-5-4），花数明显增加，花轴变短、变粗，小花簇拥在一起，呈现盘状或花椰菜状，最后焦枯死亡（图 2-5-5、图 2-5-6）。畸形花序虽然会产生更多的小花，但大部分小花并不开放，而且不育花的比例增加，两性花的雌蕊通常丧失功能，花粉发育能力差，导致畸形花序几乎不能坐果，即使结果，果实也不能正常发育长大。

【病原学】

（1）病原（病因）　自芒果畸形病报道以来，该病究竟是生理性病害还是侵染性病害或者由螨类危害引起的畸形，学术界一直争论不断，自 20 世纪 80 年代以来，越来越多的试验证实，该病是由镰刀菌引起的侵染性病害。目前，通过柯赫法则验证的芒果畸形病病原菌至少有：*Fusarium subglutinans*、*F. mangiferae* 和 *F. sterilihyphosum* 3 种。*F. proliferatum* 在马来西亚和 *F. oxysporum* 在墨西哥也被报道与芒果畸形有关。从四川省攀枝花市和云南省华坪县两地芒果园取样，通过组织分离和柯赫法则验证，病原菌形态学鉴定、ITS序列、β- tubulin 和 α- elongation　factor 等基因序列分析等辅助鉴定，明确发生在四川攀枝花和云南华坪的芒果畸形病病原菌有两种，即层出镰刀菌 *F. proliferatum* 和芒果镰刀菌 *F. mangiferae*。

（2）形态　Zafar Iqbal 等人（2008）对 *F. mangiferae* 的形态特征进行了详细描述。*F. mangiferae* 在 PDA 培养基上，菌落在25℃下的平均增长率为 3.4mm/d。气生菌丝白色，絮状，菌落背面浅黄色至暗紫色，并有玫瑰红色的小点。产孢梗合轴分枝，单或复瓶梗上产生分生孢子，复瓶梗有 2～5 个产孢口。小型分生孢子形状上有变化，大多是倒卵球形，偶尔椭圆形，小型分生孢子多单胞，少数双胞，大小为 4.3～14.4（9.0）μm×1.7～3.3（2.4）μm。分生孢子座奶油色或橘黄色。大型分生孢子长且细，通常具 3～5

个隔：43.1～61.4（51.8）μm×1.9～3.4（2.3）μm。无厚垣孢子。*F. proliferatum* 在 28℃ PDA 培养基上光暗交替条件下培养 7d，气生菌丝棉絮状，白色至浅粉红色，基物无色。培养后期，菌落颜色逐渐加深至深紫色。PDA 培养基上产生少数大型分生孢子，瘦长，直立，两端略微弯曲；顶端细胞尖端弯曲呈鸟喙状；足胞不明显，多数具 3 个隔膜，隔膜大小为（19～22）μm×（1～3）μm。PDA 培养基上小型分生孢子数量极多，形状多样，多为卵圆形、肾形、纺锤形等；多假头状着生；隔膜数 0～2 个，大小为（2～17）μm×（0.5～4）μm。产孢细胞单瓶梗或复瓶梗，较短。无厚垣孢子，未见有性态，亦未见菌核产生。

（3）生理　病原菌 *F. proliferatum* 生长的最适温度为 24℃，最适 pH 为 10；孢子萌发最适温度为 24℃，最适 pH 为 5。病原菌能够利用常见的多种碳源和氮源生长，其中碳源以果糖最好，氮源以蛋白胨最好；连续光照处理菌丝生长速率高于交替光照或持续黑暗处理；分生孢子的致死温度为 55℃ 20min 或者 60℃ 5min。

（4）寄主范围　目前发现芒果（*Mangifera indica*）是病原菌 *F. mangiferae* 的唯一寄主。尚不清楚 *Mangifera* 属其他种或漆树科其他相近属种是否为其寄主。

【病害循环】　关于该病害的侵染循环，目前还不完全清楚。研究表明，病害的侵染模式为系统性侵染，可在木质部和韧皮部等组织中扩散。该病传播速度较慢，在一苗圃进行的跟踪调查显示，就丛芽发生率而言，第一年发病率最高的地块在随后的几年里仍表现出最大的发病率。枯死的病花和病枝上可产生大量的分生孢子，它们借助气流或昆虫在果园传播，反复引起侵染。也有文献认为病害可能土传。试验表明，病原菌只能通过伤口侵入芒果组织，树体之间的接触、暴雨、冰雹、鸟类、昆虫、螨类或人为造成的机械伤口均有可能为病原菌提供侵染途径，已证实瘿螨（*Aceria mangiferae*）可促进病害的传播和侵入。嫁接也在该病害传播上起着重要的作用，带菌的接穗和苗木有助于病害向新果园的传播蔓延，特别是远距离扩散。

【发病条件】

气候条件 气候特别是开花期的环境温度对病害的发生和严重程度有明显影响。在埃及，春梢和花序病害发生最为严重，其次是夏梢和秋梢。在印度，气候显著影响病害的发生，在气候较温暖的南部地区，病害发病率低，而开花前环境温度较低的地区，病害发生较为严重。在美国佛罗里达州，潮湿的环境有利于病害的发生。在墨西哥的田间调查数据表明，发病率的变化与冠层捕获的 *Fusarium sp.* 大型分生孢子的数量（$r=0.90$，$P=0.000\ 1$）、风速（$r=0.83$. $P=0.000\ 1$）成正比；营养器官畸形率高峰大量发生于抽梢期；营养器官畸形积累量与日平均最高温度（$r=-0.68$，$P=0.01$）、每小时平均温度（$r=-0.59$，$P=0.04$）、相对湿度大于 60% 的小时数（$r=-0.82$，$P=0.001$）成反比，与风速（$r=0.94$，$P=0.000\ 1$）成正比；最大的分生孢子数量出现在雨季，并与风速（$r=0.812$，$P=0.000\ 1$）成正比。显示果园小环境对病害发生发展有重要影响，风有助于分生孢子的释放和传播；抽梢和开花季节，病害发展受到高温限制，当日最高温度高于 33℃，每小时平均温度高于 25℃ 时，发生率不再增加。最新的研究结果表明，15℃ 以下的低温，可以诱导植株产生胁迫乙烯，可能导致芒果出现畸形症状，而 *F. mangiferae* 也可以在离体条件下产生乙烯。在海南，通过人工接种病原菌，在气温较高的夏秋季节也可以导致芒果枝条产生较为典型的畸形病症状，说明病原菌侵染是该病害发生的主导因素，低温是该病害发生的主要环境因素。由此推测，在低温条件下，*F. mangiferae* 通过产生乙烯或者刺激芒果组织产生胁迫乙烯，导致芒果枝条或者花序产生畸形症状。

媒介昆虫 以色列学者的研究发现瘿螨（*A. mangiferae*）为芒果畸形病的传播提供了传播媒介和侵染伤口；还有学者发现瘿螨种群与病害发生率呈正相关，应用杀螨剂后可降低病害严重程度。

【防治方法】 目前，还没有找到可以完全控制芒果畸形病的化学农药，也未发现抗病品种。因此，各国均采取综合防治来减轻病害的危害。

（1）加强检疫　勿从病区引进繁殖材料，使用无病繁殖材料，如健康的接穗等；对病害发生严重的果园实行适当隔离，防止病害传播到健康果园。

（2）保持果园清洁　花期和营养生长期对果园进行定期检查，发现病害时，应根据发病严重程度对果树进行修剪并将发病枝条销毁。研究发现，剪除畸形枝条能有效压制病害发生。病树修剪后需喷洒杀真菌剂和杀虫剂（尤其是杀螨剂），可减少病害进一步蔓延的可能性。

（3）改善树体营养状况　结合栽培技术，根据果园情况定期喷施含微量元素的叶面肥，改善果树的营养状况，可提高植株抗病性和果实产量。

（4）化学防治　在抽梢和开花期，用50％甲基硫菌灵700倍液、50％多菌灵700倍液、20％施保功1 500～2 000倍液，或25％苯醚甲环唑2 000～3 000倍液喷雾，对该病害有一定的防治作用。

（5）其他措施　使用植物生长调节剂。如在印度，果农在花芽分化时期施用外源生长素（萘乙酸NAA，200mg/kg）来减少花的畸形并提高产量，但该处理的防治效果受到质疑。也有通过喷洒抗畸形素类物质来防治畸形的报道；还有施用谷胱甘肽和抗坏血酸来防治芒果畸形病的报道；还有一些尚在探讨中的措施，如通过调节花期、利用气候和温度的变化来抑制病害的发生发展等。

六、芒果流胶病 Mango Phomopsis gummosis

芒果流胶病在我国芒果产区均有分布，小苗受害后死亡率达10％～30％，成龄树发生更为普遍，台风季节发病严重，风后由本病引起的流胶可达100％，以迎风面受害最重。

【分布及危害程度】　南宁市＋＋，百色市右江区＋＋＋、田东县＋＋＋、田阳区＋＋＋，防城港市上思县＋、防城区，崇左市扶绥县＋、龙州县，玉林市，钦州市灵山县。

【症状】 枝条和茎干受害，病部呈条状溃疡，中部稍下陷，渗出胶状物，初无色，后呈琥珀色，有时呈点状流胶，病部木质部常变色坏死。严重时枝条或茎干表面布满条状黑褐色胶状物，导致枝条或茎干大面积坏死，甚至枯萎（图2-6-1至图2-6-3）。

【病原学】 可可毛色二孢（*Lasiodiplodia theobromae*）是广西芒果流胶病的主要病原菌，在各产区均有发现。七叶树壳梭孢（*Fusicoccum aesculi*）和小新壳梭孢（*Neofusicoccum parvum*）是次要病原菌，七叶树壳梭孢仅在田东县和武鸣县发现，小新壳梭孢仅在田东县发现。3种病原菌的有性态均为葡萄座腔菌属（*Botryosphaeria* spp.）。国外报道引起蒂腐和枝枯的多种病原菌都可能侵染枝条和茎干引起流胶。

【病害循环】 病原菌以菌丝体和分生孢子器在病株和病残体上存活，翌春环境温湿度适宜，分生孢子器内涌出大量分生孢子，借风雨传播，主要从伤口侵入致病。修剪后遗留在树盘周围病残体上的病原菌也可以从根部侵入发病。

【发病条件】

（1）环境条件　温暖潮湿季节往往有利于病害的发生。地势低洼、通透性差的苗圃嫁接苗也易诱发病害造成死苗。

（2）树势和伤口　树势衰弱的果园往往发病较重；台风暴雨频繁和害虫为害严重（如天牛），造成的枝条伤口很多，发病异常严重。

【防治方法】

（1）果园管理　增施有机肥，增强树势；清除病残体，并及时烧毁，以减少菌源；搞好苗圃周围排灌系统，雨季注意及时排水；增施磷钾肥，避免氮磷钾比例失调；加强天牛等害虫的防治，以减少伤口；设置防风带，避免风害造成伤口。

（2）苗圃管理　从健壮母株选取芽条；嫁接工具要消毒；改善苗圃通透性；嫁接成活后定期喷药保护。

（3）化学防治　苗圃幼苗一旦发病，应及时拔除，结果树的大枝干发病，可人工刮除病部，并用30％氧氯化铜浆涂敷伤口。在发病季节，可选用 80％代森锰锌可湿性粉剂 800 倍液、75％百菌清可湿性粉剂 600 倍液、50％甲基硫菌灵可湿性粉剂 800 倍液或 10％苯醚甲环唑水分散粒剂 1 500 倍液喷雾。

七、芒果煤烟病 Mango sooty mould

芒果煤烟病又称为煤病、煤污病，是我国各芒果产区的常见病害。此病主要发生在叶片和果实表面，对枝梢也有一定影响。危害叶片影响光合作用，造成树势衰弱。危害果实，影响果实的外观，降低果实的品质。芒果上如有昆虫排泄的"蜜露"或含糖物质存在，煤烟病的发生就十分普遍。

【分布及危害程度】　南宁市＋＋，百色市右江区＋＋、田东县＋、田阳区＋＋，钦州市，崇左市龙州县，防城港市上思县。

【症状】　叶片受害后，在叶面上覆盖一层疏松、网状的黑色绒毛状物，像煤烟，故称煤烟病，可整层从叶面抹去，露出下面绿色叶片组织（图 2-7-1）。煤烟病可减少叶片的光合作用面积，在花序上影响正常开花授粉。果实受害，初期果面可见到为数不多的小黑点，如同沾上少量煤灰，随着果实逐渐长大，黑点扩大成一片黑污色，通常由果蒂向果面其他部位扩展，严重时整个果皮如涂上黑墨般全部变黑。芒果煤烟病只影响果实表皮，对果肉无直接危害。

【病原学】

（1）病原菌　病原菌的种类多达 8 种：芒果小煤炱菌（*Meliola mangifera* Earle）、三叉孢菌 ［*Tripospermum acerium*（Syd.）Speg.］、芒果煤炱菌（*Capnodium mangiferae* P. Hennign）、刺盾炱属（*Chaetothyrium* sp.）、胶壳炱属（*Scorias* sp.）、*Scoleconyphium* sp.、*Polychaeton* sp. 和 *Limaciluna* sp.。其中芒果小煤炱菌和三叉孢菌是芒果煤烟病的主要病原菌。上述煤烟病病原菌并不侵入芒果组织，也不吸取芒果的营养物质，因此不是真正的致病病原，其对芒果的危害不是直接的，而是通过减少光合作用有效面积来间接影响芒果树的正常功能。

（2）形态

①芒果小煤炱菌（*Melioa mangifera* Earle）。菌丝体黑色，有分枝和分隔，菌丝上有掌状附着枝和刚毛，附着枝互生，由两个细胞组成，顶端细胞膨大，7～10μm。闭囊壳球形，黑色，有附着丝，158～211μm。子囊孢子椭圆形，暗褐色，4个分隔，大小为（33～56）μm×（17～26）μm。

②三叉孢菌 [*Tripospermum acerium*（Syd.）Speg.]。菌丝体黑褐色，有隔膜。分生孢子无色至淡褐色，星状，多为3分叉，少数2或4分叉，多个细胞。有一短柄着生在菌丝上，大小为（50.4～72）μm×（4.8～8.4）μm。

③芒果煤炱菌（*Capnodium mangiferae* P. Hennign）。菌丝串珠状，淡褐色至黑褐色。子囊座长瓶状，具巨大的分枝。子囊壳黑色，无柄或有短柄，50μm×90μm。子囊长卵形或棍棒形，（60～80）μm×（12～20）μm，内生8个子囊孢子。子囊孢子大小43μm×17μm，褐色、长椭圆形、多为4个横隔膜，隔膜间具缢缩，有2个纵隔。分生孢子有两种类型，一种是由菌丝缢缩成连珠状再分隔而成的，另一种产生在圆筒形至棍棒形的分生孢子器内。

④刺盾炱属（*Chaetothyrium* sp.）。菌丝体上生有刚毛，暗褐色，子囊座球形或扁球形，生于盾状菌丝膜下，也有刚毛。子囊孢子具有3至多个横隔膜，椭圆形至圆筒形，无色，（7.4～18.5）μm×（3.7～6）μm。分生孢子器筒形或棍棒形，顶端膨大成球形，暗褐色分生孢子椭圆形或卵圆形，单胞，无色。

⑤胶壳炱属（*Scorias* sp.）。菌丝表生，子囊座球形至椭圆形，表面光滑或有丝状附属丝，无刚毛，有明显的孔口。子囊棍棒状，内有4～8个子囊孢子。子囊孢子长卵形，4个细胞，具隔膜，无色或淡橄榄色，（20～43）μm×（7～12）μm。

⑥*Scoleconyphium* sp.。该菌通常为无性阶段。菌丝和分生孢子形态与*Scorias* sp. 相似。有学者也曾发现此菌产生形似*Scorias* sp. 的子囊座，故认为本菌为*Scorias* sp. 的无性世代。分生孢子器圆柱状，直立或稍弯，顶端不膨大，大小为（119～204）μm×

$(24\sim34)\mu m$。分生孢子无色、透明、椭圆形，单胞，大小为（$4\sim6)\mu m\times(2\sim4)\mu m$。

⑦*Polychaeton* sp.。该菌有性世代子囊座球形至椭圆形，一般只见无性世代，分生孢子器圆柱状，顶端膨大，形若长颈烧瓶。膨大部分有毛状物，其下面颈部缩小成瓶状，大小为（$136\sim731)\mu m\times(10\sim20)\mu m$。分生孢子无色透明，单胞，椭圆形，大小为（$5\sim7)\mu m\times(3\sim4)\mu m$。

⑧*Limaciluna* sp.。菌丝生于寄主表面，暗色，由串珠状细胞组成。子囊座无柄，球形、无刚毛，子囊孢子褐色，有 $5\sim7$ 个分隔。每个分隔有一个纵隔，大小为 $43\mu m\times17\mu m$。

（3）生理　8 种病原菌中，除芒果小煤炱菌能与芒果建立寄生关系外，其余病原菌必须依靠蚜虫、介壳虫、叶蝉和白蛾蜡蝉等同翅目害虫以及螨类分泌的蜜露为营养，与芒果本身没有寄生关系，因此，菌丝层很容易从芒果叶片和果实表面剥落下来。

【病害循环】　病原菌以菌丝体、子囊座或分生孢子盘在病叶、病枝和病果表面或以菌丝体潜伏在寄主体内对抗不良环境。芒果煤烟病病原菌的菌丝、分生孢子、子囊孢子都能作为侵染来源，借风雨、昆虫传播，成为次年初侵染来源。环境条件适宜时，分生孢子自分生孢子器涌出，经雨水溅射或昆虫活动等进行传播。当枝、叶表面有蚜虫、介壳虫等同翅目害虫的分泌物或灰尘、植物渗出物时，病原菌即可在上面生长发育，并传播进行重复侵染。

【发病条件】

（1）害虫危害　病害发生的轻重和当年同翅目害虫和害螨的虫口密度有关。果园叶蝉、白蛾蜡蝉、蚜虫和红蜘蛛虫口密度大，分泌大量蜜露和蜡粉状物，可导致当年煤烟病大发生。

（2）栽培管理　果园密植，管理粗放，树冠荫蔽，小气候环境相对湿度大，易发病。

【防治方法】

（1）及时防治害虫，尤其是防治同翅目害虫是预防该病最有效的方法。特别要注意介壳虫，因为介壳虫成虫身体上有蜡质介壳，对农药抵抗力较强，所以只有在其介壳尚未形成的若虫期对其施药效果才好。在介壳虫的若虫期，可选用顺式氯氰菊酯、高效氯氰菊酯、三氟氯氰菊酯、毒死蜱、毒死蜱·氯氰菊酯、矿物油、松脂酸钠、噻·杀扑、吡虫啉·噻嗪酮、啶虫脒·二嗪磷、吡·高氯、石蜡油等喷洒有虫部位和有虫植株。介壳虫多藏在叶背，喷施农药时应注意。

（2）搞好植株修剪和果园卫生。在花期和果期应控制杂草过度生长，在收获后及时对果树进行修剪，剪除枯枝老叶，将剪下的枝叶和枯草收集成堆，进行焚烧处理或深埋。对生长力强的品种如红象牙芒等适当重剪，树龄大的果园应考虑回缩树冠，以便尽可能使果园通风透光。

（3）避免偏施氮肥，适当多施有机肥和磷、钾肥，增强树体抗病虫能力。

（4）采用药剂防治，可喷施 30％氧氯化铜胶悬剂 800 倍液，或 70％甲基硫菌灵可湿性粉剂 1 000～1 500 倍液，或 1％石灰半量式波尔多液或石硫合剂等。一般至少在花期和果期各喷一次，发病较重的果园最好 1～2 个月喷施一次。

八、芒果蒂腐病 Mango stem end rot

芒果蒂腐病是芒果采后的主要病害，也是世界芒果主产区的主要病害之一，依据病原菌的不同可以细分为芒果球二孢蒂腐病、芒果小穴壳属蒂腐病和芒果拟茎点霉属蒂腐病。常引起芒果果实黑色腐烂。在我国的广东、广西、海南和云南等省（自治区）均有发生。贮藏期病果率一般为 10％～40％，发病严重时可达 100％。

【分布及危害程度】 南宁市＋＋，百色市右江区＋＋＋、田东县＋＋＋、田阳区＋＋＋，防城港市上思县＋、防城区，崇左市扶绥县＋、龙州县，玉林市，钦州市灵山县。

【症状】

（1）芒果球二孢属蒂腐病　较常见的症状是蒂腐。发病初期蒂部呈暗褐色、无光泽，病健部交界明显，在湿热的贮藏环境条件下，病斑向果身扩展，果皮由暗褐色变为深褐色或紫褐色。同时，果肉组织软化，流汁，有蜜甜味，在 25～34℃下 3～5d 即可导致全果腐烂。病病果皮产生密集的黑色小粒即分生孢子器。同时，也可以危害茎干，先出现褐色病斑，后变黑色，流出胶液，故称为流胶病。病斑扩大环绕枝条后，病部以上部分枯死，造成回枯。

（2）芒果小穴壳属蒂腐病　在采后果实上主要症状有 3 种。

蒂腐型　该类型较常见，发生较严重。发病初期在果蒂周围呈现水渍状的浅黄褐色病斑，在高温高湿贮藏环境条件下，病斑迅速向果身扩展，病健交界处模糊，病果迅速腐烂、流汁，病果果皮上出现大量深灰绿色的菌丝体；在湿度较低的条件下，果皮上出现大量小黑点即分生孢子器。

皮斑型　此类型的症状与芒果炭疽病症状相似，发病初期病斑为浅褐色，下凹，圆形，后逐渐扩展，病斑上常见轮纹，后期出现小黑点，在高湿环境条件下，病部可见灰绿色的菌丝体。

端腐型　果端部出现水渍状、暗黑色的病斑，扩展快。此类型在贮藏后期较常见（图 2-8-1）。

（3）芒果拟茎点霉属蒂腐病　在果实上仅表现为蒂腐。发病初期在果蒂周围出现浅黄褐色病斑，扩展较慢，病健交界处明显，果皮表面无菌丝体出现，但剖开病果可见果肉中有大量白色的菌丝体，果肉逐渐软化，有酸味；后期在果皮表面出现小黑点即分生孢子器。

三种芒果蒂腐病的主要区别见表 2-8-1。

表 2-8-1　3 种芒果蒂腐病的症状比较

比较项目	芒果蒂腐病的病原菌		
	球二孢属	小穴壳属	拟茎点霉属
危害所占比例	25%	50%	12.5%
发生时期	贮藏期 7d 后	贮藏期 10d 后	贮藏期 10d 后
侵入部位	果蒂、果皮	果蒂、果皮	果蒂

（续）

比较项目	芒果蒂腐病的病原菌		
	球二孢属	小穴壳属	拟茎点霉属
烂果速度	3～5d	5～10d	5～10d
病部颜色	黑褐色、紫褐色	浅褐色、深褐色	褐色
分生孢子器产生方式	集生	散生或集生	散生
病征颜色	黑色	浅黄色	白色至浅黄色

【病原学】

（1）芒果球二孢属蒂腐病

病原菌 为半知菌类可可球二孢菌（*Botryodiplodia theobromae* Pat.）。

形态 在 PDA 平板上菌落绒状，初为白色至灰色，后变为黑褐色，生长极快，基质由淡黄色转至褐色。子座质地坚硬，截面呈椭圆形，大小（3～5）mm×（1～3）mm。每一个子座一般含有 1～6 个卵圆形或椭圆形的分生孢子器，大小 150～550（310）μm × 110～380（210）μm。分生孢子梗 26.1μm×5.0μm，无色，单生无隔，前端尖细。未成熟的分生孢子呈椭圆形或卵圆形，少数基部平截，单胞无色，壁厚，内含物颗粒状。成熟分生孢子大小为（24.2～37.5）μm×（10.0～16.3）μm，黑褐色，椭圆形，有一横隔，少数表面有纵纹。

生理 该菌在 13～40℃均可生长，适温为 19～37℃，28～34℃最适宜，低于 10℃或高于 43℃时停止生长。最适宜生长的 pH 范围为 5.0～5.5。子座形成需要光照。

（2）芒果小穴壳属蒂腐病

病原菌 为半知菌芒果小穴壳菌（*Dothiorella dominicana* Pet. et Cif.）。

形态 在 PDA 平板上菌落平铺，初期暗灰绿色或灰黑色，后转黑褐色至黑色，生长快，基质灰黑色转黑色，菌丝体不旺盛，26～28℃在 PDA 平板上培养，约 15 d 可产生分生孢子；病果皮上菌丝体旺盛，深灰绿色，菌丝较细；子座质地坚硬，内含1至多个分生孢子器，分生孢子器球形，大多数集生，极少数单生，大小为 $100\sim250\mu m$。分生孢子大小为 $14.2\sim27.3$ $(20.3)\mu m\times4.0\sim7.3$ $(5.7)\mu m$，长梭形或倒棒形，单胞，无色。

生理 该菌适温为 $19\sim37℃$，$25\sim34℃$ 最适宜，低于 $10℃$ 或高于 $43℃$ 时停止生长或生长很慢。在相对湿度 100% 和温度适宜时 3 h 分生孢子即可萌发，9 h 孢子发芽率大于 80%。最适宜生长的 pH 为 $3.5\sim5.5$。子座形成需要光照。

（3）芒果拟茎点霉属蒂腐病

病原菌 为半知菌类芒果拟茎点霉菌 (*Phomopsis mangiferae* Ahmad.)。

形态 在 PDA 平板上菌落白色薄绒状、平展，生长中速，基质初白色后呈淡黄色，后期长出黑色小粒状的分生孢子器。分生孢子器单生，质硬，扁球形或三角形，大小为 $(125\sim300)\mu m\times(135\sim175)\mu m$。分生孢子梗分枝，产孢细胞瓶梗型。分生孢子单胞，无色，多数近梭形，少数椭圆形。根据形态的不同可分为两种类型：α 型分生孢子和 β 型分生孢子。前者多近梭形，大小为 $(6.3\sim7.5)\mu m\times(1.9\sim2.6)\mu m$；后者为线形，大小为 $(20\sim30)$ $\mu m\times(0.8\sim1.0)\mu m$。

生理 该菌在 $9\sim31℃$ 均可生长，$25\sim31℃$ 最适宜，低于 $13℃$ 或高于 $34℃$ 时停止生长。pH4$\sim$10 生长良好，最适宜生长的 pH 为 $6.0\sim6.5$。光照可诱导分生孢子器的形成。

【病害循环】 病原菌以菌丝体或分生孢子器在树皮、枯枝和落叶上，或以菌丝体潜伏在寄主体内越冬。翌年环境条件适宜时，分生孢子自分生孢子器涌出，经雨水溅射或昆虫活动进行传播，潜伏在果实上，待果实近成熟或成熟时即表现出症状。

【发病条件】

（1）采收前后的气候条件 采摘期的气温在 $25\sim35℃$ 时有利于该病害的发生。在常温贮藏的情况下，用聚乙烯薄膜袋单果或数果小包装，袋内湿度大，果实从发病到全果腐烂仅需 $3\sim5d$。在台风暴雨频繁的季节，台风极易扭伤果柄或擦伤果皮，病原菌的分生孢子易从伤口侵入，发病往往较重。而早熟品种收果期早而避过台风暴雨，果柄或果皮的伤口少而蒂腐病较轻。

（2）采收方式　果实采收时留短果柄并及时进行采后处理的病果率低，不留果柄或采后不及时处理的果实病果率高。采收贮运过程中机械损伤多或虫伤多易发病。此外，采收前如喷施硝酸钙、氯化钙等含钙化合物，往往加重蒂腐病的发生。

【防治方法】

（1）搞好果园卫生，减少初侵染源　果园修剪后应及时清除枯枝烂叶，修剪时应尽量贴近枝条分枝处剪下，避免枝条回枯。

（2）拔除病株　苗期发病应及时拔除病株，病穴淋灌 1 000 倍液的高锰酸钾或硫酸铜。

（3）正确采收　果实采收时采用"一果二剪"法，可降低病原菌从果柄侵入的速度和概率。所谓"一果二剪"，即在果园采收时的第一次剪，留果柄长约 5 cm，采后到加工场处理前进行第二剪，留果柄长约 0.5cm。放置时果实蒂部朝下，以防止胶乳污染果面。每剪 1 次都须用消毒剂（75％酒精）蘸果剪进行消毒。采果前不要施用含钙化合物如含钙叶面肥等。

（4）采后药剂处理　果实采后处理可考虑结合炭疽病的防治进行，采用 45％特克多胶悬剂 500 倍液进行 52℃热药处理 5min 或 45％咪鲜胺乳油 500～1 000 倍液常温（30～32℃）浸果 2min。

（5）采后植物激素处理　采用一定浓度的植物激素（如赤霉素、比久）涂抹果蒂，虽不能明显推迟果实后熟进程，但能保持果蒂青绿，这对降低蒂腐病的病果率有一定作用。

（6）冷藏　将采收处理后的果实置于 10～13℃贮藏也可延缓本病的发生和发展。

九、芒果疮痂病 Mango scab

芒果疮痂病是芒果的常见病害，最早于 1942 年从古巴和美国佛罗里达州采集的标本上发现该病。此后，国外几乎所有芒果产区，包括墨西哥、西印度群岛、危地马拉、洪都拉斯、萨尔瓦多、巴西、委内瑞拉、哥伦比亚、关岛、印度、泰国、菲律宾、澳大利亚、加纳、几内亚、科特迪瓦等国家或地区，都有该病的发生记载。澳大利亚于1997年发现芒果疮痂病，被列为检疫对象。我国于1985年在广州发现该病害，目前在广西、海南、广东等地的个别品种发生较为严重。该病害在我国曾被列为检疫对象，现已取消。芒果疮痂病发生严重时，幼果容易脱落，留在树上的果实果皮上布满病斑，粗糙不堪，对果实产量和品质影响很大。在菲律宾，该病危害造成的淘汰果率达20%以上。

【分布及危害程度】　南宁市＋，百色市右江区＋、田东县＋、田阳区＋。

症状　疮痂病主要侵染幼嫩的叶片、枝条、花序、果柄和果实，症状因芒果品种、侵染部位、组织的幼嫩程度、植株长势而有变化。

叶片　在叶片上常形成近圆形灰褐色病斑，大小为1～3mm，具明显的黄色晕圈，病斑粗糙开裂，中央略凹陷，背面略凸起，颜色较深，后期变成软木状，有时形成穿孔。叶缘发病常导致叶片扭曲畸形和缺刻。在潮湿的环境条件下，嫩叶上形成大量褐色坏死斑。叶片背面主脉受侵染，病斑沿叶脉扩展，形成较大的黑色长梭形病斑，病斑中央沿叶脉开裂，后期病斑呈灰色软木状。在病斑上产生灰褐色绒毛状霉层，即病原菌的分生孢子梗和分生孢子。病害严重时，枝条和叶片上病斑密集，容易产生落叶。

果实　侵染幼果在果面产生黑色的小坏死斑，严重侵染导致落果。在台农和贵妃等品种上，随着果实长大，小坏死斑稍有扩展，中央灰褐色、边缘黑色，稍凸起，逐渐发展为浅褐色的疮痂样或疤痕状小病斑，中央常开裂，略有凹陷，在潮湿的环境中，病斑中央有灰褐色霉状物。病斑中央的疮痂样组织容易揭去。大量小病斑可以相互融合产生较大的不规则粗糙斑块。在桂七芒（桂热82号）和金煌等品种上，有时则产生褐色的小病斑或较大面积的褐色粗糙斑块。较大的疮痂斑块往往造成果皮组织不能正常生长而凹陷，最终导致果实畸形。严重时整个果面布满疮痂斑块，果皮呈灰色或灰褐色的软木状（图2-9-1、图2-9-2）。疮痂病早期症状容易与药害或炭疽病黑色病斑相混淆，但炭疽病不会形成疮痂样病斑，而疮痂病斑在果实成熟后不会扩展导致果实软腐，但疮痂病严重的果实容易发生采后炭疽病。疮痂病粗糙的疤痕有时会被误认为是果皮擦伤。

枝条 疮痂病病原菌侵染幼嫩的枝条，形成大量略微凸起褐色或灰褐色近圆形或椭圆形病斑，病斑边缘颜色较深，大小1～2mm，天气潮湿时，病斑中央有浅褐色霉层。在干燥的环境中，病斑较小，颜色较深。大量病斑相互融合形成较大的疮痂斑块，病组织呈浅褐色软木状，粗糙开裂。

花序 花序主轴和侧枝、果柄发病，产生与枝条上相似的症状。

【病原学】

（1）病原菌　芒果疮痂病由真菌侵染引起，其有性阶段为芒果痂囊腔菌（*Elsinoe mangiferae* Bitancourt et Jenkins），属子囊菌亚门，其无性阶段为芒果痂圆孢菌 [*Sphaceloma mangiferae*，异名 *Denticularia maniferae*（Bitanc. & Jenkins）Alcorn, Grice & R. A. Peterson]，属半知菌亚门。

（2）形态　病原菌有性阶段不常见，仅在美洲有过描述。病原菌在寄主表皮下产生褐色的子囊座，大小为（30～48）μm×（80～160）μm，子囊球形10～15μm，不规则着生，含1～8个无色的子囊孢子，大小（10～13）μm×（4～6）μm，子囊孢子具三隔，中间隔膜缢缩。分生孢子盘大小不一，褐色，有时呈分生孢子座形。分生孢子梗直立或稍弯曲，单生或簇生于分生孢子盘上，大小为（12～35）μm×（2.5～3.5）μm，基部加宽，瓶梗式产孢，分生孢子单生或偶有两个串生；分生孢子单胞或有一个分隔，卵形或椭圆形、纺锤形或筒状，有时略弯，孢壁光滑，无色或淡褐色，少数具油球。

病原菌在PDA培养基上生长缓慢，在25℃下培养两周，菌落直径仅为25～35mm，继续培养3周后，菌落基本停止生长。菌落圆形或近圆形，深葡萄酒色；气生菌丝稀少，绒毛状至粉末状、长2～3mm，初为白色，后为淡红色；菌落的中间凸起并螺旋，表面布满褶皱，边缘部分暗黄色，完整或者呈扇形，在菌落周围有黏性水样液体，表面覆盖着许多透明的小液珠，这些小液珠在后期变得很黏，菌落周围的培养基也变成淡红色。菌落背面为黑色，中心部位有明显的凹陷，培养基正反面边缘淡红色，靠近菌落的基质变为淡红色，边缘为白色。在PDA培养基上极少产生分生孢子。

（3）生理　12～33℃条件下均能产孢，最适宜产孢温度为28℃。分生孢子萌发的温度范围为12～37℃，最适宜温度为28℃，萌发需要液态水存在或100％的相对湿度。

（4）寄主范围　目前所知芒果是该病原菌唯一寄主。

【病害循环】　芒果疮痂病病原菌可以产生分生孢子和有性孢子，但有性孢子少见，因此，无性阶段的分生孢子在侵染和病害传播中扮演着重要角色。病原菌以菌丝和分生孢子盘在病株上存活，在潮湿的环境条件下，产生分生孢子借助风雨传播，引起新梢和嫩叶发病，并随着抽梢，不断产生再侵染；开花后，引起花序和果柄发病；坐果后，病原菌由发病的枝条、叶片、花序、果柄随风雨传播到果实，产生果实疮痂症状，果实病斑上产生的分生孢子也可以引起果实再侵染。在有遮盖的环境和有风潮湿的天气条件下，病害可传播4m多的距离，在果园敞开的环境中，扩散距离可能更远，随种苗可远距离传播。

【发病条件】

（1）寄主物候　病原菌主要侵染叶片、枝条、花序、果柄和果实的幼嫩组织，随着组织老化，抗病性逐渐增强。因此花期、幼果期和抽梢期是病害发生的关键时期。

（2）气候条件　分生孢子萌发和侵染需要自由水存在，多雨、多雾、露水重等潮湿温和的天气有利于病原菌产孢和病害发生。韦晓霞在福建的调查发现，福州全年的温度、湿度条件均适宜疮痂病发生，但温度和湿度对病害发生的影响程度不同，湿度对病害发生程度的影响明显，特别是降雨对病害发生的影响很显著，而温度对病害发生的影响不明显。因此，影响此病发生流行的主要因素是叶片、枝梢、花序或果实生长的幼嫩程度和其间的相对湿度。该病害在广西的发生规律与此相同，1—12月均可发生，在易感病的物候期遇到多雨、多雾、露水重等潮湿的天气条件，病害发生程度就重。

（3）品种抗性　根据观察，在广西，凯特、四季蜜芒等品种比较感病；海南主栽品种贵妃和台农比较感病；在广东，本地土芒最感病，紫花芒、桂香芒和串芒次之，红象牙芒较抗病。

【防治方法】

（1）选用无病种苗和接穗　目前的主栽品种多不抗病，新植果园尽可能选择健康种苗栽植，老果园高接换冠也要选择健康无病的接穗。

（2）清除病残体　结合每次修剪，彻底清除病枝梢，清扫残枝、落叶、落果，集中销毁。

（3）其他栽培防病措施　加强水肥管理，促进果园抽梢和开花整齐；避免过量或偏施氮肥，补充适量钾肥，促进新梢或嫩叶老化，提高抗病能力；在第二次生理落果后及时套袋护果。

（4）化学防治　苗圃以保梢叶为主，结果园以保果为主。结果园开花前可用波尔多液（1：1：100）喷雾预防，开花结果期可用70％代森锰锌可湿性粉剂700～1 000倍液或30％氧氯化铜胶悬剂800倍液喷雾保护；抽梢期用30％氧氯化铜胶悬剂800倍液或波尔多液（1：1：100）喷雾保护。潮湿的季节，每次抽梢施药1～2次，幼果期施药2～3次，施药间隔10～15d。

十、芒果灰斑病 Mamgo Pestalogiopsis grey leaf spot

芒果灰斑病又称芒果拟盘多毛孢叶枯病，主要危害转绿后的叶片，导致叶片早衰、枯死、脱落。此病分布较广泛，广西、广东、海南、云南、四川和福建等省（自治区）均有发生。

【分布及危害程度】　南宁市＋，百色市右江区＋、田东县、田阳区＋，钦州市灵山县、浦北县，玉林市，贵港市，崇左市扶绥县。

【症状】　多自叶尖、叶缘开始发病，也可以在叶面其他部位发生。叶尖、叶缘发病，病斑不规则形，逐渐向中脉扩展，病斑中央灰白色至淡褐色，边缘深褐色，呈几毫米到几厘米大小不等的枯斑。病部常见灰黑色小粒点，即分生孢子盘。严重发生时可造成叶片组织大片枯死。

【病原学】

（1）病原　为半知菌类拟盘多毛孢属。国内发现有 2 种：芒果拟盘多毛孢 [*Pestalogiopsis mangiferae*（P. Henn.）Steyaert]（异名：*Pestalotia mangifera* P. Henn.）和胡桐拟盘多毛孢 [*P. calabae*（West.）Stey.]。国外报道还有另外 3 种，刚果拟盘多毛孢（*P. congensis*）、环拟盘多毛孢（*P. annulata*）和枯斑拟盘多毛孢芒果变种（*P. Funerea* var. *mangifera*）。

（2）形态　芒果拟盘多毛孢的分生孢子盘突破表皮露出，近球形，直径 90～120μm。分生孢子橄榄形，大小（22～26）μm×（8～10）μm，有 4 个隔膜 5 个细胞，隔膜间稍缢缩，两端细胞无色，中间 3 个细胞色深，且上部 1～2 个细胞较其下部细胞色深；顶端细胞有 1～3 根较长的附属丝，一般有 3 根，长 14～20μm；基细胞有一细短柄，长约 3μm。

胡桐拟盘多毛孢的分生孢子盘黑色，多着生于叶背，直径 150～180μm。产孢细胞圆筒形。分生孢子大小（15～20）μm×（4～7）μm，长纺锤形，较直，4 个隔膜 5 个细胞，中间 3 个细胞均为暗褐色，两端细胞无色，隔膜为真隔膜，隔膜处无缢缩或稍缢缩，顶细胞圆锥形，有 2～3 根附属丝，附属丝长 3～19μm，基细胞有细短柄，长约 3μm。

（3）生理　连续光照或明暗交替均有利于芒果拟盘多孢菌丝生长，但光照更有利于产孢。该菌的最适生长温度为 27～30℃。在理查氏（Richard）培养基上，25～28℃ 和 pH5 下生长及产孢最好。

【病害循环】 病原菌主要在寄主及其病叶上越冬，翌年在适宜气候条件下产生分生孢子。分生孢子借风雨传播，从叶片气孔或伤口侵入，潜育期5～7d，在潮湿条件下可不断产孢，继续侵染叶片组织，进行多次的再侵染。病原菌也可通过潜伏侵染或伤口直接侵染引起贮藏期果实腐烂。

【发病条件】 高温多雨有利于病原菌的繁殖，发病重。该菌为弱寄生菌，在寄主长势衰弱时易侵染发病，故幼苗失管，缺肥，缺水或土壤贫瘠的情况下发病较重。紫花芒、桂香芒、象牙芒较感病。

【防治方法】

（1）加强管理，摘除并集中烧毁病叶。合理增施肥料，提高抗病力。

（2）在病害发生初期，用45％代森铵水剂1 000倍液，或80％代森锰锌可湿性粉剂400～800倍液，或用50％甲基硫菌灵可湿性粉剂600～800倍液，或25％多菌灵可湿性粉剂500倍液，或1％波尔多液喷雾，有一定的防治效果。

十一、芒果藻斑病 Mango Cephaleuros

芒果藻斑病在广西各芒果产区较为常见，属常发性次要病害。主要危害芒果叶片和枝条。

【分布及危害程度】 南宁市＋，百色市右江区＋、田东县＋、田阳区＋，崇左市龙州县、扶绥县。

【症状】 病斑常见于树冠的中下部枝叶。发病初期在叶片上形成褪绿色近圆形透明斑点，然后逐渐向四周扩散，在病斑上产生橙黄色的绒毛状物。后期病斑中央变为灰白色，周围变红褐色，严重影响叶片的光合作用。病斑在叶片上的分布往往主脉两侧多于叶缘（图2-11-1）。

【病原学】

（1）病原 属绿藻门的橘色藻科、头孢藻属、红锈藻（*Cephaleuros virsens* Kunze）。

（2）形态　在叶片上形成的橙黄色绒毛状物包括孢囊梗和孢子囊，孢囊梗黄褐色，粗壮，具有分隔，顶端膨大呈球形或半球形，其上着生弯曲或直的浅色的 8～12 个孢囊小梗，梗长为 274～452μm，每个孢囊小梗的顶端产生一个近球形黄色的孢子囊，大小为 (14.5～20.3)μm×(16～23.51)μm。成熟后孢子囊脱落，遇水萌发释放出具 2～4 根鞭毛、无色薄壁的椭圆形游动孢子。

【病害循环】　病原以丝状营养体和孢子囊在病枝叶和落叶上越冬，在春季温湿度环境条件适宜时，营养体产生孢囊梗和孢子囊，成熟的孢子囊或越冬的孢子囊遇水萌发释放出大量游动孢子，借助风雨进行传播，游动孢子萌发产生芽管从枝叶气孔侵入，形成由中心点向外辐射的绒毛状物。病部继续产生孢囊梗和孢子囊，进行再侵染。

【发病条件】.

（1）气候条件　温暖、潮湿的气候条件有利于病害的发生。当叶片上有水膜时，有利于游动孢子的释放以及从气孔的侵入，同时降雨有利于游动孢子的溅射扩散。病害的初发期多发生在雨季开始阶段，雨季结束时往往是发病的高峰期。

（2）栽培管理　果园土壤贫瘠、杂草丛生、地势低洼、阴湿或过度郁闭、通风透光不良以及生长衰弱的老树、树冠下层的老叶，均有利于发病。

【防治方法】

（1）加强果园管理　合理施肥，增施有机肥，提高抗病性；适度修剪，增加通风透光性；搞好果园的排水系统；及时控制果园的杂草。

（2）降低侵染来源　清除果园的病老叶或病落叶。

（3）药剂防治　病斑在灰绿色尚未形成游动孢子时，喷洒波尔多液或石硫合剂均具有良好防效。

十二、芒果树回枯病 Mango dieback

芒果树回枯病又称顶枯病、枝枯病等。20 世纪 20 年代，该病在印度首先报道，当今，已成为印度、巴基斯坦等国芒果树的毁灭性病害，澳大利亚、南非、美国佛罗里达州、印度尼西亚、埃及、巴西、秘鲁、尼日利亚、萨尔瓦多等国家或地区也报道有该病。在我国，20 世纪 80 年代，该病首先在海南省白沙县大岭农场的幼树上发现，此后在三亚、乐东、东方、昌江等地芒果树上发生该病。近些年来，该病在广西芒果产区零星发生。

【分布及危害程度】 南宁市，百色市右江区、田东县、田阳区，防城港市上思县、防城区，崇左市，扶绥县、龙州县，玉林市，钦州市灵山县。

【症状】 该病主要危害枝条和茎干，有时也可危害叶片；危害果实时引起蒂腐病。

侵染枝条或茎干，症状常表现为回枯、流胶、树皮纵向开裂和木质部褐变等。枝条初期病部出现水渍状褐色病斑，后变黑色；剖开病部枝条，木质部变浅褐色；病斑扩大后病部开裂，流出乳白色树脂，后期树脂变为黄褐色、棕褐色至黑褐色，病斑扩大环绕枝条，且向上、向下扩展，最后病部以上的枝条枯死（图 2 - 12 - 1），黑褐色，病部长出许多黑色颗粒。受害部位的叶片从叶柄开始发病，并沿叶脉扩展，黄褐色，严重时整个叶片枯死。幼树感病，可致整株枯死。

该病也可从叶尖、叶缘先感病，出现褐色，后变灰色的病斑，其上有许多小黑点，然后向叶身、叶脉扩展，到达叶脉后沿叶脉向叶柄和枝条上下发展，造成回枯或整株死亡。果实感病，果蒂部分先出现褐色斑点，不断扩大使整个果蒂的果皮变褐、腐烂，渗出黏液（参见芒果蒂腐病）。

【病原学】

（1）病原菌 引起芒果树回枯病的病原菌复杂，主要为葡萄座腔菌科（Botryosphaericeae）真菌，其中 *Botryodiplodia theobromae* Pat. ［异名：*LasiodiPlodia theobromae*，Diplodia theobromae 等，有性态：*Botryosphaeria dothidea*（Moug. ex Fr.）Ces. & DeNot.］为最常见的病原菌。此外，*Botryosphaeria ribis*、*Ceratocystsis fimbriata*、*Hendersonula toruloidea*、*Neo fusicoccumz mangiferae*（异名：*Fusicoccum mangiferae*）、*N. parvum*（异名：*Fusicoccum parvum*）、*Phomopsis* spp.、*Physalospora rhodina* 等也有报道。引起我国芒果树回枯病的病原菌主要是 *B. theobromae*。

（2）形态　病原菌 *B. theobromae* 形态见芒果蒂腐病。

（3）生理　该菌菌丝最适生长温度为 28～32℃，致死温度为 60℃ 10min，孢子萌发最适温度 30℃；菌丝生长最适 pH 为 5～9，孢子萌发最适 pH 为 7～10；菌丝生长最佳碳源是蔗糖，木糖不适于该菌生长；最佳氮源是蛋白胨；全光照有利于该菌生长。

（4）寄主范围　该菌寄主范围广，已知的寄主植物约 500 种，可以侵染植物不同部位，造成多种症状，如枯萎、果腐、根腐、叶斑、丛枝等。可侵染的常见热带亚热带果树有柑橘、芒果、香蕉、荔枝、龙眼，番木瓜、番荔枝、油梨、毛叶枣、红毛丹等。

【病害循环】　该菌以菌丝体或分生孢子器在病株和病残体上存活，翌年春季温湿度适宜时，菌丝体扩展或分生孢子器涌出大量分生孢子，分生孢子借风雨传播，主要从伤口侵入致病。菌丝体还潜伏在芒果植株的茎干、果实和叶片上，待条件适宜时发病。

【发病条件】

（1）气候条件　高温高湿和荫蔽的环境条件有利于发病，台风过后常暴发流行；积水、干旱或低温等环境胁迫可加重病情，在海南秋末雨季和春初旱季病害症状严重，在攀枝花冬春干旱季节发生较为严重，常造成大的侧枝枯死。

（2）品种抗病性　不同品种的抗病性不同，台农 1 号芒、椰香芒、留香芒等品种发病重，而金煌芒、贵妃芒等品种比较抗病。

（3）栽培管理　树势衰弱和受天牛为害较多的果园发病较重。

【防治方法】

（1）种植防风林　减少大风对树体的伤害，同时加强防治天牛等蛀干害虫，减少病菌从伤口侵入。

（2）加强肥水管理　回枯病发生普遍的果园，应少施化肥，多施农家肥和有机肥；雨季注意排涝、旱季注意灌水，避免旱涝胁迫；台风过后回枯病发生严重的植株或果园，应进行重剪，减少或停止使用多效唑，不能强行催花结果，以便恢复树势。

（3）销毁病枝　修剪时，在枝条的发病部位以下 1～15cm 处进行修剪，修剪掉的病枝梢移出果园外并集中烧毁，以防交叉感染。

（4）化学防治　修剪后，可喷洒 1%波尔多液、50%施保功或使百克可湿性粉剂 1 500～2 000 倍液、20%丙环唑乳油 1 500～2 000倍液、10%苯醚甲环唑水分散颗粒剂 1 500～2 000 倍液、40%氟硅唑乳油 3 000 倍液、50%吡唑醚菌酯乳油 3 000 倍液、75%代森锰锌可湿性粉剂 800～1 000 倍液、50%多菌灵可湿性粉剂 500 倍液等保护伤口。在细菌性角斑病严重的果园，还需喷洒30%氯氧化铜悬浮剂 500 倍液、72%农用链霉素 2 000～3 000 倍液或 33.5%喹啉铜悬浮剂 1 500 倍液。

（5）灌根处理　病害发生严重时，还可以采用噻菌铜＋多菌灵或者丙环唑在滴水线挖浅沟灌根然后覆土。

（6）涂治伤口　在切口处涂抹以下几种药剂之一。

①波尔多膏。配制方法：硫酸铜：新鲜消石灰：新鲜牛粪＝1：1：3，充分混合成软膏状。

②托布津浆。配制方法：70%甲基硫菌灵：新鲜牛粪＝1：200，充分混匀。

③氯氧化铜浆糊。配制方法：用 30%氯氧化铜可湿性粉剂制成糊状。

十三、芒果链格孢霉叶斑病 Mango *Alternaria* leaf spot

芒果链格孢霉叶斑病又称芒果叶疫病。主要危害芒果幼苗或幼树叶片、叶柄和茎部。广西本地芒实生苗和芒果幼树叶片易发病，属常发次要性病害。

【分布及危害程度】　南宁市，百色市右江区、田东县、田阳区、田林县。

【症状】　主要危害芒果幼苗或幼树叶片、叶柄和茎部。发病初期叶片上产生圆形至不规则形病斑，褐色至深褐色，病斑稍微隆起，轮纹不明显（图 2-13-1），后发展为叶尖干枯或叶缘干枯，严重时叶片大量枯死，影响植株生长。叶柄有时也发生局部褐斑，易引起叶片脱落，茎部发病则产生褐色圆形病斑，病斑有时会纵向开裂。潮湿环境条件下，病部可产生灰褐色霉层，即病原菌分生孢子梗和分生孢子。个别年份发病严重时，造成幼苗大量死亡。也可侵染果实，产生黑褐色圆形病斑，病斑边缘有时不明显，引起采后腐烂。

【病原学】

（1）病原菌　半知菌类细极链格孢菌［*Alternaria tenuissima* (Fr.) Wiltsh.］。

（2）形态　分生孢子梗单生或 2~3 根丛生，褐色，偶见 1~2 个膝状弯曲；分生孢子倒棍棒形，单生或 2~4 个串生，褐色，大小（18.8~31.3）μm×（8~12.5）μm，具横隔膜 3~6 个，纵隔膜 1~3 个，喙变化较大，色略浅，长 3.8~11.3μm。

【病害循环】　病原菌以菌丝体在老叶或病落叶上越冬，翌春雨后菌丝体产生分生孢子借风雨传播，从伤口侵入芒果幼苗或幼树下层叶片。叶片发病后，在高湿的环境条件下，病部产生大量的分生孢子，继续侵染危害。

【发病条件】

（1）温湿度　高温高湿的环境条件，特别是雨季空气湿度大，往往有利于病害的发生。

（2）栽培管理　苗圃地势低洼，易于积水，或地块贫瘠、缺肥，往往容易诱发病害的发生。管理差的老芒果园也可发病。

（3）砧木类型　用云南的砧木发病率高，用广西土芒、海南土芒、福建土芒等作砧木发病率较低。

【防治方法】

（1）选用抗病砧木　选用广西、海南、福建的土芒作抗病砧木。

（2）农业防治　及时清除病落叶，集中烧毁；加强芒果园肥水管理，提倡施用堆肥、生物肥或腐熟的有机肥，促进芒果树生长健壮，增强抗病力。

（3）化学防治　发病初期选用 0.5：1：100 倍波尔多液，或50%扑海因可湿性粉剂 1 000 倍液，或 40%百菌清悬浮剂，或70%代森锰锌可湿性粉剂 600 倍液，隔 10～20d 喷 1 次，连续喷2～3次。

十四、芒果叶点霉穿孔病 *Mango Phyllosticta* shot－hole

芒果叶点霉穿孔病主要危害叶片。广东的本地芒上发生比较常见，在广西偶有发生，属于偶发性次要病害。

【分布及危害程度】　南宁市＋，贵港市，百色市右江区＋、田东县＋、田阳区＋。

【症状】　主要危害抽梢期叶片。发病初期在嫩叶上产生浅褐色小圆斑，大小 2～5 mm，病斑边缘暗褐色，中央浅褐色，随后病斑稍扩大或不再扩展，病斑上产生黑褐色小粒点（即分生孢子器），后期数个病斑相互融合产生大的病斑，病斑极易破裂，造成穿孔（图 2－14－1）。病斑多时，造成叶枯或落叶。

【病原学】　戚佩坤等学者认为广东地区的病原菌为半知菌类叶点霉（*Phyllosticta* sp.），分生孢子器球形，暗褐色，直径 75～150(92.8)μm；分生孢子无色，单胞，椭圆形或长椭圆形，内含 2个油滴，大小 7～8(6.5)μm×2～2.5(2.3)μm，并认为此菌与Fairman 报道的莫顿叶点霉（*P. mortoni* Fairm）特征明显不同。

【病害循环】　病原菌多以菌丝体和分生孢子器在病组织内越冬，当条件适宜时产生分生孢子，在高湿多雨的环境条件下，分生孢子器内溢出大量的分生孢子，借风雨传播，从伤口、气孔或直接穿透表皮侵入叶片，进行初侵染和再侵染。

【发病条件】

（1）环境因素　本病多发生于夏、秋两季，高湿是病害发生发展的重要因素，高温多雨的天气有利于发病，而高温干旱可抑制病害发生。抽梢期，一旦遇上连续阴雨天气，容易诱发病害流行。

（2）田间管理　田间管理粗放，杂草丛生，植株长势衰弱，往往易于发病。偏施氮肥，叶片柔嫩转绿慢，也易诱发病害发生。

【防治方法】

（1）抓好田间卫生，适时修剪，增加通风透光，及时清除病残体集中处理。

（2）增施钾肥，促叶片转绿老熟，以减少侵染。

（3）结合防治芒果炭疽病，及早喷药保梢，用药参照炭疽病，还可喷施 40％多硫悬浮剂 600 倍液，或 30％苯醚甲环唑悬浮剂 3 000 倍液，或 75％代森锰锌可湿性粉剂 500～800 倍液。间隔 10d 喷施一次。

十五、芒果曲霉病 Mango *Aspergillus* friut rot

芒果曲霉病属于偶发性病害，可引起贮运期果实大量腐烂。广西、广东、海南、云南均有此病发生。国外也有此病害的报道。

【分布及危害程度】　南宁市，百色市右江区、田东县、田阳区。

【症状】　果实受害，果皮初期表现大片浅褐色至褐色的不规则斑，后期病部密布黑色（黑曲霉）或黄色（黄曲霉）的霉状物，病果迅速软腐、流汁，向周围健康果实接触传播，造成贮运期果实腐烂。病原菌从果蒂侵入也可引起蒂腐病。

【病原学】

（1）病原　包括黑曲霉（*Aspergillus niger* V. Tieghem）和黄曲霉（*A. flavus* Ling）两种，但黑曲霉更为常见，均属于半知菌类。

（2）形态　黑曲霉分生孢子头初为球状，后呈辐射状，大小 80～800μm，黑色或黑褐色。分生孢子梗壁光滑，基部有足细胞、褐色，泡囊球形，近无色或淡褐色，上密生梗及一排小梗。分生孢子球形或近球形，暗色，表面有细刺，直径 $2.4\sim6.4\mu m$。在查氏（Czapek）培养基上菌落白色，疏松或紧密，培养基反面白色或黄色。黄曲霉分生孢子头为球形至辐射形，直径为 $150\sim500\mu m$。分生孢子球形、近球形，或成熟后扁球形，直径 $3\sim5.4\mu m$。

【病害循环】 初侵染源来自受污染的包装材料或工具，在高温或果实抗性下降的情况下，从伤口侵入果实。

【发病条件】

（1）冷藏贮运过程中，受冷害的果实极易受感染，冷害愈重发病愈严重。

（2）运销过程中，果实上的机械伤口常引发此病。

（3）果实成熟度越高，越有利于病原菌侵染发病。

（4）湿度大，果实从发病到全果腐烂仅需 $3\sim5d$。

【防治方法】

（1）彻底清园、减少初侵染源。果园修剪后应及时把枯枝烂叶清除；修剪时应贴近枝条分枝处剪下，避免枝条回枯。

（2）果实采收时采用"一果二剪"法，可降低病原菌从果柄侵入的速度和概率。所谓"一果二剪"，即在果实采收时的第一次剪，留果柄 5cm，到加工场采后处理前进行第二次剪，留果柄长约 0.5cm。放置时果实蒂部朝下，防止胶乳污染果面。每剪 1 次最好用消毒剂（如 75％酒精）蘸果剪进行消毒。

（3）果实采后用 40％特克多胶悬剂 $450\sim900$ 倍液进行 52℃热药处理 5min 或 45％咪鲜胺乳油 $500\sim1000$ 倍液常温（31℃）浸果 2min。

（4）采用一定浓度的植物激素（如九二〇）涂抹果蒂，虽不能明显推迟果实的后熟进程，但能保持果蒂青绿，可降低蒂腐病的病果率。

（5）包装箱内最好用塑料泡沫内衬，以减少运销过程中的机械损伤。

（6）低温贮藏可延缓本病的发生和发展，但要注意温度应控制在 $10\sim13$℃，避免冷害。

十六、芒果树生黄单胞叶斑病 Mango *Xanthomonas arboricola* leaf spot

芒果树生黄单胞叶斑病于 2009 年在海南发现，于 2011 年国内首次报道。目前在海南、广西等芒果产区普遍发生。

【分布及危害程度】 南宁市，百色市右江区、田东县、田阳区。

【症状】 该病症状与芒果细菌性黑斑病症状相似。该病在发生初期，罹病芒果叶片形成多角形、黑褐色、表面下陷、周围偶有黄晕、边缘常受叶脉限制的病斑，后期病斑穿孔，严重时会造成大量落叶。但该病症状与芒果细菌性黑斑病略有不同，其病斑表面明显下陷，且扩展受到叶脉限制，病斑相对较小，而细菌性黑斑病病斑稍有隆起，且病斑后期常相互融合形成较大的病斑（图 2-16-1）。

【病原学】 经分离鉴定和致病性测定，证实该种症状并非由芒果细菌性黑斑病菌［*Xanthomonas campestris* pv. *Mangiferaeindicae* (Patel，Moniz & Kulkarni 1948) Robbs，Ribiero & Kimura］侵染引起，而是由树生黄单胞杆菌（*Xanthomonas arboricola*）侵染引起。

【病害循环】 据田间观察和实验室分析表明，该病原菌可以在病组织和土壤中存活，靠风雨、流水和农事接触在田间传播，也可以随带菌苗木远距离传播，盲蝽等常见昆虫也可能传播该病。

【发病条件】 高温、多雨、潮湿的环境有利于病害发生，台风过后发生异常严重。

【防治方法】 加强检疫，选用无病繁殖材料，防止病原菌随带菌苗木扩散；由于该病与芒果细菌性黑斑病常混合发生，具体防治方法可参考芒果细菌性黑斑病。

十七、芒果树叶片苔藓病 Mango leaves moss

芒果树叶片苔藓病在广西芒果产区发生很普遍，据调查，受害较严重的南宁市和百色市右江区芒果叶片平均发病率可达 80% 以上，田东县和田林县发病率也达 50% 以上，受害最轻的田阳区发病率也有 34% 左右。该病主要影响叶片光合作用，受害严重时导致树势变弱，果实外观和品质变差，易感露水斑病和藻斑病。

【分布及危害程度】 南宁市＋＋、百色市右江区＋＋、田东县＋＋、田阳区＋＋，防城港市上思县＋＋、防城区，崇左市扶绥县＋＋、龙州县，玉林市＋＋，钦州市灵山县＋＋。

【症状】 芒果树叶片受害初期，中脉、叶缘或叶尖出现小斑块，之后斑块逐渐扩展，与其他病斑相互融合，形成不规则的大斑块，直至覆盖整个叶片正面（图 2-17-1、图 2-17-2）。树干多从基皮开裂处开始受害，随后逐渐向基部两侧或沿着开裂的树皮向上延伸，在背风坡或者低洼地，果园湿度高，果树内膛枝条也易受害，往往在枝条的下方或分杈处先出现苔藓，在环境条件适合时，向外不规则扩展。

【病原学】 推测为绿藻门、石莼纲、刚毛藻目、刚毛藻科、球藻属的某种球藻。

【病害循环】 目前尚未明确，需要进一步研究。

【发病条件】 果园密植，管理粗放，树冠荫蔽，小气候环境相对湿度大，易发病。过量使用叶面肥也会加重病情。

【防治方法】

（1）农业防治 合理安排种植密度，结合修枝整形，剪除内膛枝，保持果园通风透光；低洼地果园注意排涝，降低果园湿度；合理使用叶面肥。

（2）化学防治 使用 80% 乙蒜素乳油 1 000 倍液防治芒果树苔藓，效果较好。

十八、芒果附生地衣 Mango lichen

芒果地衣病主要发生在阴湿果园的老芒果树的树干和枝条上，地衣发生较多时往往包围着芒果树的整个枝干，影响芒果树正常生长，使树势衰弱，危害严重时对产量也有一定影响。

【分布及危害程度】　南宁市，百色市右江区、田东县、田阳区，防城港市上思县、防城区，崇左市扶绥县、龙州县，玉林市，钦州市灵山县。

【症状】　被害的芒果树干、枝条和叶片上，紧紧贴着灰绿色椭圆形斑块，受害枝干表面粗糙，树势衰弱。根据外观形状可分为叶状地衣、壳状地衣、枝状地衣3种。叶状地衣扁平，形似叶片，平铺在枝干的表面，边缘反卷，灰白色或淡绿色，下面生褐色假根，常多个连接成不定形的薄片附着于枝干上。壳状地衣紧贴在枝干上，很像一块块膏药，呈灰绿色，上面常有一些黑点，有的生在叶片上，呈灰绿色，形成很多大小不同的小圆斑（图2-18-1）。枝状地衣淡绿色，直立或下垂如丝，并可分枝。芒果树干上主要附着的是壳状地衣。

【病原】　地衣青灰色，是真菌（子囊菌）和藻类（多为单细胞蓝藻和绿藻）的共生体。

【病害循环】　依靠地衣碎片进行营养繁殖，也可以由真菌孢子及菌丝体及藻类产生的芽孢子进行繁殖，产生的孢子经风雨传播蔓延。

【发病条件】　地衣在气温升高至10℃以上时开始生长，早春产生的孢子经风雨传播蔓延，一般在温暖潮湿的晚春和初夏季节生长最盛，进入高温炎热的夏季，生长很慢，秋季气温下降，地衣又复扩展，直至冬季才停滞下来。老果园树势衰弱、树皮粗糙易发病。生产上管理粗放、杂草丛生、土壤黏重及湿气滞留的果园发病重。

【防治方法】

（1）农业防治　抓好整枝修剪工作，及时清除果园杂草，雨后及时开沟排水，防止湿气滞留，科学疏枝，改善果园的通透性。施用酵素菌沤制的堆肥或腐熟有机肥，可提高芒果树抗病力。采收后要松土施肥，增强树势。结合冬季修剪、剪除病枝、虫枝、弱枝，使果园有良好的通风透光环境。

（2）药剂防治　目前尚未有特效的防治药剂，一般用 0.1% 硫酸铜液，或波尔多液（1∶1∶100），或 30% 氧氯化铜悬浮剂 600 倍液，或 2% 硫酸亚铁溶液喷施，隔 7～15d 喷 1 次，连喷 3～4 次。或在每年冬季用 10%～15% 的石灰乳液涂抹整个树干。

（3）草木灰浸出液煮沸以后进行浓缩，涂抹在病部，防效较好。

第三部分
芒果生理性病害

一、芒果缺钙症 Mango calcium deficiency

【症状】 芒果树缺钙植株矮小，叶片呈黄绿色，顶部叶片先黄化，严重时老叶近叶尖和叶基小，其余部分的叶缘均有褐色的痕迹，叶片卷曲，边缘皱缩，易破裂，顶芽干枯，花朵萎缩。根部症状表现为新根短粗、扭曲、根尖渐渐褐变枯死。开花及幼果期缺钙导致授粉受精不良，结果少，幼果期落果严重，果实长至鸡蛋大小时依然容易落果，果窝或果顶褐变，似水浸状蔓延，横切开果肉，褐点扩展至果肉中直至果核，果核败育呈褐色。果实成熟期缺钙，果实外观表现为尖端软化、褐变，果实内部组织衰败呈海绵状、褐色，尤以果顶腹部之果肉发病严重，即所谓"软鼻子病"。病果失去商品价值，无法食用（图 3-1-1）。

【病因】

（1）土壤因素 土壤中含钙量少。当土壤酸度较高时，能使钙很快流失。土壤中即使含有大量钙，且利于吸收时，如果氮、钾、镁较多，也容易发生缺钙症。土壤瘠薄、多年单施无机氮肥使土壤板结，会抑制对钙的吸收。土壤温度过低、通气性不好时，会抑制根系对钙的吸收。水分不足时钙的含量下降，在干旱时，蒸腾降低，钙的吸收能力必然下降，易引起缺钙。

（2）树体因素 晚熟芒果在春梢旺长期，树体内虽然含有大量钙，幼叶和生长点优先得到钙，而果实内钙的含量与新梢生长有密切关系，旺盛的新梢会争夺果实内的钙，由于钙在树体内移动性小，因而钙在树体内的分布很不均匀，果实中钙含量常常很少，特别是大果型品种（如凯特、金煌等）容易造成缺钙。

【防治方法】

（1）调节树体的生长势和产量　在保持正常的树势情况下控制单位产量，调理树冠通透性和土壤营养，保持中庸的树势，营养枝和结果枝比例合理，长势均衡，控制产量指标，适时套袋，保护好功能叶片。

（2）土壤补钙　要根据植物需钙规律以及土壤状况对树体补钙，pH 低于 5 以下的土壤，应该施入生石灰，成年树隔年株施 1～2kg。保持土壤疏松，通透性能好，pH 控制在 5.6～7.2，要增施有机肥，并注意施用时间和方法，同时注意保持各种中微量元素齐全，特别是要施用有机生物钙肥。土壤补钙可以添加一些土壤调理剂和微生物制剂等。

（3）叶面补钙　要抓住芒果树需钙高峰期喷施，花后 35d 内补充 2～3 次，采收前 20～30d 补充 1 次。

二、芒果缺镁症 Mango magnesium deficiency

【症状】　镁是叶绿素的组成成分，对光合作用有重要作用。缺镁会降低光合作用，导致芒果叶片变黄。一般先从枝条基部叶片开始，叶肉沿主叶脉两侧呈斑块褪绿，叶缘仍保持绿色，叶片形成近似"肋骨"状黄斑。当镁严重缺乏时，叶片从枝条基部开始掉落（图 3-2-1）。

【病因】　酸性土壤或砂质土壤中镁易流失，或者当钾、磷含量过多时都会发生缺镁症。

【防治方法】　避免过多施用钾肥，可用 0.1% 的硫酸镁进行叶面喷施。土施或喷施硫酸镁可纠正缺镁症状，也可多施猪粪。

三、芒果缺铁症 Mango iron deficiency

芒果缺铁症又称黄叶症。

【症状】　新梢叶片发黄，随着缺铁加剧，除主脉是绿色外，叶肉组织褪绿呈黄色或白色。严重缺铁时除主脉基部保持绿色外，其余全部发黄白，并失去光泽、皱缩，边缘变褐并破裂，提前脱落（图3-3-1、图3-3-2）。

【病因】　铁是多种生物酶的组成成分和活化剂，在植物氧化还原反应过程中起重要作用，直接影响叶绿素的形成和功能，若缺乏，叶绿素不能合成，树体表现黄化。

芒果缺铁主要原因是土壤遭受碱害，使大量可溶性的二价铁，被转化为不溶性的三价铁盐而沉淀，不能被根系吸收。其次黏重的土壤胶粒有很强的吸附性，影响根系对铁的吸收利用，也会引起缺铁。一般在盐碱地和含钙质较多的土壤，排水不良易积水的果园，地下水位高的低洼地，或灌水不合理导致土壤次生盐渍化的果园，都会引起土壤pH升高或元素间失去平衡而发生缺铁。

【防治方法】

（1）土壤施铁肥　结合秋施基肥，在有机肥中每株混施0.15～0.2kg硫酸亚铁、柠檬酸铁或氨基酸铁。此方法最好不在碱性重的果园使用，以免铁元素被固化而不能被根系吸收。

（2）叶面喷施铁肥　在果树生长期间，叶面喷施0.2%～0.3%硫酸亚铁、柠檬酸铁或氨基酸铁溶液，一般每10～15d喷1次，连续喷施2～3次即可。结果树叶面喷施铁肥，应尽可能选择柠檬酸铁或氨基酸铁等有机铁肥，避免肥害造成果面不洁。

（3）枝干注射铁肥　对于缺铁较重的结果大树，较为有效的方法是将0.2%～0.3%硫酸亚铁或0.2%氨基酸铁溶液注射于枝干。

四、芒果缺钾症 Mango potassium deficiency

【症状】　芒果缺钾症状首先出现在下部老叶，逐渐向上部叶片蔓延。病叶的叶缘先出现黄斑，叶片逐渐变黄，后期坏死干枯。严重时顶部抽出的嫩叶变小，叶片伸展后叶缘出现水渍状坏死，或不规则的黄色斑点，叶片逐渐变成黄色（图3-4-1、图3-4-2）。

【病因】 主要原因是土壤中缺少或植株不能吸收钾离子。可能由于芒果根部受损，影响根部对钾离子的吸收；或者由于土质过硬，影响根部的生长，造成根部吸收钾离子的能力降低。

【防治方法】 本病防治的重点是改善根际环境，促进钾离子的吸收。选择土质疏松的地块建园，定植时下足基肥，定植后增施有机肥和硫酸钾。在发病果园，待新梢抽出后喷 0.5%～1% 硫酸钾溶液或 0.5%～1% 磷酸二氢钾溶液，每次抽梢喷 2 次，至症状减轻或不出现症状为止。

五、芒果缺锌症 Mango zine deficiency

芒果缺锌症又称小叶症。

【症状】 主要表现为植物矮化，影响植物的正常生长发育。同时，新抽的叶片逐渐变小，出现所谓的"小叶病"。结果树果实成熟期推迟，果实发育不良，严重影响品质与产量。

【病因】 主要原因是土壤中缺少或树体不能吸收锌离子。植株在生长过程中，如遇低温和土壤干旱等逆境，或者土壤 pH 较高（pH6 以上），被土壤颗粒吸附的锌元素很难被植株吸收，从而造成缺锌。

【防治方法】

（1）改善土壤肥力 增施有机肥，提高植株根系的吸收功能，减轻该病害的发生。

（2）化学防治 田间发病后，立即叶面喷施 0.2% 硫酸锌、硝酸锌或者 EDTA‐Zn，或者其他含锌叶面肥，间隔期 10～15d，共喷 2～3 次，在症状严重时适当加大用量。为防治芒果病害，果园经常喷雾代森锰锌也可以补充部分锌元素。但叶面喷雾不能缓解根系、枝干及此后新梢生长对锌元素的需求。因此，在缺锌严重的果园，还需要从根部补充部分锌元素。根部追施锌肥，可以选用硫酸锌或者 EDTA‐Zn、EDDHA‐Zn 等络合锌，酸性土壤使用硫酸锌（按树冠投影面积计算）10g/m²，微酸性土壤（pH5.5～6.5）

使用 EDTA－Zn 10～15g/m²，碱性土壤（pH7～8）使用 EDDHA－Zn 10～15g/m²。

六、芒果缺氮症 Mango nitrogen deficiency

【症状】 氮是植物中蛋白质的主要成分，是叶绿素、酶、维生素和卵磷脂的主要成分。芒果生长期间缺氮，枝条顶部嫩叶难以生长，叶色转绿缓慢或叶片黄化、变薄、无光泽，枝条变软，植株矮小，严重时叶尖和叶缘出现坏死斑点。

【病因】 管理粗放的果园，且土地瘠薄、不肥沃和杂草多易发生缺氮症。

【防治方法】 根据果园土壤氮素缺乏状况补充氮肥：砂质土壤果园一般年施氮量以每株 400g 为宜，黏质土壤果园以每株 600g 为宜。

七、芒果缺磷症 Mango phosphorus deficiency

【症状】 磷是果树生长发育必需的营养元素。细胞中含有许多有机磷化合物。光合产物需要转化成磷酸化糖，然后才能被运输到果实或根部。当芒果树磷供应不足时，光合作用产生的碳水化合物不能及时运行，在叶片中积累，变成花青素，使叶片紫红色，是磷缺乏症的一个重要特征。

【病因】 土壤中疏松的砂土或有机质多的常缺磷。当土壤中含钙量多或酸度较高时，其中的磷素被固定成磷酸钙或磷酸铁铝，不能被果树吸收。叶片含磷量在 0.15% 以下时，即表现缺磷。

【防治方法】 喷施 0.2%～0.6% 的磷酸二氢钾，可暂缓缺磷带来的危害。在我国，结果树施磷量一般以每株 150g 五氧化二磷为宜。

八、芒果黑顶病 Mango black tip disease

芒果黑顶病，又称芒果顶端坏死病（tip necrosis），1908 在印度已有记载，目前在世界各芒果生产国均有发生。该病害主要危害芒果果实，芒果坐果后至成熟期均可表现症状，严重时100％的果实均可出现黑顶。

【症状】 最初的症状表现为果顶末端呈现污绿色，随后果顶末端出现一小块黄化区域，黄化区域逐渐扩大至整个果顶部位，最后变为深褐色至黑色坏死，坏死部位比较坚硬并有收缩，坏死区域逐渐向果肩部位扩张，常出现流胶现象（图3-8-1、图3-8-2）。伴随症状的出现，果实发育出现受阻现象。在叶片上，症状表现为叶尖和叶缘出现砖红色干枯坏死。

【病因】 常发生在砖窑或金属冶炼工厂附近的果园，已知大气污染物如氟化物、一氧化碳、二氧化硫等气体等可造成芒果黑顶病。有研究表明，大气污染物被叶片和果实吸收后干扰了细胞中硼元素的代谢，继而引起细胞坏死。

【发病条件】 除果园大气污染严重程度外，风向和品种对病害的严重程度也有影响，处在大气污染源下风口的果园容易发病，果皮皮孔较少和蜡质层较厚的品种发病轻。

【防治方法】

（1）远离污染源 做好产地规划，防止大气污染。芒果主产区尽量不要选在产生大气污染的砖窑或金属冶炼工厂等附近，砖窑至少应距离果园5～6km，在果园附近的砖窑在芒果坐果与果实发育期间不要开工，烟囱的高度不应低于果园12～15m。

（2）化学防治 喷洒0.6％～1％硼砂浴液，或0.8％纯碱溶液，或0.5％碳酸钠溶液，可以中和大气污染物，减轻病害发生，同时可以防治心腐病。在容易发生该病的果园，于果实豌豆期喷洒第一次硼砂溶液，此后每隔15d喷洒1次，果实发育期至少喷洒3次。

九、芒果裂果症 Mango fruit split

裂果在我国芒果产区比较常见，通常发生在果实生长中后期，是芒果生产中直接影响到产量和质量的一个问题。

【症状】　裂果在幼果发育至橄榄大小时即开始，果实进入迅速膨大期至生理成熟期前达到最高峰。大部分表现纵裂（图3-9-1至图3-9-3）。

【病因】　国内外均认为，裂果与果园湿度、土壤水分管理失衡以及缺钙和硼等因素有关。裂果程度则与品种、生育期、气候、肥水管理等因素有关。

【发病条件】

（1）品种　果皮较厚的品种如紫花芒、桂香芒、绿皮芒、串芒、红芒、台农1号裂果少，象牙芒类等果皮薄的品种最易裂果。果实纤维少的品种较纤维多的品种更容易裂果。

（2）生育期　常发生在果实生长中后期。

（3）虫伤或机械伤后的天气、肥水管理　果实生长中后期，天气干旱时果实含水量少，光合产物积累多，原生质浓，此时若果实被虫咬伤或受其他机械伤后，遇骤然大雨或灌水过多，树体吸水过多，果实薄壁组织短时间内迅速膨胀，即引起果皮破裂，造成裂果。

（4）套袋　套袋对防病虫、防裂果效果都较显著。

【防治方法】

（1）种植果皮较厚的品种。

（2）在果实发育过程中，干旱季节应时常灌水，雨季注意排涝，避免果园土壤湿度剧烈变化。

（3）注意灭荒防虫，套袋防病虫。

（4）注意平衡施肥，勿偏施氮肥，挂果期补施钙肥，促进果皮细胞壁的生长。

十、芒果海绵组织病 Mango spongy tissue

【症状】　果实采摘和成熟时外部症状不明显，但将果肉对半切开，则发现内部果肉变软、组织发生降解，常见为果肉颜色淡黄，呈海绵状或软木状，常具气室，并有异味。海绵状组织的发生率随果重的增加而增高（图 3-10-1）。

【病因】 该病确切的原因目前尚未清楚。有人认为，该病与吸果夜蛾口器带有的某些微生物或果园喷施某些杀菌剂引起的水果生理失调有关；也有人认为与芒果种子的萌动有关。印度有学者的研究表明，Alphonso 芒果受果核象甲危害后，导致种子无法萌动，就不会发生海绵组织病；印度的另一项研究，从 Alphonso 海绵果病组织中分离到木糖葡萄球菌（*Staphylococcus xylosus*），人工接种该细菌，也能引起果肉出现相似的症状；印度还有学者认为，由于地面与树冠之间的热对流，果实受热辐射，导致部分果肉组织代谢紊乱，淀粉水解酶等的活力发生变化，产生海绵组织。该病害的发生还与果实采收时的成熟度、生态因素、营养失调和果实成熟过程中其他酶的活性异常有关。

【发病条件】 根据广西大学黄晓蓉等报道，紫花芒果的海绵组织病与下列几个因素有关：

（1）果实采收时的成熟度 病害通常发生在果实生长后期，采收时成熟度越高的果实，海绵状组织病的发病率越高，发病程度也越严重。

（2）果实大小 发病率随单果重、果实纵横直径的增加而增高。

（3）果形指数 发病率随果形指数增大而增高，且果形指数偏离正常值（1.70~1.90）的程度越高，果实海绵组织病发病率也越高。

（4）品种 对紫花芒、桂香芒及金煌芒 3 个品种的调查发现，只有紫花芒表现出海绵状组织病症状，说明海绵组织病的发生与品种的关系很大。

（5）树体中钙元素 树干高压注射 1% $CaCl_2$、2%KCl 及 1%尿素处理均可降低海绵组织病的发病率，其中，以树干高压注射 $CaCl_2$ 处理最为有效，发病率降低了 40%。

（6）施肥种类 土壤增施尿素、氯化钾及氮磷钾复合肥对海绵组织病的发生有诱导作用，其中，以土壤增施钾肥诱导效果最明显。

（7）果实营养元素　海绵组织病发病果实与正常果实在单一营养元素含量以及各元素比例方面差异较大，病果在元素平衡上表现出极度不均衡性，尤以 Ca、N、K 元素的不均衡最为明显，并呈现明显的低 Ca、高 K、高 N 现象。

【防治方法】　采前用氯化钙处理果实，可减少海绵组织病的发生，但采后浸钙处理果实，却无明显效果。用乙烯利进行采后催熟处理，可减轻海绵组织病的发生。印度采用植被覆盖果园地面或地膜覆盖树下土壤的方法对该病有一定的控制作用。

十一、芒果生理性叶缘枯病 Mango physiological leaf edge blight

芒果生理性叶缘枯病又称叶焦病、叶缘枯病，是芒果种植区常见的生理性病害，受害植株往往大量落叶，影响芒果树的生长。

【症状】　多出现在三年生以下的幼树。一至三年幼树新梢发病时，叶尖或叶缘出现水渍状褐色波纹斑，向中脉横向扩展，叶缘逐渐干枯（图 3-11-1、图 3-11-2）；后期叶缘呈褐色，病梢上叶片逐渐脱落，剩下秃枝，一般不枯死，翌年仍可长出新梢，但长势差；根部须根和侧根变黑，根毛少。

【病因】　该病为生理性病害。在秋冬季节，如果气候干燥，光照强烈，幼龄树根系的吸水速度慢，与叶片蒸腾作用所需水分不匹配，出现地上部分和地下部分水分供需不平衡，从而导致叶缘干枯；土壤中盐离子浓度过高，或者硝酸钾等离子态叶面肥使用浓度过高也容易产生叶缘枯；土壤有效硼元素含量较高或者使用硼肥过量，也容易使得叶片硼中毒，产生叶缘枯。

【发病条件】　病害的发生与品种、树龄、季节和地形等因素有关。紫花品种发病较为常见，而象牙芒、秋芒、粤西 1 号、吕宋芒和台农 1 号等品种发病较少。一般一至三龄树发病较为常见，四龄以上较少发生。病害主要发生在每年秋冬季节。向阳或迎风地块发病较多。盐碱地等含盐高的土壤发生重。

【防治方法】

（1）在幼苗定植时，种植穴应以 1.0m×1.0 m×1.0m 为宜，下足基肥，以促使幼苗侧根的发育和根系向外生长。

（2）建园时要注意选择土质疏松的地块定植，定植后应注意增施有机肥，改良土壤，提高地力，增强根系的吸收功能。

（3）加强芒果园管理，幼树应施用酵素菌沤制的堆肥或薄施腐熟有机肥，尽量少施化肥；秋冬干旱季节要注意适当淋水并用草覆盖树盘，保持土壤潮湿，以满足树体对水分的需要；土壤 pH 较低的果园适量使用石灰以提高土壤 pH，地下水位较浅的果园注意排涝。

十二、芒果日灼病 Mango sunscald

芒果日灼病是广西芒果产区常发生的一种生理性病害，常在果肩部位造成圆形晒伤斑，主要由高温和强光引起，尤其是突发性高温与强光更易引起果实日灼发生。每年的 4 月中下旬至 5 月中旬，百色右江河谷等地区常高温少雨，导致芒果日灼大量发生。

【症状】 芒果果实受强光直射后，向阳面开始时颜色变浅，失绿，如开水烫伤状，1～2 d 后，受伤部位变褐色或黑色，重者开裂、流胶。约 10 d 后，大部分受灼伤的幼果落果，未掉落果实伤口会逐渐愈合，灼伤部位凹陷，果皮粗糙，果实由于向阳面与背面生长不均而变弯曲（图 3-12-1 至图 3-12-4）。

【病因】 主要由高温和强光（尤其是远紫外线 UV-B）引起。

【发病条件】 雨水偏少、空气相对湿度小的天气会加重日灼病情。西晒部位果实受害率远高于东面，植株上中部果实受害率高于下部，内膛果基本不受害。日灼发生还与果实本身所处的营养状况、生理状态及遗传特性有关，果实钙、可溶性固形物、维生素 C、维生素 E 等含量高则不易发生日灼；偏施氮肥会降低果实钙含量而导致果实日灼严重。芒果品种本身的植物学特征是日灼的影响因素之一。台农 1 号幼果皮厚，颜色浅，高温耐力较强，受日灼的概率相对较小；桂七芒、桂热芒 71 号和贵妃等品种皮薄色深，容易吸收紫外线致使果面温度升高，对高温伤害的抵御能力较差。

【防治方法】

（1）在高温来临前，给果园适量灌水，增加土壤含水量。高温期间也可直接向植株喷水，降低果面温度。

（2）当年果实采收修剪后，施足有机肥，促进根系生长，以利高温天气时的蒸腾作用。

（3）每年 1—2 月，在果园生草，播种铺地木蓝、紫云英和野生大豆等旱地绿肥种子或不易成灾的菊科绿肥，增强土壤保水能力。

（4）春季疏花疏果和修剪应适度，保持合理的枝果比、叶果比，避免果实直接暴露在直射阳光下，保证果实的自然遮阴率。

（5）乳油制剂易黏于果面吸收光热导致果面温度升高，因此切忌在高温期间使用乳油类农药。

十三、芒果寒害 Mango chilling injury

芒果作为典型热带常绿果树，喜高温高湿、喜光向阳，其花芽分化需相对低温，但遇上 0～5℃ 低温时，嫩梢和花穗会受到伤害，0℃ 以下低温还会对枝条或树干造成伤害。寒害往往导致花穗抽生推迟，后期如遇高温天气会导致无法正常授粉结果。

【症状】　花序花芽受害后逐渐变黑、枯死，嫩叶嫩梢干枯，成熟叶片失绿变枯黄，受害严重时枝干形成层及其邻近组织变褐坏死，部分或整个树冠呈干枯状。广西寒害一般发生于芒果花期，导致枝条难以抽生花穗或抽生花穗较弱，花序生长明显受阻，难以正常开花（图 3-13-1 至图 3-13-6）。

【病因】　持续数日 5℃ 以下的低温。

【发病条件】　寒害的发生及严重程度受低温强度和持续时间

影响，也与植株的生长状态、种植地势、风向和采取的农业技术措施等有密切关系。幼龄树、树势较差、树龄较长的树较易受害；高海拔较低海拔种植区域受害严重，低洼地带受冷空气沉积影响，寒害发生往往较重；上层、迎风面树冠外层叶片和枝条受害较重，下层、背风树冠面则受害较轻；管理水平低下的果园受害较重。

【防治方法】

（1）预防　芒果建园地址选择以平缓山坡地、大型水库和江河旁等地形较佳，平地次之，切不可在低洼地建园；种植的坡向以南向最佳，东西向次之，北向最差。芒果采摘修剪后要施足磷钾肥，使树体生长壮旺以提高对低温天气的抗性。入冬前，结合病虫害防治叶片喷施 0.1%～0.3%磷酸二氢钾催熟芒果嫩梢，提高抗寒能力，并采用生石灰＋杀菌剂＋食盐＋水（1：1：0.3：20）将树干涂白。对于苗期芒果树，应在寒潮来临前覆盖遮阳网或塑料薄膜保温。

（2）寒害发生后的处理　根据花序受害情况，在低温期结束后应把受害的花序从基部摘除，以利再次抽花，摘花后要尽快叶面喷洒 0.5%磷酸二氢钾＋3 000 倍复硝酚钠＋吡唑醚菌酯，或者 0.3%磷酸二氢钾＋芸苔素内酯＋1 000 倍高磷高钾水溶肥＋吡唑醚菌酯，进行催花和防治炭疽病，连续喷 2 次，相隔 7d。最后，兑水淋施高磷高钾复合肥以提高树势和花序质量。

对于受害的芒果枝叶，在气温稳定回升后，受害轻度的摘叶、受害中度的剪枝、受害严重的锯干处理。对枝干完好，叶片焦枯未落的，尽早进行人工辅助脱叶，促梢长叶，培养新的枝梢。对受冻痕迹明显的枝干，从枝干枯死处往下 2cm 修剪，剪口及时喷药消毒，再用薄膜密封，以免枝干失水干枯。需要注意的是，寒害发生后，枝条或茎干干枯症状不会立即出现，而是在一段时间后才表现，并且有一段回枯发展的时间，因此处理的时间一般宜选择气温稳定回升，受害症状已稳定之时。

十四、芒果除草剂药害 Mango herbicide injury

【症状】　田间除草剂药液触碰芒果植株，会导致新梢生长受到抑制，叶片畸形窄长，转绿受到影响；严重时叶片褪绿变枯黄，最终枯萎死亡。草甘膦降解产物磷酸根易与土壤中的铁、锌等结合，植株会因缺铁、锌而出现小叶、花叶、丛枝等症状。部分果园土壤翻耙和施肥方法不合理导致根系分布变浅，甚至露出土壤表面，此情况喷施除草剂药液容易喷到果树根部，造成伤根、树势变弱衰退（图 3-14-1、图 3-14-2）。

【病因】　喷施除草剂时误喷或药液随风漂移到芒果树上。

【防治方法】

（1）严格按照除草剂使用说明进行除草，禁止随意增加药量。

（2）正确掌握除草剂的喷药技术，严禁将除草剂喷到芒果树上。

（3）施用除草剂时应选择无风或微风天气喷药，避免药液雾滴随风飘移。喷雾器喷头应加装定向保护罩，采用定向喷雾的方式防止药液漂移。喷施工作结束后应将施药器具清洗干净。

（4）针对误喷情况，应及时喷洒清水冲洗叶片。

十五、芒果多效唑药害 Mango paclobutrazol injury

【症状】　植株枝条节间缩短，叶片卷曲皱缩、增厚；花枝缩短，花穗紧凑成团花状，影响正常授粉，坐果率显著下降；此外团花沤花容易感染霜霉病、炭疽病等病害（图 3-15-1、图 3-15-2）。

【病因】　多效唑过量施用。

【防治方法】　多效唑控梢要注意用量，一般建议每株树 8～15g 土施，具体用量需根据树龄和冠幅决定，5 年以下树龄芒果不建议使用多效唑。对于出现多效唑药害症状的植株，症状较轻时可施用速效氮肥灌根即可；症状较重时则需喷施赤霉酸促进生长。

第四部分
芒果采收、保鲜与贮运技术

芒果为呼吸跃变型果实，采收期又多逢高温高湿季节，采后快速后熟变软，并且芒果果实易遭多种病原微生物侵染，采后病害发生严重。因此，掌握有效的芒果贮运保鲜技术，是实现采后芒果果实商品化、标准化和提高经济效益的关键。芒果贮藏保鲜处理流程包括采前防病、采收、清洗、分级、采后处理、包装、贮运和催熟等环节。

一、采前防病

炭疽病、蒂腐病等主要采后病害往往从田间潜伏侵染，果实贮运期间逐渐发病，所以针对这些病害，采前预防显得十分重要。从花期开始，需定期喷药，直到采前30～40d。也可在第二次生理落果结束后进行果实套袋防病虫，套袋不仅可以明显减轻病虫害或机械损伤所带来的果面污渍，而且有助于果面着色均匀，提高果品的外观价值。套袋前7～10d对果园全面喷洒1次杀菌剂和杀虫剂混合药液。套袋选择晴天上午露水干后进行，套果当天对要套袋的果实再喷1次药，待果面药液干后套袋，并在当天套完。一般根据不同的芒果品种选择不同规格和颜色的芒果专用果袋。红皮的芒果品种，如贵妃、澳芒，宜用白色专用袋；四季蜜芒、桂热芒10号、金煌芒等黄皮品种，用外黄内黑双层专用果袋。小果品种选用26cm×18cm的果袋，大果品种选用36cm×22cm的果袋。套袋时，封口处距果基5cm左右，封口用细铁丝或尼龙绳扎紧。

二、采收

芒果采收期的迟早，对芒果果实品质及耐贮性的影响很大。

1. 成熟度的确定 芒果要适时采收，如采收过早，果实极易失水皱缩，不易后熟，而且风味变淡；而采收过晚，果实因果柄产生离层而从树上自然脱落，或在树上就开始变软，贮藏时快速后熟，贮藏期明显缩短，不耐运输。确定芒果采收成熟度的方法很多，我国一般采用以下 3 种方法。

（1）根据果实颜色和外观 果皮颜色转暗或由青绿色转变为淡绿色、绿带白色、淡黄色、红色甚至紫色；果柄流出乳汁较稠，流速较慢；果面蜡质层增厚，皮孔微裂、斑点由不明显转为明显；果肉由乳白色转变为淡黄色，近果核处略出现淡黄色，种壳变硬；果实发育饱满，果蒂基部凹或平，果肩突出；或一株树上有自然成熟果出现，即可采收。采收的果实经 6～8d 后熟，果皮不会皱缩，风味浓。

（2）根据果实的密度 据研究，随着果实的成熟，密度增大，置于水中会下沉。因此，可根据芒果置于水中的下沉程度来确定芒果成熟度。完全成熟的果实密度在 1.01～1.02 之间。当果实放入水中时，能自然下沉或半下沉即表明达到采收的成熟度。

（3）根据果龄 不同品种间的果龄差别很大。一般从谢花到果实成熟，早中熟品种需 100～120d，晚熟品种需 120～150d。主要商业品种最适采收期特征见表 4-2-1。

总之，判断芒果果实最适宜采收成熟度时，最好是将上述 3 种方法结合应用。

2. 采收时间 不同产区，同一地区不同品种，同一地区同一品种不同栽培方式的成熟时期都不相同。在海南三亚，台农 1 号芒的正造果实可在 4 月上旬至 5 月上旬采收，在广东徐闻可在 5 月上旬到 6 月上旬采收，广州地区在 6 月中下旬至 7 月上旬采收，而四川攀枝花则在 8—10 月采收。

表 4-2-1 主要品种最适采收期特征

品种	可溶性固形物的质量分数a(%)	酸度的质量分数b(%)	果皮	果肉	硬度c(kg/cm²)	果肩	果龄(d)
桂热芒10号	6.2±0.5	<2.9	光滑、橄榄绿	米黄色、柔细	95~130	约有1/3果实的果蒂基部发育至平、少部分果实果肩部位出现隐黄	109~132
桂热芒82号	8.2	<1.8	光滑、绿色	浅黄色	80~125	果肩混圆、果肩平或略高于果蒂	120~130
台农1号芒	6.7	<2.6	光滑、浅绿色	浅黄色	95~140	果肩略高于果蒂、少部分平或果实果肩出现隐红	95~103
椰香芒	7.8	<2.8	光滑、绿色	黄色	70~95	果肩混圆、果肩平或略高于果实果肩出现隐黄	112~120
贵妃芒	7.2	<2.2	光滑、浅红色	浅黄色	75~105	果肩混圆、果肩平或略高于果实果肩出现鲜红色	110~115

（续）

品种	可溶性固形物的质量分数ᵃ(%)	酸度的质量分数ᵇ(%)	果皮	果肉	硬度ᶜ(kg/cm²)	果肩	果龄(d)
金煌芒	9.5	<0.76	光滑，绿色（套袋果为黄色），具有白色蜡粉	浅黄色	70~100	果肩混圆，果肩平或略高于果蒂，少部分果实果肩出现隐黄	115~120
热农1号芒	6.5	<2.3	光滑，红色，具有白色蜡粉	浅黄色	75~100	果肩饱满，果肩与果蒂平或略高于果蒂，约有2/3果实果肩出现红色	105~110
凯特芒	6.9	<2.6	光滑，浅红色，具有白色蜡粉	浅黄色	85~110	果肩混圆，果肩平或略高于果蒂，少部分果实果肩出现隐黄	120~130

注：a 按GB/T 8210 总可溶性固形物测定法1——手持糖度计测定法规定执行。
b 按GB/T 8210 可滴定酸的测定——指示剂法（常规法）规定执行。
c 按NY/T 2009 水果硬度的测定规定执行。

晴天上午露水干后采收。远运和用作贮藏用的鲜果，有20%～30%果实在水中完全下沉时采收，就地鲜果销售的，可待50%～60%完全下沉时才采收，加工用的果实，根据加工的要求决定采收期，制蜜饯和做罐头的果实，要求果肉具品种色泽时采收，加工果汁和果酱的，待大部分果实充分成熟后采收。

3. 采收方法 一般是采用人工采收，采收时工人应戴手套。宜采用"一果两剪"的方法，先在果梗处将果实剪离树体，之后在果梗尾部留0.5～1.0cm剪断，保留果柄。剪摘时注意芒果流出的黏液，尽量避免接触到果实，以及皮肤和眼睛。手摘不到的，可用带袋的长竹竿采果。在果园装芒果用的容器应用软物衬垫以防碰伤。果实剪口朝下放置，每放一层芒果垫一层报纸或吸水纸，避免流胶黏液相互污染果面。采收时要轻拿轻放轻搬，尽量避免机械损伤，以减少后熟期果实腐烂。采收后迅速移至阴凉处散热，尽快搬运到处理间进行采后处理。

三、清洗

芒果采收后应尽快洗净流胶、果面的污渍等，减少病菌附着和农药残留，以符合商品要求和卫生要求。可用清水、1%漂白粉溶液、1%熟石灰或2%醋酸溶液等，采用浸泡、冲洗、喷淋等方式进行清洗，使用的洗涤水一定要干净卫生，且经常更换，避免病原菌引起交叉感染。此外，用洗涤溶液洗涤的果实，还需用清水冲洗。在清洗过程中，须将裂果、畸形果、机械伤果、病虫害果、已成熟果实选出，剔除级外果实后，再进行保鲜处理与贮运。

四、分级

1. 基本要求 所有级别的果实，除各个级别的特殊要求和容许范围外，应满足下列质量要求：果形基本符合本品种固有特征，无裂果；有一定的硬度，未软化；新鲜，果肉米黄色，果皮淡绿色或红色、光滑、有光泽；无腐烂、变质果；果皮清洁，基本无可见异物；无坏死组织；无冷害、冻害；无异常的外部水分，冷藏取出后无收缩；无异常气味和味道；发育充分，达到适当的成熟度；后熟果皮具有该品种固有颜色；果柄剪口平滑，长度不能超过 1.2 cm。

2. 质量等级划分

一级果：有良好的质量，具有该品种固有的特征，无缺陷，但允许有不影响产品总体外观、质量、贮存性的很轻微的表面疵点。桂七芒单果重大于 350g，热农 1 号芒单果重大于 500g、桂热芒 10g 单果重大于 450g。

二级果：有良好的质量，具有该品种的特性。允许有以下不影响产品总体外观、质量、贮存性的轻微的缺陷：轻微果形缺陷；果实机械伤、病虫害、斑痕等表面缺陷分别不超过 1cm²、2cm²、3cm²。桂七芒单果重大于 250g，热农 1 号芒单果重大于 400g、桂热芒 10 号单果重大于 350g。

三级果：不符合一级果、二级果质量要求，但符合规定的基本要求。允许有不影响基本质量、贮存性和外观的以下缺陷：果形缺陷；果实机械伤、病虫害、斑痕等表面缺陷分别不超过 2cm²、3cm²、4cm²。桂七芒单果重大于 200g，热农 1 号芒单果重大于 250g、桂热芒 10 号单果重大于 250g。

五、采后处理

要保持芒果本身具有的色、香、味，延长贮运期，提高商品果率，必须进行合理的采后处理技术，减缓果实贮运期间的代谢速率，减少采后病害的发病率，解决贮运过程中的保鲜问题。芒果采后处理一般采用下列 4 种方法。

1. 热处理　热处理方法包括热水浸泡（喷淋）、蒸汽熏蒸和干热风处理等，其中最常用的是热水浸泡。50～55℃热水浸果 5～15min 或 46～48℃热水浸果 60～120min，可防治采后病害特别是炭疽病的发生和果实蝇危害，降低果实冷害，且不影响果实的风味。如果适当提高处理温度，则应缩短处理时间；处理温度和时间的设定还要考虑果实体积的大小和品种的差异，大果型品种比小果型品种较耐高温。温度过高或处理时间过长均有可能导致果实烫伤。

2. 杀菌剂处理　将清洗后的芒果果实，用一定浓度的杀菌剂进行喷雾或浸泡处理，可选用的杀菌剂包括：500～1 000mg/L噻菌灵（特克多）、1 250～2 500mg/L异菌脲（扑海因）、500～1 000mg/L咪鲜胺（施保克）、500～1 000mg/L咪鲜胺锰络合物（施保功）、250～500mg/L抑霉唑（万利得、戴唑霉）以及以上杀菌剂的混剂，如200～300mg/L咪鲜胺·异菌脲（1∶1）等。喷雾时以完全喷湿果面为宜；浸果时一般浸泡1～2min，且不停地轻微搅动果实，使药液充分接触果实表面。

3. 辐射处理　应用辐射技术能减缓芒果的成熟和衰老进程，延长贮藏寿命和减少采后损失。据国外报道，低剂量（250Gy）辐照结合热处理、化学处理、气调处理，均可提高处理的效果，黄熟期芒果经照射后可延长货架期3d。处理时若剂量过大，容易使果面产生褐色小斑。在南非，采用微波辐射处理取得了同热处理相似的保鲜效果，这种处理方法操作迅速且成本低廉。

4. 后熟调节处理　采用乙烯吸收剂能有效地延缓芒果后熟进程，延长货架期和维持果实较好的品质。高锰酸钾作为一种乙烯吸收剂已在商业上广泛使用。乙烯受体抑制剂是一种可逆或不可逆地与乙烯受体结合，从而抑制乙烯-受体复合物的正常形成，阻断乙烯诱导的信号转导或传递的一类物质，如1－MCP作为一种高效的环丙烯类乙烯作用抑制剂，近年来广泛应用于园艺产品延缓衰老的研究与应用领域。1－MCP处理后结合聚乙烯袋包装，能显著延长芒果在常温下的贮藏时间，在商业上应用潜力很大。

六、包装

良好的包装，不仅有利于延长芒果的贮藏期，防止水分蒸发和机械损伤，还有利于提高芒果的商品档次，增加经济效益。

芒果单果包装可延缓果实后熟，防止病害传播。近年来，一些薄膜袋如聚乙烯、聚丙烯袋等因其具有透湿性低、透气性高等优点而广泛应用于果实的单果包装上，可防止水分蒸发、起到自发气调（MA）延缓后熟的作用，同时还能防止病害在果实间相互传播。如用聚乙烯袋对芒果进行单果包装，在13℃可贮藏4～5周，比对照延长15～20d，常温下可延长5d左右。最近国内外在芒果保鲜方面又推出了各种保鲜纸，如中药材保鲜纸、生物保鲜纸等，不仅可发挥良好的保鲜作用，而且使用方法简单、成本相对低廉，适于在芒果单果包装上使用。

国内的芒果包装多用竹筐、塑料筐、瓦楞纸箱、泡沫箱等，装筐（箱）时用包裹纸衬垫，果实要分层放好，层与层之间垫以填充物，防止机械损伤，保证通气性。远距离运输的芒果包装多采用带通气孔的瓦楞纸箱。

芒果装箱的类型，一种是将单果直接摆在果箱内，每层之间用吸水纸隔开，或将纸箱分为2～3层，层与层之间用纸板隔开，该方法虽然包装相对简单，但存在易造成整箱果实同时后熟、采后病害传播快等缺点。另一种是用0.01～0.02mm厚的聚乙烯薄膜袋或专用保鲜纸单果包装后再外套珍珠棉水果网袋，整齐摆放在包装箱中，每箱装1～3层，重量以5～15kg为宜。

七、贮藏

芒果贮藏可采用常温和冷藏两种方式。常温贮藏应选择防暑、阴凉的房间，相对湿度在60%～85%、空气循环率在20%～30%为宜。主要商业品种常温贮藏期见表4-7-1。冷藏室应设有通风换气装置，主要品种冷藏温度、湿度和冷藏期见表4-7-2。

贮藏期内果实应保持原有的风味和品质，总损耗率不超过20%，因此贮藏期内应定期进行质量抽检。贮藏损耗包括贮藏过程中因腐烂、病虫害等原因，导致果实失去原有的风味、品质，且不适宜作为商品果出售的消耗。

总损耗率可由下式计算：

$$SR(\%) = \sum SR_i$$

式中：SR 为总损耗率，i 为每次检查的损耗率。

表 4-7-1　主要品种的常温贮藏期

品种	贮藏期限（d）	备注
秋芒	9～13	
桂热芒 10 号	8～10	
桂香芒	16～18	
紫花芒	11～13	
象牙芒 22 号	20	
台农 1 号芒	20	
椰香芒	13～15	直到成熟可食为止
贵妃芒	9～12	
金煌芒	13～15	
白象牙芒	8～10	
桂热芒 82 号	9～14	
热农 1 号芒	7～11	
凯特芒	8～12	

表 4-7-2　主要品种冷藏的推荐温度和贮藏期

品种	推荐温度（℃）	相对湿度（%）	预期贮藏期（d）
桂热芒 10 号	12～15	85～90	15～17
桂香芒	12～15	85～90	25
紫花芒	12～15	85～90	20
秋芒	12～15	85～90	22～25
吕宋芒	9～10	85～90	14～21
爱文芒	10	85～90	21

（续）

品种	推荐温度（℃）	相对湿度（%）	预期贮藏期（d）
海顿芒、凯旋芒	13	85～90	14～21
青皮芒	10	85～90	21
椰香芒	12～15	85～90	21
台农 1 号芒	12～15	85～90	22～25
金煌芒	12～15	85～90	22～25
桂热芒 82 号	8～13	85～90	20～25
热农 1 号芒	8～13	85～90	20～25

八、催熟

将 40% 乙烯利水剂稀释 400 倍溶液，用蛭石粉吸干至湿润状，然后用透气纸按每包 20～25g 分包成小包装。吸收乙烯利溶液的蛭石粉用量按每 5 kg 果实放 1 包并置于果箱底部，并将原来放置的乙烯利吸附剂除去后将果箱用棉被或布袋覆盖好，尽量使箱内不通风，最后将果箱置于空气不流通的室内，在 21～24℃，相对湿度 80%～85% 条件下，经 48～72h 后打开箱子，果实开始后熟。也可使用市售"催熟小包"，将"催熟小包"用水浸润后放入有孔纸盒或瓦楞纸箱中（用量按商品包装说明），后封箱。2～3d 开始后熟。

芒果数量较多时，可将芒果盛装在透气的塑胶笼内，在催熟室内堆积在垫板上，高度 4～5 层，喷洒 0.1% 乙烯利水溶液催熟。在催熟期间须每 4h 打开催熟室的门窗，并以抽风机抽出室内二氧化碳，时间 10～15min，再封闭门窗继续催熟。室温控制在 21～24℃，相对湿度 80%～85%，催熟时间 48～72h，当果皮稍黄时取出即可。

第五部分
芒果生产相关标准

芒果苗木产地检疫规程
（GB/T 36856—2018）

1　范围

本标准规定了国内芒果苗木产地检疫的程序和方法。

本标准适用于植物检疫机构对芒果苗木繁育场所实施产地检疫。

2　术语和定义

下列术语和定义适用于本标准。

2.1　芒果苗木（Mango seedlings）

具有根系和茎叶的芒果繁育材料。

2.2　检验（inspection）

对芒果苗木进行官方的直观检查，以确定是否存在有害生物或是否符合植物检疫法规。

2.3　检测（detection）

对确定是否存在有害生物或为鉴定有害生物而进行的除目测以外的官方检查。

2.4　检疫性有害生物（quarantine pests）

对受其威胁地区具有潜在经济重要性、但未在该地区发生，或虽已发生但分布不广并得到官方防治的有害生物。

2.5 产地检疫（quarantine in producing areas）

植物检疫机构对芒果苗木在原产地生产过程中的全部检疫工作，包括田间调查、室内检验、签发证书及帮助生产单位做好选地、选种和疫情处理等工作。

2.6 母本树（maternal plants）

用于提供接穗的芒果树。

3 芒果苗木重点关注的检疫性有害生物

3.1 国家农业行政主管部门发布的农业植物检疫性有害生物。

3.2 国家林业行政主管部门发布的林业植物检疫性有害生物。

3.3 国家进境植物检疫性有害生物名录规定的检疫性有害生物。

3.4 省级行政主管部门发布的补充检疫性有害生物。

3.5 应检疫的有害生物根据国家或省级行政主管部门公布的植物检疫性和补充检疫性有害生物名单及时调整。

4 申请受理

4.1 选址指导

苗木生产单位或个人在选择苗木繁育基地前，应征求当地植物检疫机构的意见。植物检疫机构应协助种苗繁育单位选择符合检疫要求的地方建立繁育基地。

4.2 产地检疫受理

苗木生产单位或个人应在苗木繁育前一个月向当地植物检疫机构提出产地检疫申请。植物检疫机构审核苗木生产单位或个人提交的《产地检疫申请书》（参见附录 A）及相关资料，决定是否受理申请。

5 准备和技术指导

植物检疫机构制定产地检疫计划，并对芒果苗木繁育基地进行调查检测和检疫监管（参见附录 B）。

6 调查检测

6.1 田间调查

6.1.1 调查时间

检疫调查应根据不同检疫性有害生物的生物学特性，在芒果实生苗嫁接前、嫁接苗抽出第二次梢后和苗木出圃前 7 d 各进行一次田间检查。

6.1.2 调查方法

6.1.2.1 母本园须逐株调查。

6.1.2.2 苗圃在普查的基础上，采取棋盘式取样，不少于 9 点，每点不少于 50 株。对少于 500 株的小型繁育场所，应逐株检查。

6.1.3 田间检验

根据检疫性有害生物形态特征及危害症状进行田间现场初步检验，将田间调查取样结果填入《有害生物调查抽样记录表》（参见附录 C）。将可疑的有害生物抽样带回室内检验。

6.2 室内检测

对检疫性有害生物或危害症状，有检测标准的按照标准进行鉴定；没有检测标准的按照常规方法进行鉴定。填写《有害生物样本鉴定报告》（参见附录 D）。

7 疫情处理

发现检疫性有害生物疫情，应按植物检疫有关规定进行处理。

8 签证

8.1 根据田间调查、室内检测鉴定结果，未发现检疫性和补充检疫性有害生物的，由县级以上植物检疫机构签发《产地检疫合格证》（见附录 E）。

8.2 发现检疫性有害生物，经检疫除害处理合格的，发给《产地检疫合格证》；经检疫除害处理不合格的，不签发《产地检疫合格证》，并告知产地检疫申请单位或个人。

9　档案管理

对在产地检疫工作中的原始调查数据、室内检测检验结果、申请和受理记录等资料要建立档案，并妥善保存，同时拍摄有关检疫性有害生物及其危害症状的照片进行保存，保存时间不少于 3 年。

附录 A
（资料性附录）
产地检疫申请书

表 A.1 产地检疫申请书

编号：　　　　　　　　　　　　　　　　　　　　　　　年　　月　　日

植物名称	
品种名称	
种（苗）来源	
生产面积	
预计出圃量	
生产地点	
生产期限	从　　年　　月　　日起，至　　年　　月　　日止

申报单位	名称（盖章）：		
	地址：　　　　　　　　　　　　　　　邮编：		
	联系人（签名）：　　　联系电话：　　　传真：		
	要求批件 发送方式	来人取件	
		特快专递邮寄	
		普通邮寄	

附录 B

（资料性附录）

芒果苗木繁育防疫措施

B.1 苗圃地选定

B.1.1 苗圃地的选定应在当地植物检疫机构的指导下，选在无检疫性有害生物发生并有隔离保护条件的地区。

B.1.2 如果选在检疫性有害生物零星发生区，应在有自然隔离条件、无检疫性有害生物的地块。

B.2 繁殖材料的采集及处理

B.2.1 砧木种子的来源及处理

砧木种子应立足自给或从无检疫性有害生物发生区调入。从外地调入的砧木种子应附有植物检疫证书并报请当地植物检疫机构验证或复检。同时，应注意对包装材料进行检疫检验。

B.2.2 接穗的来源及处理

接穗应从本单位健康母本树上采集或从无检疫性有害生物发生区调入。从外地引进的良种接穗应附有植物检疫证书并报请当地植物检疫机构验证或复检，发现有检疫性有害生物的应销毁。

B.3 母本园的建立

B.3.1 在建立苗圃前，应建立健康的母本园，以提供健康的接穗。

B.3.2 母本园应建立在无检疫性有害生物发生的地区。

B.3.3 母本园内补栽的新母本树应采用无检疫性有害生物的良种接穗培育。

B.4 苗圃、母本园的防疫措施

B.4.1 禁止携带未经检疫的砧木种子、砧木、接穗、苗木、果实和包装器材进入苗圃、母本园。

B.4.2 工具要消毒专用。

B.4.3　加强母本园、苗圃地的管理，及时防治其他病虫害。

B.4.4　苗木繁育基地罩 40 目*以上的防虫网，并在出入口处设立缓冲间，以防止有害昆虫进入。

---

* 目为筛网孔径非法定计量单位，40 目等于 $425\mu m$。

附录 C

（资料性附录）

有害生物调查抽样记录表

表 C.1　有害生物调查抽样记录表

编号：

生产/经营者			地址及邮箱		
联系/负责人			联系电话		
调查日期			抽样地点		

样品编号	植物名称（中文名和学名）	品种名称	植物生育期	调查代表株数或面积	植物来源

症状描述（备注：附件照片）：

发生与防控情况及原因：

抽样方法、部位和抽样比例：

备注：

抽样单位（盖章）： 填表人（签名）： 　　　　　　　　　年　月　日	生产/经营者： 现场负责人： 　　　　　　　　　年　月　日

注：本单一式两联，第一联抽样单位存档，第二联交受检单位。

附录 D

（资料性附录）

有害生物样本鉴定报告

表 D.1 有害生物样本鉴定报告

编号：

植物名称				品种名称	
植物生育期		样品数量		取样部位	
样品来源		送检日期		送检人	
送样单位				联系电话	

检测鉴定方法：

检测鉴定结果（备注：附件照片）：

备注：

鉴定人（签名）：

审核人（签名）：

鉴定单位盖章：

年　月　日

注：本单一式三份，检测单位、受检单位和检疫机构各一份。

附录 E
（资料性附录）
产地检疫合格证

表 E.1　产地检疫合格证

编号：

植物或产品名称		品种名称	
面　　积		数　　量	
产　　地			
生产单位或户主		联系人	
单位地址		电话	

产地检疫结果：

检疫员（签名）：

年　　月　　日

植物检疫机构审定意见

植物检疫机构（检疫专用章）

年　　月　　日

注：此证有效期半年，请妥善保存，不得转让，需调运该植物或产品时，凭此证向植物检疫机构办理《植物检疫证书》。

产地检疫合格证（存根）

植物或产品名称		品种名称	
面　积		数　量	
产　地			
生产单位或户主		联系人	
单位地址		电话	

产地检疫结果：

检疫员（签名）：

年　月　日

植物检疫机构审定意见

植物检疫机构（检疫专用章）

年　月　日

注：此证有效期半年，请妥善保存，不得转让，需调运该植物或产品时，凭此证向植物检疫机构办理《植物检疫证书》。

芒果贮藏导则

（GB/T 15034—2009）

1　范围

本标准规定了鲜食芒果（*Mangigera indica* Linn）的贮藏条件及获得这些条件的方法。

本标准适用于主要商业品种，其他品种也可参照使用。

2　规范性引用文件

下列文件中的条款通过本标准的引用而成为本标准的条款。凡是注日期的引用文件，其随后所有的修改单（不包括勘误的内容）或修订版均不适用于本标准，然而，鼓励根据本标准达成协议的各方研究是否可使用这些文件的最新版本。凡是不注日期的引用文件，其最新版本适用于本标准。

GB/T 8210　出口柑橘鲜果检验方法

3　术语和定义

下列术语和定义适用于本标准。

3.1　药纱纸　medical tissue paper

经药液浸泡后晾干的纱纸。

3.2　热药液　hot medical solution

加温至（53±2）℃的药液。

3.3　吸附剂　absorbing agent

吸附高锰酸钾药液，晾干后的蛭石粉。

4　采收和贮藏条件

4.1　采收

芒果应在生理成熟阶段采摘，鲜食果应发育至外表橄榄绿或浅绿色，果肉浅黄色，果蒂基部凹或平，果柄流出乳汁较稠，流速较慢，部分果肩部位出现隐黄（或鲜红），酸度小于2.9％，加工果则采摘外表为绿色或橄榄绿、果肉白色，酸度大于2.9％。采果时留2～3cm果梗，表1推荐了主要商业品种贮藏的最适采收期特征。

4.2 贮藏条件

4.2.1 果实质量要求

供贮藏的果实应生理发育正常，达到适当的成熟度，硬实，清洁，无病斑、虫口或其他动物及机械伤害的痕迹。

4.2.2 贮藏前的果实处理

采果时留2～3cm果梗。处理前再剪留0.5cm的果梗，清洗，晾干，用1mg/L特克多或1mg/L咪鲜胺的热药液处理5～10min，晾干，用双层药纱纸将果实逐个包好。

上述处理应在采果后24h内完成。

4.2.3 装箱要求

按需要将果实分层放置于大小适宜的包装箱内，保证其不易移动，每箱放置质量为20g左右的吸附剂2～4包。

4.3 包装箱和贮藏室

4.3.1 包装箱

制作包装箱的材料应符合卫生要求，其强度应能满足装卸、贮藏和运输的要求；包装箱的各箱面应均匀地开数个透气孔，推荐的格式是：顶面和底部各开6个孔，长侧面各开4个孔，短侧面各开3个孔，孔径约为30mm。

4.3.2 贮藏室

应是阴凉和防鼠的，室内放置的包装箱的排列方式应使空气能自由流通。在整个贮藏期空气循环率为20％～30％。

4.4 贮藏方法

4.4.1 常温贮藏

经处理后的果实可以贮藏在26～32℃，相对湿度60％～85％的通风良好的贮藏室中。主要商业品种常温贮藏期见表2。

表 1　主要品种贮藏最适采收期特征

品种	可溶性固形物的质量分数[a]（%）	酸度的质量分数[b]（%）	果皮	果肉	硬度（手感）	果肩	果龄（d）
桂热芒10号	6.2±0.5	<2.9	光滑，橄榄绿	米黄色，柔细	硬实	约有1/3果实的果肩基部发育至平，少部分果实的果肩部位出现隐黄	109~132
紫花芒	7.0	<2.2	光滑，浅绿色，具有白色蜡粉	浅黄色	硬实	果肩饱满，果肩与果蒂平或略高于果蒂，少部分果实果肩退绿出现隐黄	95~106
吕宋芒	6.5	<2.5	光滑，浅绿色	浅黄色	硬实	果肩混圆，果肩与果蒂平或微凹，少部分果实果肩出现隐黄	90~100
台农1号芒	6.7	<2.6	光滑，浅绿色	浅黄色	硬实	果肩饱满，果肩与果蒂平或略高于果蒂，少部分果实果肩出现隐黄	95~103
椰香芒	7.8	<2.8	光滑，绿色	黄色	硬实	果肩混圆，果肩平或略高于果蒂，少部分果实果肩出现隐黄	112~120
贵妃芒	7.2	<2.2	光滑，紫红色	浅黄色	硬实	果肩混圆，果肩平或略高于果蒂，少部分果实果肩出现鲜红色	110~115
金煌芒	9.5	<0.76	光滑，绿色，具有白色蜡粉	浅黄色，具	硬实	果肩混圆，果肩平或略高于果蒂，少部分果实果肩出现隐黄	115~120
白象牙芒	7.2	<2.0	光滑，浅绿色	白色	硬实	果肩混圆，果肩平或略高于果蒂，少部分果实果肩出现隐黄	108~115

a 按 GB/T 8210 总可溶性固形物测定法［手持糖度计测定法］规定执行。
b 按 GB/T 8210 可滴定酸的测定［指示剂法（常规法）］规定执行。

表 2　主要品种的常温贮藏期

品种	贮藏期限（d）	备注
秋芒	9～13	
桂热芒 10 号	8～10	
桂香芒	16～18	
紫花芒	11～13	
象牙芒 22 号	20	
台农 1 号芒	20	直到成熟可食为止
椰香芒	13～15	
贵妃芒	9～12	
金煌芒	13～15	
白象牙	8～10	

4.4.2　冷藏

4.4.2.1　预冷却

预冷温度：（14±2）℃，空气循环比率：100∶200，相对湿度：90%，并在 3～4d 达到终点温度。

4.4.2.2　冷藏及冷藏期

冷藏室应能换气，主要品种冷藏温度、湿度和冷藏期见表 3。

表 3　主要品种冷藏的推荐温度和贮藏期

品种	推荐温度（℃）	相对湿度（%）	预期贮藏期（d）
桂热芒 10 号	12～15	85～90	15～17
桂香芒	12～15	85～90	25
紫花芒	12～15	85～90	20
秋芒	12～15	85～90	22～25
吕宋芒	9～10	85～90	14～21
爱文芒	10	85～90	21
海顿芒、凯特芒	13	85～90	14～21

（续）

品种	推荐温度（℃）	相对湿度（%）	预期贮藏期（d）
青皮芒	10	85～90	21
椰香芒	12～15	85～90	21
台农一号	12～15	85～90	22～25
金煌芒	12～15	85～90	22～25

4.4.3　贮藏检查

4.4.3.1　抽检

贮藏期内应定期进行质量抽检。

4.4.3.2　指标

贮藏期内果实应保持原有的风味和品质，总损耗率不超过20%。

绿色食品 热带、亚热带水果

（NY/T 750—2020）

1 范围

本标准规定了绿色食品热带、亚热带水果的术语和定义、要求、检验规则、标签、包装、运输和储存。

本标准适用于绿色食品热带和亚热带水果，包括荔枝、龙眼、香蕉、菠萝、芒果、枇杷、黄皮、番木瓜、番石榴、杨梅、杨桃、橄榄、红毛丹、毛叶枣、莲雾、人心果、西番莲、山竹、火龙果、波罗蜜、番荔枝和青梅。

2 规范性引用文件

下列文件对于本文件的应用是必不可少的，凡是注日期的引用文件、仅注日期的版本适用于本文件。凡是不注日期的引用文件，其最新版本（包括所有的修改单）适用于本文件。

GB 5009.12 食品安全国家标准 食品中铅的测定

GB 5009.15 食品安全国家标准 食品中镉的测定

GB 5009.34 食品安全国家标准 食品中二氧化硫的测定

GB 7718 食品安全国家标准 预包装食品标签通则

GB/T 12456 食品中总酸的测定

GB/T 20769 水果和蔬菜中 450 种农药及相关化学品残留量的测定 液相色谱-串联质谱法

GB 23200.8 食品安全国家标准 水果和蔬菜中 500 种农药及相关化学品残留量的测定 气相色谱-质谱法

NY/T 391 绿色食品 产地环境质量

NY/T 393 绿色食品 农药使用准则

NY/T 394 绿色食品 肥料使用准则

NY/T 515　荔枝

NY/T 658　绿色食品　包装通用准则

NY/T 761　蔬菜和水果中有机磷、有机氯、拟除虫菊酯和氨基甲酸酯类农药多残留的测定

NY/T 1055　绿色食品　产品检验规则

NY/T 1056　绿色食品　贮藏运输准则

NY/T 1379　蔬菜中 334 种农药多残留的测定　气相色谱质谱法和液相色谱质谱法

NY/T 2637　水果和蔬菜可溶性固形物含量的测定　折射仪法

3　术语和定义

NY/T 515 中界定的以及下列术语和定义适用于本文件。

3.1　后熟（after ripening）

在采收后继续发育完成成熟的过程。

3.2　日灼（sunburn）

果树在生长发育期间，由于强烈日光辐射增温所引起的果树器官和组织灼伤。

4　要求

4.1　产地环境

应符合 NY/T 391 的规定。

4.2　生产过程

生产过程中农药和肥料使用应分别符合 NY/T 393 和 NY/T 394 的规定。

4.3　感官

应符合表 1 的规定。

4.4　理化指标

应符合表 2 的规定。

表 1 感官

项目	要求	检验方法
果实外观	具有本品种成熟时固有的形状和色泽；果实完整，果形端正，新鲜，无裂果、变质、腐烂，可见异物和机械伤	把样品置于洁净的白瓷盘中，置于自然光线下，品种特征、色泽、新鲜度、机械伤、成熟度、病虫害等用目测法进行检验；气味和滋味采用鼻嗅和口尝方法进行检验
病虫害	无果肉褐变、病果、虫果、病斑	
气味和滋味	具有该品种正常的气味和滋味，无异味	
成熟度	发育正常，具有适于鲜食或加工要求的成熟度	

表 2 理化指标

单位为百分号

水果名称	可食率	可溶性固形物	可滴定酸（以柠檬酸计）	检验方法
黄皮	—	≥13	—	可食率：取样果200~500g（单果重≥400g的果实可酌情取3~5个），称量全果质量，并将果皮、果肉和种子分开，称量果皮加以全果的质量。以全果质量减去果皮加种子的质量后所得的值除以全果质量所得的百分比
菠萝	≥58	≥12	≤0.9	
橄榄	—	≥11	≤1.2	可溶性固形物按NY/T 2637规定的方法测定
杨梅	—	≥10	≤1.2	
荔枝	≥63	≥16	≤0.4	可滴定酸按GB/T 12456规定的方法测定
龙眼	≥62	≥16	≤0.1	

（续）

水果名称	可食率	可溶性固形物	可滴定酸（以柠檬酸计）	检验方法
香蕉	≥55	≥21	≤0.6	可食率：取样果200～500g（单果重≥400g的果实可酌情取3～5个），称量全果质量，并将果皮、果肉和种子分开，称量果皮加种子的质量。以全果质量减去果皮加种子后的值除以全果质量所得的百分比可溶性固形物按NY/T 2637规定的方法测定；可滴定酸按GB/T 12456规定的方法测定
芒果	≥57	≥10	≤1.1	
枇杷	≥60	≥9	≤0.8	
番石榴	—	≥10	≤0.3	
番木瓜	≥76	≥10	≤0.3	
杨桃	—	≥7.5	≤0.4	
红毛丹	≥40	≥14	≤1.5	
毛叶枣	≥78	≥9	≤0.8	
人心果	≥78	≥18	≤1.0	
莲雾	—	≥6	≤0.3	
西番莲	≥30	≥13	≤4.0	
山竹	≥30	≥13	≤0.6	
火龙果	≥62	≥10	≤0.5	
波罗蜜	≥41	≥17	≤0.4	
番荔枝	≥52	≥17	≤0.4	
青梅	≥75	≥6.0	≥4.3	

西番莲可食率为全果计率。

4.5　农药残留限量和食品添加剂限量

农药残留限量除应符合食品安全国家标准及相关规定外，同时符合表 3 的要求。

表 3　农药残留限量

单位为毫克每千克

项目	指标	检验方法
氧乐果（omethoate）	≤0.01	NY/T 1379
敌敌畏（dichlorvos）	≤0.01	NY/T 761
倍硫磷（fenthion）	≤0.01	NY/T 1379
氯氰菊酯（cypermethrin）	≤0.01（橄榄、杨桃、荔枝、龙眼、芒果、番木瓜、毛叶枣、红毛丹）	NY/T 761
多菌灵（carbendazim）	≤0.5（荔枝、芒果、菠萝、橄榄、香蕉）	GB/T 20769
百菌清（chlorothalonil）	≤0.01	NY/T 761
溴氰菊酯（deltmethrin）	≤0.01	NY/T 761
氰戊菊酯（fenvaleratc）	≤0.01	NY/T 761
氯氟氰菊酯（cyhalothrin）	≤0.01（荔枝、橄榄、芒果、龙眼、香蕉、枇杷、黄皮、番石榴、杨桃、红毛丹、毛叶枣、莲雾、人心果、火龙果、番荔枝）	NY/T 761
咪鲜胺（prochloraz）	≤0.01	GB/T 20769
灭多威（methomyl）	≤0.01	GB/T 20769
克百威（carbofuran）	≤0.01	GB/T 20769
甲氰菊酯（fenpropathrin）	≤2	NY/T 761
毒死蜱（chlorpyrifos）	≤0.01（荔枝、龙眼）	GB 23200.8
二氧化硫（sulfur dioxide）	≤30（荔枝、龙眼）	GB 5009.34

5　检验规则

申报绿色食品应按照 4.3～4.5 以及附录 A 所确定的项目进行

检验。其他要求应符合 NY/T 1055 的规定。本标准规定的农药残留量检测方法，如有其他国家标准、行业标准以及部文公告的检测方法，且其检出限和定量限能满足限量值要求时，在检测时可采用。

6 标签

按 GB 7718 的规定执行。

7 包装、运输和储存

7.1 包装

按 NY/T 658 的规定执行。

7.2 运输和储存

7.2.1 对于香蕉、番木瓜、红毛丹、人心果、芒果、西番莲、番石榴、番荔枝等呼吸跃变型水果，在运输、储存过程中应按同一批次、同一成熟度，每种水果单独运输、储存。

a）长途运输应控温运输，延长储存期。

b）储存仓库应注意二氧化碳及乙烯浓度变化情况，及时通风换气，防止因二氧化碳及乙烯催熟呼吸跃变型水果，导致其鲜度下降，储存期降低。

7.2.2 其他非呼吸跃变型水果按 NY/T 1056 的相关规定执行。

附录 A

（规范性附录）

绿色食品 热带、亚热带水果申报检验项目

表 A.1 规定了除 4.3～4.5 所列项目外，依据食品安全国家标准和绿色食品热带、亚热带水果生产实际情况，绿色食品热带、亚热带水果申报检验还应检验的项目。

表 A.1 污染物和农药残留项目

单位为毫克每千克

检验项目	指标	检验方法
铅（以 Pb 计）	≤0.1	GB 5009.12
镉（以 Cd 计）	≤0.05	GB 5009.15
啶虫脒（acetamiprid）	≤2	GB/T 20769

绿色食品 产地环境质量

（NY/T 391—2021）

1 范围

本文件规定了绿色食品产地的术语和定义、产地生态环境基本要求、隔离保护要求、产地环境质量通用要求、环境可持续发展要求。

本文件适用于绿色食品生产。

2 规范性引用文件

下列文件中的内容通过文中的规范性引用而构成本文件必不可少的条款。其中，注日期的引用文件，仅该日期对应的版本适用于本文件；不注日期的引用文件，其最新版本（包括所有的修改单）适用于本文件。

GB/T 5750.4 生活饮用水标准检验方法 感官性状和物理指标

GB/T 5750.5 生活饮用水标准检验方法 无机非金属指标

GB/T 5750.6 生活饮用水标准检验方法 金属指标

GB/T 5750.12 生活饮用水标准检验方法 微生物指标

GB/T 7467 水质 六价铬的测定 二苯碳酰二肼分光光度法

GB/T 7484 水质 氟化物的测定 离子选择电极法

GB/T 11892 水质 高锰酸盐指数的测定

GB/T 12763.4 海洋调查规范 第 4 部分：海水化学要素调查

GB/T 14675 空气质量 恶臭的测定 三点比较式臭袋法

GB/T 14678 空气质量 硫化氢、甲硫醇、甲硫醚和二甲二硫的测定 气相色谱法

GB/T 15432　环境空气　总悬浮颗粒物的测定　重量法

GB/T 17141　土壤质量　铅、镉的测定　石墨炉原子吸收分光光度法

GB/T 22105.1　土壤质量　总汞、总砷、总铅的测定　原子荧光法　第1部分：土壤中总汞的测定

GB/T 2210 5.2　土壤质量　总汞、总砷、总铅的测定　原子荧光法　第2部分：土壤中总砷的测定

HJ 479　环境空气　氮氧化物（一氧化氮和二氧化氮）的测定　盐酸萘乙二胺分光光度法

HJ 482　环境空气　二氧化硫的测定　甲醛吸收　副玫瑰苯胺分光光度法

HJ 491　土壤和沉积物　铜、锌、铅、镍、铬的测定　火焰原子吸收分光光度法

HJ 503　水质　挥发酚的测定　4-氨基安替比林分光光度法

HJ 505　水质　五日生化需氧量（BOD5）的测定、稀释与接种法

HJ 533　环境空气和废气　氨的测定　纳氏试剂分光光度法

HJ 536　水质　氨氮的测定　水杨酸分光光度法

HJ 694　水质　汞、砷、硒、铋和锑的测定　原子荧光法

HJ 700　水质　65种元素的测定　电感耦合等离子体质谱法

HJ 717　土壤质量　全氮的测定　凯氏法

HJ 828　水质　化学需氧量的测定　重铬酸盐法

HJ 870　固定污染源废气　二氧化碳的测定　非分散红外吸收法

HJ 955　环境空气　氟化物的测定　滤膜采样/氟离子选择电极法

HJ 970　水质石油类的测定　紫外分光光度法

HJ 1147　水质 pH 的测定　电极法

LY/T 1232　森林土壤磷的测定

LY/T 1234　森林土壤钾的测定

NY/T 1121.6 土壤检测 第 6 部分：土壤有机质的测定

NY/T 1377 土壤 pH 的测定

SL 355 水质 粪大肠菌群的测定——多管发酵法

3 术语和定义

下列术语和定义适用于本文件。

3.1 环境空气标准状态（ambient air standard state）

温度为 298.15K，压力为 101.325kPa 时的环境空气状态。

3.2 舍区（living area for livestock and poultry）

畜禽所处的封闭或半封闭生活区域，即畜禽直接生活环境区。

4 产地生态环境基本要求

4.1 绿色食品生产应选择生态环境良好、无污染的地区，远离工矿区、公路铁路干线和生活区，避开污染源。

4.2 产地应距离公路、铁路、生活区 50 m 以上，距离工矿企业 1km 以上。

4.3 产地应远离污染源，配备切断有毒有害物进入产地的措施。

4.4 产地不应受外来污染威胁，产地上风向和灌溉水上游不应有排放有毒有害物质的工矿企业，灌溉水源应是深井水或水库等清洁水源，不应使用污水或塘水等被污染的地表水；园地土壤不应是施用含有毒有害物质的工业废渣改良过的土壤。

4.5 应建立生物栖息地，保护基因多样性、物种多样性和生态系统多样性，以维持生态平衡。

4.6 应保证产地具有可持续生产能力，不对环境或周边其他生物产生污染。

4.7 利用上一年度产地区域空气质量数据，综合分析产区空气质量。

5 隔离保护要求

5.1 应在绿色食品和常规生产区域之间设置有效的缓冲带或物理

屏障，以防止绿色食品产地受到污染。

5.2 绿色食品产地应与常规生产区保持一定距离，或在两者之间设立物理屏障，或利用地表水、山岭分割等其他方法，两者交界处应有明显可识别的界标。

5.3 绿色食品种植产地与常规生产区农田间建立缓冲隔离带，可在绿色食品种植区边缘5～10m处种植树木作为双重篱墙，隔离带宽度8m左右，隔离带种植缓冲作物。

6 产地环境质量通用要求

6.1 空气质量要求

除畜禽养殖业外，空气质量应符合表1的要求。

表1 空气质量要求（标准状态）

项目	指标		检验方法
	日平均[a]	1h[b]	
总悬浮颗粒物（mg/m³）	≤0.30	—	GB/T 15432
二氧化硫（mg/m³）	≤0.15	≤0.50	HJ 482
二氧化氮（mg/m³）	≤0.08	≤0.20	HJ 479
氟化物（μg/m³）	≤7	≤20	HJ 955

a. 日平均指任何一日的平均指标。
b. 1h指任何1h的指标。

畜禽养殖业空气质量应符合表2的要求。

表2 畜禽养殖业空气质量要求（标准状态）

单位为毫克每立方米

项目	禽舍区（日平均）		畜舍区（日平均）	检验方法
	雏	成		
总悬浮颗粒物	≤8		≤3	GB/T 15432
二氧化碳	≤1 500		≤1 500	HJ 870

（续）

项目	禽舍区（日平均）		畜舍区（日平均）	检验方法
	雏	成		
硫化氢	≤2	10	≤8	GB/T 14678
氨气	≤10	15	≤20	HJ 533
恶臭（稀释倍数，无量纲）	≤70		≤70	GB/T 14675

6.2　水质要求

6.2.1　农田灌溉水水质要求

农田灌溉水包括用于农田灌溉的地表水、地下水，以及水培蔬菜、水生植物生产用水和食用菌生产用水等，应符合表3的要求。

表3　农田灌溉水水质要求

项目	指标	检验方法
pH	5.5~8.5	HJ 1147
总汞（mg/L）	≤0.001	HJ 694
总镉（mg/L）	≤0.005	HJ 700
总砷（mg/L）	≤0.05	HJ 694
总铅（mg/L）	≤0.1	HJ 700
六价铬（mg/L）	≤0.1	GB/T 7467
氟化物（mg/L）	≤2.0	GB/T 7484
化学需氧量（COD）（mg/L）	≤60	HJ 828
石油类（mg/L）	≤1.0	HJ 970
粪大肠菌群[*]（MPN/L）	≤10 000	SL 355

· 仅适用于灌溉蔬菜、瓜类和草本水果的地表水。

6.2.2　渔业水水质要求

应符合表4的要求。

表 4 渔业水水质要求

项目	指标		检验方法
	淡水	海水	
色、臭、味	不应有异色、异臭、异味		GB/T 5750.4
pH	6.5～9.0		HJ 1147
生化需氧量（BOD）（mg/L）	≤5	≤3	HJ 505
总大肠菌群（MPN/100mL）	≤500（贝类 50）		GB/T 5750.12
总汞（mg/L）	≤0.000 5	≤0.000 2	HJ 694
总镉（mg/L）	≤0.005		HJ 700
总铅（mg/L）	≤0.05	≤0.005	HJ 700
总铜（mg/L）	≤0.01		HJ 700
总砷（mg/L）	≤0.05	≤0.03	HJ 694
六价铬（mg/L）	≤0.1	≤0.01	GB/T 7467
挥发酚（mg/L）	≤0.005		HI 503
石油类（mg/L）	≤0.05		HJ 970
活性磷酸盐（以 P 计）（mg/L）	≤0.03		GB/T 12763.4
高锰酸盐指数（mg/L）	≤6		GB/T 11892
氨氮（NH_2-N）（mg/L）	≤1.0		HJ 536

漂浮物质应满足水面不出现油膜或浮沫的要求。

6.2.3 畜牧养殖用水水质要求

畜牧养殖用水包括畜禽养殖用水和养蜂用水，应符合表 5 的要求。

表 5 畜牧养殖用水水质要求

项目	指标	检验方法
色度[a]（度）	≤15，并不应呈现其他异色	GB/T 5750.4
浑浊度[a]（散射浑浊度单位）（NTU）	≤3	GB/T 5750.4
臭和味	不应有异臭、异味	GB/T 5750.4

（续）

项目	指标	检验方法
肉眼可见物[a]	不应含有	GB/T 5750.4
pH	6.5～8.5	GB/T 5750.4
氟化物（mg/L）	≤1.0	GB/T 5750.5
氰化物（mg/L）	≤0.05	GB/T 5750.5
总砷（mg/L）	≤0.05	GB/T 5750.6
总汞（ng/L）	≤0.001	GB/T 5750.6
总镉（mg/L）	≤0.01	GB/T 5750.6
六价铬（mg/L）	≤0.05	GB/T 5750.6
总铅（mg/L）	≤0.05	GB/T 5750.6
菌落总数[a]（CFU/mL）	≤100	GB/T 5750.12
总大肠菌群（MPN/100mL）	不得检出	GB/T 5750.12

[a] 散养模式免测该指标。

6.2.4　加工用水水质要求

加工用水（含食用盐生产用水等）应符合表6的要求。

表6　加工用水水质要求

项目	指标	检验方法
pH	6.5～8.5	GB/T 5750.4
总汞（mg/L）	≤0.001	GB/T 5750.6
总砷（mg/L）	≤0.01	GB/T 5750.6
总镉（mg/L）	≤0.005	GB/T 5750.6
总铅（mg/L）	≤0.01	GB/T 5750.6
六价铬（mg/L）	≤0.05	GB/T 5750.6
氰化物（mg/L）	≤0.05	GB/T 5750.5
氟化物（mg/L）	≤1.0	GB/T 5750.5
菌落总数（CFU/mL）	≤100	GB/T 5750.12
总大肠菌群（MPN/100mL）	不得检出	GB/T 5750.12

6.2.5　食用盐原料水水质要求

食用盐原料水包括海水、湖盐或井矿盐天然卤水，应符合表7的要求。

表7　食用盐原料水水质要求

单位为毫克每升

项目	指标	检验方法
总汞	≤0.001	GB/T 5750.6
总砷	≤0.03	GB/T 5750.6
总镉	≤0.005	GB/T 5750.6
总铅	≤0.01	GB/T 5750.6

6.3　土壤环境质量要求

土壤环境质量按土壤耕作方式的不同分为旱田和水田两大类，每类又根据土壤 pH 的高低分为 3 种情况，即 pH<6.5，6.5≤pH≤7.5，pH>7.5，应符合表8的要求。

表8　土壤质量要求

单位为毫克每千克

项目	旱田			水田			检验方法
	pH<6.5	6.5≤pH≤7.5	pH>7.5	pH<6.5	6.5≤pH≤7.5	pH>7.5	NY/T 1377
总镉	≤0.30	≤0.30	≤0.40	≤0.30	≤0.30	≤0.40	GB/T 17141
总汞	≤0.25	≤0.30	≤0.35	≤0.30	≤0.40	≤0.40	GB/T 22105.1
总砷	≤25	≤20	≤20	≤20	≤20	≤15	GB/T 22105.2
总铅	≤50	≤50	≤50	≤50	≤50	≤50	GB/T 17141
总铬	≤120	≤120	≤120	≤120	≤120	≤120	HJ 491
总铜	≤50	≤60	≤60	≤50	≤60	≤60	HJ 491

果园土壤中铜限量值为旱田中铜限量值的2倍。
水旱轮作用的标准值取严不取宽。
底泥按照水田标准执行。

6.4　食用菌栽培基质质量要求

栽培基质应符合表9的要求，栽培过程中使用的土壤应符合

· 162 ·

6.3 的要求。

表 9　食用菌栽培基质质量要求

单位为毫克每千克

项目	指标	检验方法
总汞	≤0.1	GB/T 22105.1
总砷	≤0.8	GB/T 22105.2
总镉	≤0.3	GB/T 17141
总铅	≤35	GB/T 17141

7　环境可持续发展要求

7.1　应持续保持土壤地力水平，土壤肥力应维持在同一等级或不断提升。土壤肥力分级参考指标见表 10。

表 10　土壤肥力分级参考指标

项目	级别	旱地	水田	菜地	园地	牧地	检验方法
有机质 (g/kg)	I	>15	>25	>30	>20	>20	NY/T 1121.6
	II	10~15	20~25	20~30	15~20	15~20	
	III	<10	<20	<20	<15	<15	
全氮 (g/kg)	I	>1.0	>1.2	>1.2	>1.0		HJ 717
	II	0.8~1.0	1.0~1.2	1.0~1.2	0.8~1.0	—	
	III	<0.8	<1.0	<1.0	<0.8		
有效磷 (mg/kg)	I	>10	>15	>40	>10	>10	LY/T 1232
	II	5~10	10~15	20~40	5~10	5~10	
	III	<5	<10	<20	<5	<5	
速效钾 (mg/kg)	I	>120	>100	>150	>100		LY/T 1234
	II	80~12	50~100	100~150	50~100		
	III	<80	<50	<100	<50		

　底泥、食用菌栽培基质不做土壤肥力检测。

7.2　应通过合理施用投入品和环境保护措施，保持产地环境指标在同等水平或逐步递减。

绿色食品　食品添加剂使用准则

（NY/T 392—2023）

1　范围

本文件规定了绿色食品生产中食品添加剂使用的术语和定义、使用原则和使用规定。本文件适用于绿色食品生产过程中食品添加剂的使用和管理。

2　规范性引用文件

下列文件中的内容通过文中的规范性引用而构成本文件必不可少的条款。其中，注日期的引用文件，仅该日期对应的版本适用于本文件；不注日期的引用文件，其最新版本（包括所有的修改单）适用于本文件。

GB 2760　食品安全国家标准　食品添加剂使用标准

GB/T 19630　有机产品生产、加工、标识与管理体系要求

GB 26687　食品安全国家标准　复配食品添加剂通则

NY/T 391　绿色食品　产地环境质量

3　术语和定义

GB 2760 界定的以及下列术语和定义适用于本文件。

3.1　AA 级绿色食品（AA grade green food）

产地环境质量符合 NY/T 391 的要求，遵照绿色食品标准生产，生产过程遵循自然规律和生态学原理，协调种植业和养殖业的平衡，不使用化学合成的肥料、农药、兽药、渔药、添加剂等物质，产品质量符合绿色食品产品标准，经专门机构许可使用绿色食品标志的产品。

3.2　A 级绿色食品（A grade green food）

产地环境质量符合 NY/T 391 的要求，遵照绿色食品标准生产，生产过程遵循自然规律和生态学原理，协调种植业与养殖业的平衡，限量使用限定的化学合成生产资料，产品质量符合绿色食品产品标准，经专门机构许可使用绿色食品标志的产品。

3.3　天然食品添加剂（natural food additive）

从天然物质中分离出来，经过毒理学评价确认其食用安全的食品添加剂。

3.4　人工合成食品添加剂（synthetic food additive）

通过人工合成，经毒理学评价确认其食用安全的食品添加剂。

4　使用原则

4.1　食品添加剂使用时应符合以下基本要求：

a）不应对人体产生任何健康危害；

b）不应掩盖食品腐败变质；

c）不应掩盖食品本身或加工过程中的质量缺陷或以掺杂、掺假、伪造为目的而使用食品添加剂；

d）不应降低食品本身的营养价值；

e）在达到预期效果的前提下尽可能降低在食品中的使用量。

4.2　在下列情况下可使用食品添加剂：

a）保持或提高食品本身的营养价值；

b）作为某些特殊膳食用食品的必要配料或成分；

c）提高食品的质量和稳定性，改进其感官特性；

d）便于食品的生产、加工、包装、运输或者储藏。

4.3　食品添加剂质量标准

按照本文件使用的食品添加剂应当符合相应的质量规格要求。

4.4　带入原则

4.4.1　在下列情况下食品添加剂可以通过食品配料（含食品添加剂）带入食品中：

a）根据本文件，食品配料中允许使用该食品添加剂；

b）食品配料中该添加剂的用量不应超过允许的最大使用量；

c）应在正常生产工艺条件下使用这些配料并且食品中该添加剂的含量不应超过由配料带入的水平；

d）由配料带入食品中的该添加剂的含量应明显低于直接将其添加到该食品中通常所需要的水平。

4.4.2 当某食品配料作为特定终产品的原料时，批准用于上述特定终产品的添加剂允许添加到这些食品配料中，同时该添加剂在终产品中的量应符合本文件的要求，在所述特定食品配料的标签上应明确标示该食品配料用于上述特定食品的生产。

4.5 用于界定食品添加剂使用范围的食品分类系统按照 GB 2760 的规定执行。

5 使用规定

5.1 生产 AA 级绿色食品的食品添加剂使用应符合 GB/T 19630 的要求。

5.2 生产 A 级绿色食品首选使用天然食品添加剂。在使用天然食品添加剂不能满足生产需要的情况下，可使用 5.5 外的人工合成食品添加剂。使用的食品添加剂应符合 GB 2760 的要求。

5.3 同一功能食品添加剂（相同色泽着色剂、甜味剂、防腐剂或抗氧化剂）混合使用时，各自用量占其最大使用量的比例之和不应超过 1。

5.4 复配食品添加剂的使用应符合 GB 26687 的要求。

5.5 在任何情况下，绿色食品生产不应使用附录 A 中的食品添加剂。

附录 A
（规范性）
生产绿色食品不应使用的食品添加剂

生产绿色食品不应使用的食品添加剂见表 A.1。

表 A.1　生产绿色食品不应使用的食品添加剂

食品添加剂功能类别	食品添加剂名称（中国编码系统 CNS 号）
酸度调节剂	富马酸一钠（01.311）
抗结剂	亚铁氰化钾（02.001）、亚铁氰化钠（02.008）
抗氧化剂	硫代二丙酸二月桂酯（04.012）、4-乙基间苯二酚（04.013）
漂白剂	硫黄（05.007）
膨松剂	硫酸铝钾（又名钾明矾）（06.004）、硫酸铝铵（又名铵明矾）（06.005）
着色剂	赤藓红及其铝色淀（08.003）、新红及其铝色淀（08.004）、二氧化钛（08.011）、焦糖色（亚硫酸铵法）（08.109）、焦糖色（加氨生产）（08.110）、植物炭黑（08.138）
护色剂	硝酸钠（09.001）、亚硝酸钠（09.002）、硝酸钾（09.003）、亚硝酸钾（09.004）
乳化剂	山梨醇酐单硬脂酸酯（又名司盘60）（10.003）、山梨醇酐三硬脂酸酯（又名司盘65）（10.004）、山梨醇酐单油酸酯（又名司盘80）（10.005）、木糖醇酐单硬脂酸酯（10.007）、山梨醇酐单棕榈酸酯（又名司盘40）（10.008）、聚氧乙烯（20）山梨醇酐单硬脂酸酯（又名吐温-60）（10.015）、聚氧乙烯（20）山梨醇酐单油酸酯（又名吐温-80）（10.016）、聚氧乙烯木糖醇酐单硬脂酸酯（10.017）、山梨醇酐单月桂酸酯（又名司盘20）（10.024）、聚氧乙烯（20）山梨醇酐单月桂酸酯（又名吐温-20）（10.025）、聚氧乙烯（20）山梨醇酐单棕榈酸酯（又名吐温-40）（10.026）
面粉处理剂	偶氮甲酰胺（13.004）
被膜剂	吗啉脂肪酸盐（又名果蜡）（14.004）、松香季戊四醇酯（14.005）

（续）

食品添加剂 功能类别	食品添加剂名称（中国编码系统 CNS 号）
防腐剂	苯甲酸及其钠盐（17.001，17.002）、乙氧基喹（17.010）、肉桂醛（17.012）、联苯醚（又名二苯醚）（17.022）、2，4-二氯苯氧乙酸（17.027）
稳定剂和 凝固剂	柠檬酸亚锡二钠（18.006）
甜味剂	糖精钠（19.001）、环己基氨基磺酸钠（又名甜蜜素）、环己基氨基磺酸钙（19.002）、L-a-天冬氨酰-N-（2，2，4，4-四甲基-3-硫化三亚甲基）-D-丙氨酰胺（又名阿力甜）（19.013）
增稠剂	海萝胶（20.040）
其他	硫酸亚铁（00.022）
胶基糖果中 基础剂物质	胶基糖果中基础剂物质

注：多功能食品添加剂，表中功能类别为其主要功能。

绿色食品　农药使用准则
（NY/T 393—2020）

1　范围

本标准规定了绿色食品生产和储运中的有害生物防治原则、农药选用、农药使用规范和绿色食品农药残留要求。

本标准适用于绿色食品的生产和储运。

2　规范性引用文件

下列文件对于本文件的应用是必不可少的。凡是注日期的引用文件，仅注日期的版本适用于本文件。凡是不注日期的引用文件，其最新版本（包括所有的修改单）适用于本文件。

GB 2763　食品安全国家标准　食品中农药最大残留限量

GB/T 8321　农药合理使用准则（所有部分）

GB 12475　农药储运、销售和使用的防毒规程

NY/T 391　绿色食品　产地环境质量

NY/T 1667　农药登记管理术语（所有部分）

3　术语和定义

NY/T 1667 界定的以及下列术语和定义适用于本文件。

3.1　AA 级绿色食品（AA grade green food）

产地环境质量符合 NY/T 391 的要求，遵照绿色食品生产标准生产，生产过程中遵循自然规律和生态学原理，协调种植业和养殖业的平衡，不使用化学合成的肥料、农药、兽药、渔药、添加剂等物质，产品质量符合绿色食品产品标准，经专门机构许可使用绿色食品标志的产品。

3.2　A级绿色食品（A grade green food）

产地环境质量符合 NT/T 391 的要求，遵照绿色食品生产标准生产，生产过程中遵循自然规律和生态学原理，协调种植业和养殖业的平衡，限量使用限定的化学合成生产资料，产品质量符合绿色食品产品标准，经专门机构许可使用绿色食品标志的产品。

3.3　农药（pesticide）

用于预防、控制危害农业、林业的病、虫、草、鼠和其他有害生物以及有目的地调节植物、昆虫生长的化学合成或者来源于生物、其他天然物质的一种物质或者几种物质的混合物及其制剂。

注：既包括属于国家农药使用登记管理范围的物质，也包括不属于登记管理范围的物质。

4　有害生物防治原则

绿色食品生产中有害生物的防治可遵循以下原则：

——以保持和优化农业生态系统为基础：建立有利于各类天敌繁衍和不利于病虫草害孳生的环境条件，提高生物多样性，维持农业生态系统的平衡；

——优先采用农业措施：如选用抗病虫品种、实施种子种苗检疫、培育壮苗、加强栽培管理、中耕除草、耕翻晒垡、清洁田园、轮作倒茬、间作套种等；

——尽量利用物理和生物措施：如温汤浸种控制种传病虫害，机械捕捉害虫，机械或人工除草，用灯光、色板、性诱剂和食物诱杀害虫，释放害虫天敌和稻田养鸭控制害虫等；

——必要时合理使用低风险农药：如没有足够有效的农业、物理和生物措施，在确保人员、产品和环境安全的前提下，按照第5、6章的规定配合使用农药。

5　农药选用

5.1　所选用的农药应符合相关的法律法规，并获得国家在相应作物上的使用登记或省级农业主管部门的临时用药措施，不属于农药使用登记范围的产品（如薄荷油、食醋、蜂蜡、香根草、乙醇、海盐等）除外。

5.2 AA 级绿色食品生产应按照附录 A 中 A.1 的规定选用农药，A 级绿色食品生产应按照附录 A 的规定选用农药，提倡兼治和不同作用机理农药交替使用。

5.3 农药剂型宜选用悬浮剂、微囊悬浮剂、水剂、水乳剂、颗粒剂、水分散粒剂和可溶性粒剂等环境友好型剂型。

6 农药使用规范

6.1 应根据有害生物的发生特点、危害程度和农药特性，在主要防治对象的防治适期，选择适当的施药方式。

6.2 应按照农药产品标签或按 GB/T 8321 和 GB 12475 的规定使用农药，控制施药剂量（或浓度）、施药次数和安全间隔期。

7 绿色食品农药残留要求

7.1 按照 5 的规定允许使用的农药，其残留量应符合 GB 2763 的要求。

7.2 其他农药的残留量不得超过 0.01 mg/kg，并应符合 GB 2763 的要求。

附录 A

（规范性附录）

绿色食品生产允许使用的农药清单

A.1 AA 级和 A 级绿色食品生产均允许使用的农药清单

AA 级和 A 级绿色食品生产可按照农药产品标签或 GB/T 8321 的规定（不属于农药使用登记范围的产品除外）使用表 A.1 中的农药。

表 A.1 AA 级和 A 级绿色食品生产均允许使用的农药清单

类别	物质名称	备注
Ⅰ. 植物和动物来源	楝素（苦楝、印楝等提取物，如印楝素等）	杀虫
	天然除虫菊素（除虫菊科植物提取液）	杀虫
	苦参碱及氧化苦参碱（苦参等提取物）	杀虫
	蛇床子素（蛇床子提取物）	杀虫、杀菌
	小檗碱（黄连、黄柏等提取物）	杀菌
	大黄素甲醚（大黄、虎杖等提取物）	杀菌
	乙蒜素（大蒜提取物）	杀菌
	苦皮藤素（苦皮藤提取物）	杀虫
	藜芦碱（百合科藜芦属和喷嚏草属植物提取物）	杀虫
	桉油精（桉树叶提取物）	杀虫
	植物油（如薄荷油、松树油、香菜油、八角茴香油等）	杀虫、杀螨、杀真菌、抑制发芽
	寡聚糖（甲壳素）	杀菌、植物生长调节
	天然诱集和杀线虫剂（如万寿菊、孔雀草、芥子油等）	杀线虫
	具有诱杀作用的植物（如香根草等）	杀虫

（续）

类别	物质名称	备注
Ⅰ. 植物和动物来源	植物醋（如食醋、木醋、竹醋等）	杀菌
	菇类蛋白多糖（菇类提取物）	杀菌
	水解蛋白质	引诱
	蜂蜡	保护嫁接和修剪伤口
	明胶	杀虫
	具有驱避作用的植物提取物（大蒜、薄荷、辣椒、花椒、薰衣草、柴胡、艾草、辣根等的提取物）	驱避
	害虫天敌（如寄生蜂、瓢虫、草蛉、捕食螨等）	控制虫害
Ⅱ. 微生物来源	真菌及真菌提取物（白僵菌、轮枝菌、木霉菌、耳霉菌、淡紫拟青霉、金龟子绿僵菌、寡雄腐霉菌等）	杀虫、杀菌、杀线虫
	细菌及细菌提取物（芽孢杆菌类、荧光假单胞杆菌、短稳杆菌等）	杀虫、杀菌
	病毒及病毒提取物（核型多角体病毒、质型多角体病毒、颗粒体病毒等）	杀虫
	多杀霉素、乙基多杀菌素	杀虫
	春雷霉素、多抗霉素、井冈霉素、嘧啶核苷类抗菌素、宁南霉素、申嗪霉素、中生菌素	杀菌
	S-诱抗素	植物生长调节
Ⅲ. 生物化学产物	氨基寡糖素、低聚糖素、香菇多糖	杀菌、植物诱抗
	几丁聚糖	杀菌、植物诱抗、植物生长调节
	苄氨基嘌呤、超敏蛋白、赤霉酸、烯腺嘌呤、羟烯腺嘌呤、三十烷醇、乙烯利、吲哚丁酸、吲哚乙酸、芸薹素内酯	植物生长调节

（续）

类别	物质名称	备注
Ⅳ. 矿物来源	石硫合剂	杀菌、杀虫、杀螨
	铜盐（如波尔多液、氢氧化铜等）	杀菌，每年铜使用量不能超过 $6kg/hm^2$
	氢氧化钙（石灰水）	杀菌、杀虫
	硫黄	杀菌、杀螨、驱避
	高锰酸钾	杀菌，仅用于果树和种子处理
	碳酸氢钾	杀菌
	矿物油	杀虫、杀螨、杀菌
	氯化钙	用于治疗缺钙带来的抗性减弱
	硅藻土	杀虫
	黏土（如斑脱土、珍珠岩、蛭石、沸石等）	杀虫
	硅酸盐（硅酸钠、石英）	驱避
	硫酸铁（3价铁离子）	杀软体动物
Ⅴ. 其他	二氧化碳	杀虫，用于储存设施
	过氧化物类和含氯类消毒剂（如过氧乙酸、二氧化氯、二氯异氰尿酸钠、三氯异氰尿酸等）	杀菌，用于土壤、培养基质、种子和设施消毒
	乙醇	杀菌

（续）

类别	物质名称	备注
V.其他	海盐和盐水	杀菌，仅用于种子（如稻谷等）处理
	软皂（钾肥皂）	杀虫
	松脂酸钠	杀虫
	乙烯	催熟等
	石英砂	杀菌、杀螨、驱避
	昆虫性信息素	引诱或干扰
	磷酸氢二铵	引诱

国家新禁用或列入《限制使用农药名录》的农药自动从该清单中删除。

A.2　A 级绿色食品生产允许使用的其他农药清单

当表 A.1 所列农药不能满足生产需要时，A 级绿色食品生产还可按照农药产品标签或 GB/T 8321 的规定使用下列农药：

a）杀虫杀螨剂

1）苯丁锡　fenbutatin oxide

2）吡丙醚　pyriproxifen

3）吡虫啉　imidacloprid

4）吡蚜酮　pymetrozine

5）虫螨腈　chlorfenapyr

6）除虫脲　diflubenzuron

7）啶虫脒　acetamiprid

8）氟虫脲　flufenoxuron

9）氟啶虫胺腈　sulfoxaflor

10）氟啶虫酰胺　flonicamid

11）氟铃脲　hexaflumuron

12）高效氯氰菊酯　beta - cypermethrin

13) 甲氨基阿维菌素苯甲酸盐　emamectin benzoate

14) 甲氰菊酯　fenpropathrin

15) 甲氧虫酰肼　methoxyfenozide

16) 抗蚜威　pirimicarb

17) 喹辅醚　fenazaquin

18) 联苯肼酯　bifenazate

19) 硫酰氟　sulfuryl fluoride

20) 螺虫乙酯　spirotetramat

21) 螺螨酯　spirodiclofen

22) 氯虫苯甲酰胺　chlorantraniliprole

23) 灭蝇胺　cyromazine

24) 灭幼脲　chlorbenzuron

25) 氰氟虫腙　metaflumizone

26) 噻虫啉　thiacloprid

27) 噻虫嗪　thiamethoxam

28) 噻螨酮　hexythiazox

29) 噻嗪酮　buprofezin

30) 杀虫双　bisultap thiosultapdisodium

31) 杀铃脲　triflumuron

32) 虱螨脲　lufenuron

33) 四聚乙醛　metaldehyde

34) 四螨嗪　clofentezine

35) 辛硫磷　phoxim

36) 溴氰虫酰胺　cyantraniliprole

37) 乙螨唑　etoxazole

38) 茚虫威　indoxacard

39) 唑螨酯　fenpyroximate

b) 杀菌剂

1) 苯醚甲环唑　difenoconazole

2) 吡唑醚菌酯　pyraclostrobin

3）丙环唑　propiconazol

4）代森联　metriam

5）代森锰锌　mancozeb

6）代森锌　zineb

7）稻瘟灵　isoprothiolane

8）啶酰菌胺　boscalid

9）啶氧菌酯　picoxystrobin

10）多菌灵　carbendazim

11）噁霉灵　hymexazol

12）噁霜灵　oxadixyl

13）噁唑菌酮　famoxadone

14）粉唑醇　flutriafol

15）氟吡菌胺　fluopicolide

16）氟吡菌酰胺　fluopyram

17）氟啶胺　fluazinam

18）氟环唑　epoxiconazole

19）氟菌唑　triflumizole

20）氟硅唑　flusilazole

21）氟吗啉　flumorph

22）氟酰胺　flutolanil

23）氟唑环菌胺　sedaxane

24）腐霉利　procymidone

25）咯菌腈　fludioxonil

26）甲基立枯磷　tolclofos‐methyl

27）甲基硫菌灵　thiophanate‐methyl

28）腈苯唑　fenbuconazole

29）腈菌唑　myclobutanil

30）精甲霜灵　metalaxyl‐M

31）克菌丹　captan

32）喹啉铜　oxine‐copper

33）醚菌酯　kresoxim‐methyl

34）嘧菌环胺　cyprodinil

35）嘧菌酯　azoxystrobin

36）嘧霉胺　pyrimethanil

37）棉隆　dazomet

38）氰霜唑　cyazofamid

39）氰氨化钙　calcium cyanamide

40）噻呋酰胺　thifluzamide

41）噻菌灵　thiabendazole

42）噻唑锌　zn thiazole

43）三环唑　tricyclazole

44）三乙膦酸铝　fosetyl‐aluminium

45）三唑醇　triadimenol

46）三唑酮　triadimefon

47）双炔酰菌胺　mandipropamid

48）霜霉威　propamocarb

49）霜脲氰　cymoxanil

50）威百亩　metam‐sodium

51）萎锈灵　carboxin

52）肟菌酯　trifloxystrobin

53）戊唑醇　tebuconazole

54）烯肟菌胺　cefenapyr

55）烯酰吗啉　dimethomorph

56）异菌脲　iprodione

57）抑霉唑　imazalil

c）除草剂

1）2 甲 4 氯　MCPA

2）氨氯吡啶酸　picloram

3）苄嘧磺隆　bensulfuron‐methyl

4）丙草胺　pretilachlor

5）丙炔噁草酮　oxadiargyl

6）丙炔氟草胺　flumioxazin

7）草铵膦　glufosinate - ammonium

8）二甲戊灵　pendimethalin

9）二氯吡啶酸　clopyralid

10）氟唑磺隆　flucarbazone - sodium

11）禾草灵　diclofop - methyl

12）环嗪酮　hexazinone

13）磺草酮　sulcotrione

14）甲草胺　alachlor

15）精吡氟禾草灵　fluazifop - P

16）精喹禾灵　quizalofop - P

17）精异丙甲草胺　s - metolachlor

18）绿麦隆　chlortoluron

19）氯氟吡氧乙酸（异辛酸）　fluroxypyr

20）氯氟吡氧乙酸异辛酯　fluroxypyr - mepthyl

21）麦草畏　dicamba

22）咪唑喹啉酸　imazaquin

23）灭草松　bentazone

24）氰氟草酯　cyhalofop butyl

25）炔草酯　clodinafop - propargyl

26）乳氟禾灵　lactofen

27）噻吩磺隆　thifensulfuron - methyl

28）双草醚　bispyribac - sodiun

29）双氟磺草胺　florasulam

30）甜菜安　desmedipham

31）甜菜宁　phenmedipham

32）五氟磺草胺　penoxsulam

33）烯草酮　clethodim

34）烯禾啶　sethoxydim

35）酰嘧磺隆　amidosulfuron

36）硝磺草酮　mesotrione

37）乙氧氟草醚　oxyfluorfen

38）异丙隆　isoproturon

39）唑草酮　carfentrazone‐ethyl

d）植物生长调节剂

1）1‐甲基环丙烯　1‐methylcyclopropenc

2）2，4‐滴　2，4‐D（只允许作为植物生长调节剂使用）

3）矮壮素　chlormequat

4）氯吡脲　forchlorfenuron

5）萘乙酸　1‐naphthal acetic acid

6）烯效唑　uniconazolc

国家新禁用或列入《限制使用农药名录》的农药自动从上述清单中删除。

绿色食品　肥料使用准则

（NY/T 394—2021）

1　范围

本文件规定了绿色食品生产中的肥料使用原则、肥料种类及使用规定。

本文件适用于绿色食品的生产。

2　规范性引用文件

下列文件中的内容通过文中的规范性引用而构成本文件必不可少的条款。其中，注日期的引用文件，仅该日期对应的版本适用于本文件，不注日期的引用文件，其最新版本《包括所有的修改单）适用于本文件。

GB/T 15063　复合肥料

GB/T 17419　含有机质叶面肥料

GB 18877　有机-无机复合肥料

GB 20287　农用微生物菌剂

GB/T 23348　缓释肥料

GB/T 23349　肥料中砷、镉、铅、铬、汞生态指标

GB/T 34763　脲醛缓释肥料

GB/T 35113　稳定性肥料

GB 38400　肥料中有毒有害物质的限量要求

HG/T 5045　含腐植酸尿素

HG/T 5046　腐植酸复合肥料

HG/T 5049　含海藻酸尿素

HG/T 5514　含腐植酸磷酸一铵、磷酸二铵

HG/T 5515　含海藻酸磷酸一铵、磷酸二铵

NY 227　微生物肥料

NY/T 391　绿色食品　产地环境质量

NY 525　有机肥料

NY/T 798　复合微生物肥料

NY 884　生物有机肥

NY/T 1868　肥料合理使用准则　有机肥料

NY/T 3034　土壤调理剂

NY/T 3442　畜禽粪便堆肥技术规范

3　术语和定义

下列术语和定义适用于本文件。

3.1　AA 级绿色食品（AA grade green food）

产地环境质量符合 NY/T 391 的要求，遵照绿色食品生产标准生产，生产过程中遵循自然规律和生态学原理，协调种植业和养殖业的平衡，不使用化学合成的肥料、农药、兽药、渔药、添加剂等物质，产品质量符合绿色食品产品标准，经专门机构许可使用绿色食品标志的产品。

3.2　A 级绿色食品（A grade green food）

产地环境质量符合 NY/T 391 的要求，遵照绿色食品生产标准生产，生产过程中遵循自然规律和生态学原理，协调种植业和养殖业的平衡，限量使用限定的化学合成生产资料，产品质量符合绿色食品产品标准，经专门机构许可使用绿色食品标志的产品。

3.3　农家肥料（farmyard manure）

由就地取材的主要由植物、动物粪便等富含有机物的物料制作而成的肥料。包括秸秆肥、绿肥、厩肥、堆肥、沤肥、沼肥、饼肥等。

3.3.1　秸秆肥（straw manure）

成熟植物体收获之外的部分以麦秸、稻草、玉米秸、豆秸、油菜秸等形式直接还田的肥料。

3.3.2　绿肥（green manure）

新鲜植物体就地翻压还田或异地施用的肥料，主要分为豆科绿肥和非豆科绿肥。

3.3.3　厩肥（barnyard manure）

圈养畜禽排泄物与秸秆等垫料发酵腐熟而成的肥料。

3.3.4　堆肥（compost）

植物、动物排泄物等有机物料在人工控制条件下（水分、碳氮比和通风等），通过微生物的发酵，使有机物被降解，并生产出一种适宜于土地利用的肥料。

3.3.5　沤肥（wate）

植物、动物排泄物等有机物料在淹水条件下发酵腐熟而成的肥料。

3.3.6　沼肥（anaerobic digestate fertilizer）

以农业有机物经厌氧消化产生的沼气沼液为载体，加工成的肥料。主要包括沼渣和沼液肥。

3.3.7　饼肥（cake fertilizer）

由含油较多的植物种子压榨去油后的残渣制成的肥料。

3.4　有机肥料（organic fertilizer）

植物秸秆等废弃物和（或）动物粪便等经发酵腐熟的含碳有机物料，其功能是改善土壤理化性质、持续稳定供给植物养分、提高作物品质。

3.5　微生物肥料（microbial fertilizer）

含有特定微生物活体的制品，应用于农业生产，通过其中所含微生物的生命活动，增加植物养分的供应量或促进植物生长，提高产量，改善农产品品质及农业生态环境的肥料。

3.6　有机-无机复混肥料（organic‐inorganic compound fertilizer）

含有一定量有机肥料的复混肥料。

注：其中复混肥料是指，氮、磷、钾3种养分中，至少有2种养分标明量的由化学方法和（或）掺混方法制成的肥料。

3.7　无机肥料（inorganic fertilizer）

主要以无机盐形式存在的能直接为植物提供矿质养分的肥料。

3.8 土壤调理剂（soil amendment）

加入土壤中用于改善土壤的物理、化学和（或）生物性状的物料，功能包括改良土壤结构、降低土壤盐碱危害、调节土壤酸碱度、改善土壤水分状况、修复土壤污染等。

4 肥料使用原则

4.1 土壤健康原则。坚持有机与无机养分相结合、提高土壤有机质含量和肥力的原则，逐渐提高作物秸秆、畜禽粪便循环利用比例，通过增施有机肥或有机物料改善土壤物理、化学与生物性质，构建高产、抗逆的健康土壤。

4.2 化肥减控原则。在保障养分充足供给的基础上，无机氮素用量不得高于当季作物需求量的一半，根据有机肥磷钾投入量相应减少无机磷钾肥施用量。

4.3 合理增施有机肥原则。根据土壤性质、作物需肥规律、肥料特征，合理地使用有机肥，改善土壤理化性质，提高作物产量和品质。

4.4 补充中微量养分原则。因地制宜地根据土壤肥力状况和作物养分需求规律，适当补充钙、镁、硫、锌、硼等养分。

4.5 安全优质原则。使用安全、优质的肥料产品，有机肥的腐熟应符合 NY/T 3442 的要求，肥料中重金属、有害微生物、抗生素等有毒有害物质限量应符合 GB 38400 的要求，肥料的使用不应对作物感官、安全和营养等品质以及环境造成不良影响。

4.6 生态绿色原则。增加轮作、填闲作物，重视绿肥特别是豆科绿肥栽培，增加生物多样性与生物固氮，阻遏养分损失。

5 可使用的肥料种类

5.1 AA 级绿色食品生产可使用的肥料种类

可使用 3.3、3.4、3.5 规定的肥料。

5.2 A 级绿色食品生产可使用的肥料种类

除 5.1 规定的肥料外，还可以使用 3.6、3.7 及 3.8 规定的肥料。

6 禁止使用的肥料种类

6.1 未经发酵腐熟的人畜粪尿。

6.2 生活垃圾、未经处理的污泥和含有害物质（如病原微生物、重金属、有害气体等）的工业垃圾。

6.3 成分不明确或含有安全隐患成分的肥料。

6.4 添加有稀土元素的肥料。

6.5 转基因品种（产品）及其副产品为原料生产的肥料。

6.6 国家法律法规规定禁用的肥料。

7 使用规定

7.1 AA 级绿色食品生产用肥料使用规定

7.1.1 应选用 5.1 所列肥料种类，不应使用化学合成肥料。

7.1.2 可使用完全腐熟的农家肥料或符合 NY/T 3442 规范的堆肥，宜利用秸秆肥和绿肥，配合施用具有生物固氮、腐熟秸秆等功效的微生物肥料。不应在土壤重金属局部超标地区使用秸秆肥或绿肥，肥料的重金属限量指标应符合 NY 525 和 GB/T 23349 的要求，粪大肠菌群数、蛔虫卵死亡率应符合 NY 884 的要求。

7.1.3 有机肥料应达到 GB/T 17419、GB/T 23349 或 NY 525 的指标，按照 NY/T 1868 的规定使用。根据肥料性质（养分含量、C/N、腐熟程度）、作物种类、土壤肥力水平和理化性质、气候条件等选择肥料品种，可配施腐熟农家肥和微生物肥提高肥效。

7.1.4 微生物肥料应符合 GB 20287 或 NY 884 或 NY 227 或 NY/T 798 的要求，可与 5.1 所列肥料配合施用，用于拌种、基肥或追肥。

7.1.5 无土栽培可使用农家肥料、有机肥料和微生物肥料，掺混在基质中使用。

7.2 A 级绿色食品生产用肥料使用规定

7.2.1 应选用 5.2 所列肥料种类。

7.2.2　农家肥料的使用按 7.1.2 的规定执行。按照 C/N≤25∶1 的比例补充化学氮素。

7.2.3　有机肥料的使用按 7.1.3 的规定执行。可配施 5.2 所列其他肥料。

7.2.4　微生物肥料的使用按 7.1.4 的规定执行。可配施 5.2 所列其他肥料。

7.2.5　使用符合 GB 15063、GB 18877、GB/T 23348、GB/T 34763、GB/T 35113、HG/T 5045、HG/T 5046、HG/T 5049、HG/T 5814、HG/T 5515 等要求的无机、有机-无机复混肥料作为有机肥料、农家肥料、微生物肥料的辅助肥料。化肥减量遵循 4.2 的规定，提高水肥一体化程度，利用硝化抑制剂或脲酶抑制剂等提高氮肥利用效率。

7.2.6　根据土壤障碍因子选用符合 NY/T 3034 要求的土壤调理剂改良土壤。

芒果病虫害防治技术规范

（NY/T 1476—2007）

1　范围

本标准规定了芒果主要病虫害的防治措施和推荐使用药剂等技术。

本标准适用于我国芒果主要病虫害的防治。

2　规范性引用文件

下列文件中的条款通过本标准的引用而成为本标准的条款。凡是注日期的引用文件，其随后所有的修改单（不包括勘误的内容）或修订版均不适用于本标准。然而，鼓励根据本标准达成协议的各方研究是否可使用这些文件的最新版本。凡是不注日期的引用文件，其最新版本适用于本标准。

GB 4285　农药安全使用标准

GB/T 8321　农药合理使用准则（所有部分）

NY/T 5025　无公害食品　芒果生产技术规程

3　推荐使用药剂的说明

本标准推荐选用的杀菌/杀虫剂是经我国药剂管理部门登记允许在芒果或其他水果上使用的。不应使用国家严格禁止在果树上使用的和未登记的农药。

4　芒果主要病虫害及其防治

4.1　芒果主要病虫害及其发生特点

参见附录 A、附录 B。

4.2 芒果主要病虫害防治的原则

贯彻"预防为主、综合防治"的植保方针,以芒果园整个生态系统为整体,针对主要病虫害的发生特点,综合考虑影响病虫害发生的各种因素,以农业防治为基础,协调生物防治、物理防治和化学防治等措施对病虫害进行有效控制。

4.2.1　选种抗病虫品种。

4.2.2　同一品种集中成片种植,使植株抽梢期整齐,实施病虫害的统一防治。

4.2.3　加强田间巡查监测,掌握病虫害发生动态,根据经验防治指标,及时采取控制措施。

4.2.4　加强水肥与花果管理,提高植株抗性。水肥与花果管理参照 NY/T 5025 中的 6、7、8 之要求执行。

4.2.5　搞好果园清洁,控制病虫害的侵染来源。结合果园修剪及时剪除植株上严重受害或干枯的枝叶、花（果）、穗（枝）和果实,及时清除果园地面的落叶、落果等残体,集中烧毁或深埋。修剪或冬季清园后宜及时使用农药进行果园消毒。

4.2.6　鼓励使用微生物源、植物源及矿物源等对天敌、授粉昆虫等有益昆虫及环境与产品影响小的低毒药剂。

4.2.7　使用药剂防治时应参照 GB 4285 和 GB/T 8321 中的有关规定,严格掌握使用浓度或剂量、使用次数、施药方法和安全间隔期,注意药剂的合理轮换使用。

4.2.8　鼓励使用诱虫灯、色板及防虫网等无公害防治措施。

4.3 主要病虫害的防治

4.3.1　芒果炭疽病

4.3.1.1　防治措施

4.3.1.1.1　合理修剪,培养不利于病虫害发生的树形。剪除阴枝、弱枝及多余枝条,改善果园通风透光条件,修剪时及时喷洒杀菌剂,预防剪口感染导致回枯。

4.3.1.1.2　大田重点做好嫩梢期、花期及挂果期的病害防治工作。花期及嫩梢期应及时喷药预防或治疗。在花蕾期、花期及嫩芽期、嫩梢期，干旱天气每 10～15d 喷药 1 次，潮湿天气每 7～10d 喷药 1 次。在挂果期间每月喷药保护 1 次。夏季高温施药时应避开中午高温及控制好使用浓度，避免对果实造成药害。

4.3.1.1.3　及时进行果实采后处理。果实采摘后及时处理，首先剔除有病虫害及机械损伤的果实，用清水或漂白粉水洗果实表皮，再采用保鲜药剂结合热水处理，即在 52～55℃下浸泡 10min 左右，或用防腐药剂浸果 1～2min。晾干后在 13℃ 以上低温或常温下贮藏。

4.3.1.2　推荐使用的主要杀菌剂及方法

选用 0.5%～1.0% 等量式波尔多液于修剪后喷洒植株，预防剪口感染。

选用咪鲜胺、嘧菌酯、丙森锌、氢氧化铜、多菌灵、甲基硫菌灵、百菌清、福美双或多硫悬浮剂等喷洒嫩梢、叶片、花（果）穗及果实。

选用异菌脲、噻菌灵、抑霉唑、醚菌酯、咪鲜胺、咪鲜胺锰络合物或福美双等药剂进行采后浸果。

4.3.2　芒果蒂腐病

4.3.2.1　防治措施

4.3.2.1.1　注意果园修剪、嫁接和果实采收的操作。果园修剪和嫁接应在晴天进行，修剪时应尽量贴近枝条分枝处下剪；采果应安排在果园没有露水时进行，在果柄离层 1cm 处下剪，果实应小心轻放，放置时果蒂朝下，减少胶乳污染果面。

4.3.2.1.2　使用药剂进行预防处理。田间嫁接苗嫁接存活后及植株枝条修剪时，使用药剂进行预防；在田间从幼果期开始，间隔 10～15d 喷施 1 次药剂保护。果实采摘后再结合炭疽病等的防治采用保鲜药剂进行处理。

4.3.2.2　推荐使用的主要杀菌剂及方法

选用氢氧化铜、多菌灵、甲基硫菌灵、百菌清或多硫悬浮剂等处理嫁接口和修剪切口。

选用氢氧化铜、多菌灵、甲基硫菌灵、百菌清或多硫悬浮剂等喷洒花（果）穗及果实。

　　选用异菌脲、噻菌灵、抑霉唑、咪鲜胺或咪鲜胺锰络合物等药剂进行浸果。

4.3.3　芒果白粉病

4.3.3.1　防治措施

　　在芒果嫩梢期、花期及幼果期定期施药防治。

4.3.3.2　推荐使用的主要杀菌剂及方法

　　选用醚菌酯、硫黄胶悬剂、硫磺·多菌灵、甲基硫菌灵、代森锰锌、多菌灵、三唑酮或腈菌唑等喷洒花序、幼果和嫩梢、嫩叶。

4.3.4　细菌性角斑病

4.3.4.1　防治措施

4.3.4.1.1　加强检疫，防止病原菌随带菌苗木、接穗和果实扩散。

4.3.4.1.2　结合修剪清洁田园。冬季彻底清除落地病叶、病枝、病果；春季对花量、果量过多的果园应适度人工截短花穗、果穗，并协同清除病枝、病叶和病穗；采后应及时修剪密生枝、掩蔽枝、弱枝等，并将病枝、病叶彻底剪除。病叶、病枝、病果等应集中烧毁或深埋。

4.3.4.1.3　营造防护林。在常风较大或向风的果园应建防风林，降低大风造成伤口而加重病害发生。

4.3.4.1.4　新梢转绿前定期喷药防病护梢，每次抽梢喷药 1～2 次。每次台风等暴风雨后喷药保护。

4.3.4.2　推荐使用的主要杀菌剂及方法

　　1% 等量式波尔多液于秋剪后喷洒，防病保梢。

　　选用氧氯化铜、氢氧化铜、甲基硫菌灵、农用链霉素、新植霉素或春雷霉素·王铜等喷洒叶片、枝条及花果。

4.3.5　煤污病

4.3.5.1　防治措施

4.3.5.1.1　合理安排种植密度。种植密度应在每公顷 660 株以下。

4.3.5.1.2　加强果园管理。果园封行后，应重视回缩树冠，增加果园通风透光度，降低果园小气候的湿度；可按中间开心形进行树冠修剪；夏季挂果期应当注意铲除杂草；果实适时套袋。

4.3.5.1.3　于果实生长中、后期定期喷药防病。

4.3.5.2　推荐使用的主要杀菌剂及方法

选用百菌清或甲基硫菌灵等喷洒果实、枝条及叶片。

4.3.6　煤烟病

4.3.6.1　防治措施

4.3.6.1.1　加强果园栽培管理，合理修剪，改善果园的通透性。树龄大的果园回缩树冠，剪除内膛过密枝、无效枝和枯枝，提高透光度，营造不利于叶蝉、蚜虫、介壳虫和蛾蜡蝉及病原菌发生的环境。

4.3.6.1.2　加强果园巡查，及时防治叶蝉、蚜虫、介壳虫和蛾蜡蝉等害虫。

4.3.6.1.3　定期施用杀菌剂抑制霉菌滋生。抽梢期或花期、果实生长期喷2～3次，同时使用杀虫剂控制叶蝉、蚜虫、介壳虫和蛾蜡蝉等害虫。

4.3.6.2　推荐使用的主要杀菌剂及方法

选用百菌清、甲基硫菌灵、多菌灵·硫磺等喷洒树冠抑制霉菌滋生。

选用毒死蜱、顺式氯氰菊酯、高效氯氰菊酯、三氟氯氰菊酯、啶虫脒等喷洒树冠、枝条等防治叶蝉、蚜虫、介壳虫和蛾蜡蝉等害虫。

4.3.7　芒果疮痂病

4.3.7.1　防治措施

4.3.7.1.1　实施检疫。依据我国植物检疫有关规定，对调运的芒果作物及产品进行检疫及检疫处理。

4.3.7.1.2　抽梢期和幼果期及时喷药防病。

4.3.7.2　推荐使用的主要杀菌剂及方法

选用甲基硫菌灵、多菌灵、代森锰锌、噻菌酮或百菌清喷洒枝梢和果实。

4.3.8　芒果叶斑病

4.3.8.1　防治措施

重点做好预防及发病初期的防治。对于重病园，重点在夏秋梢抽发期喷药预防。田间巡查一旦发现病情，应及时施药防治。

4.3.8.2 推荐使用的主要杀菌剂及方法

选用氢氧化铜、多菌灵、甲基硫菌灵、百菌清、多硫悬浮剂或异菌脲等叶面喷雾。

4.3.9 芒果藻斑病

4.3.9.1 防治措施

4.3.9.1.1 加强果园管理。重点抓好大龄树的合理修剪，提高果园通透度，降低果园湿度，营造不利于该病发生的环境条件；合理施肥和增施有机肥，增强树势和抗性。

4.3.9.1.2 在发病初期，病斑处于灰绿色时喷施药剂防治。

4.3.9.2 推荐使用的主要杀菌剂及方法

使用 0.5％等量式波尔多液、氢氧化铜或瑞毒霉锰锌喷洒叶片和枝条。

4.3.10 横线尾夜蛾

4.3.10.1 防治措施

4.3.10.1.1 农业防治。用石灰水涂刷树干，营造不利于幼虫化蛹的环境；在虫害较严重的果园，可在树干上绑扎草把或稻草，诱集老熟幼虫入内化蛹，定期取下烧毁。

4.3.10.1.2 加强田间巡查，掌握好合适的药剂防治时机。重点抓好幼虫刚孵化至 3 龄前时间段施用药剂，在新梢或花穗开始萌动至新梢转绿或花穗盛花前期定期喷药，或在这个时期当幼虫虫口密度达到每平方米树冠 10 头以上时立即喷药防治，每隔 7～10d 喷1 次，连喷 2～3 次。

4.3.10.2 推荐使用的主要杀虫剂及方法

选用敌百虫、敌敌畏、氰戊菊酯、溴氰菊酯或三氟氯氰菊酯等喷施嫩芽、嫩梢及花穗。

4.3.11 脊胸天牛

4.3.11.1 防治措施

4.3.11.1.1 加强田间巡查，及早发现及时防治。巡查应从低龄果园开始，发现受害株应及时将受害枝条剪除，集中烧毁，剪除部位应在最新排粪孔下延 10～15cm 处。对受害的大枝干，可使用棉花蘸药剂后堵塞大枝干的虫孔，或人工用铁丝钩杀蛀道中的幼虫或直接向蛀道注射药剂，然后用泥土封闭孔口，熏蒸杀死幼虫。对枝干树冠严重受害的植株，将受害枝干锯除复壮，同时对留用枝干上的虫口按前述方法进行处理。

4.3.11.1.2　诱杀或捕捉成虫。每年 3—6 月在园内安装黑光灯诱杀成虫或在成虫活动交尾高峰期人工捕捉。

4.3.11.1.3　使用药剂喷雾防治。当田间发现虫口较多，每 10 株平均有成虫 2 头以上时，可结合其他害虫的防治喷洒杀虫剂杀灭成虫。

4.3.11.2　推荐使用的主要杀虫剂及方法

　　使用敌敌畏乳油 10 倍液向蛀道注射或蘸湿棉花后堵塞虫孔。

　　选用氯氰菊酯、敌敌畏或毒死蜱等喷洒枝叶。

4.3.12　扁喙叶蝉

4.3.12.1　防治措施

　　春季花穗期至坐果期、秋梢期、若虫发生高峰期应重点进行喷药防治。在芒果开花、结果期，当每平方米树冠内平均有叶蝉 5 头以上时，应及时进行喷药防治。每隔 7～10d 喷 1 次，连喷 2～3 次。

4.3.12.2　推荐使用的主要杀虫剂及方法

　　选用噻嗪酮、叶蝉散、吡虫啉、敌敌畏、氰戊菊酯、溴氰菊酯或顺式氯氰菊酯等喷施嫩芽、嫩梢、花穗和果实。

4.3.13　芒果叶瘿蚊

4.3.13.1　防治措施

4.3.13.1.1　春梢抽出前，或果园嫩梢受害严重时，对果园进行除草松土，并在树冠滴水线内撒施毒土或使用药剂喷洒地面，杀死在地表化蛹的幼虫及蛹。此法可兼治芒果切叶象甲。

4.3.13.1.2　重点抓好新梢嫩叶抽出 3～5cm、嫩叶展开前后期间进行喷药保护，阻止成虫产卵，杀死初孵幼虫。每隔 7～10d 喷 1 次，连喷 2～3 次。

4.3.13.2　推荐使用的主要杀虫剂及方法

　　选用敌敌畏、辛硫磷、毒死蜱、氯氰菊酯、顺式氯氰菊酯或溴氰菊酯于新梢期喷洒嫩叶。

选用敌敌畏、辛硫磷或毒死蜱等拌制成有效成分含量为 $0.3\%\sim$ 0.5% 的毒土在植株树冠下滴水线范围内撒施，每公顷 $300\sim450kg$ 毒土。

4.3.14　蚜虫类

4.3.14.1　防治措施

4.3.14.1.1　去梢防虫。结合整枝疏梢工作，剪除不需要留放的有蚜新梢

4.3.14.1.2　当发现蚜害梢率达 25% 以上且蚜量较大时，应喷药进行防治。每隔 $7\sim10d$ 喷 1 次，连喷 $2\sim3$ 次。

4.3.14.2　推荐使用的主要杀虫剂及方法

选用吡虫啉、啶虫脒、阿维菌素、噻嗪酮、敌敌畏、抗蚜威、氰戊菊酯、三氟氯氰菊酯或顺式氯氰菊酯等喷施嫩叶、嫩梢、花穗和幼果。

4.3.15　蓟马类

4.3.15.1　防治措施

4.3.15.1.1　控制抽生冬梢，减少其食料来源。

4.3.15.1.2　在低龄若虫盛发期前用药防治。每隔 $7\sim10d$ 喷 1 次，连喷 $2\sim3$ 次。

4.3.15.2　推荐使用的主要杀虫剂及方法

选用氯氰菊酯、噻嗪酮、乐果、毒死蜱、吡虫啉、溴氰菊酯等喷施嫩梢、嫩叶、花穗和幼果。

4.3.16　芒果毒蛾

4.3.16.1　防治措施

田间重点抓好幼虫刚孵化至 3 龄前时间段施用药剂。

4.3.16.2　推荐使用的主要杀虫剂及方法

选用敌百虫、敌敌畏、毒死蜱、阿维菌素、氰戊菊酯、溴氰菊酯、三氟氯氰菊酯或苏云金杆菌等喷施叶片和果实。

4.3.17　白蛾蜡蝉

4.3.17.1　防治措施

在成虫盛发期、成虫产卵初期、若虫低龄期进行药剂防治，果园中可根据虫口分布进行挑治。

4.3.17.2　推荐使用的主要杀虫剂及方法

选用敌敌畏、敌百虫、毒死蜱或杀灭菊酯喷洒有虫枝叶、花穗及果实。

4.3.18　介壳虫类

4.3.18.1　防治措施

4.3.18.1.1　掌握好若虫盛孵期使用低毒药剂防治。

4.3.18.1.2　注意保护蚜小蜂、跳小蜂等寄生性天敌及瓢虫、草蛉等捕食性天敌，进行化学防治时选用对这些天敌低毒的杀虫剂，并尽量采取田间挑治的方法。

4.3.18.2　推荐使用的主要杀虫剂及方法

选用顺式氯氰菊酯、高效氯氰菊酯、三氟氯氰菊酯、毒死蜱、毒死蜱·氯氰菊酯或机油乳剂等喷洒有虫部位和有虫植株。

4.3.19　芒果切叶象甲

4.3.19.1　防治措施

4.3.19.1.1　及时收集烧毁被咬断落地的嫩叶，杀灭虫卵。

4.3.19.1.2　结合除草、施肥、灌水或控制冬梢进行松翻园土，杀死土壤中的部分幼虫和蛹。

4.3.19.1.3　重点抓好新梢嫩叶叶龄 5d 后开始喷药保护，阻止成虫产卵，杀死初孵幼虫。在嫩梢期，每天 10：00 前和 16：00 后振动树枝，发现每枝平均有成虫 3～5 头起飞时，应进行喷药防治。每隔 7～10d 喷 1 次，连喷 2～3 次。在每年 2—3 月春雨到来之前，可在树冠滴水线内的地面使用杀虫剂拌制毒土进行杀虫，此法可兼治芒果瘿蚊。对芒果切叶象甲发生危害严重地段、地块，不定期采用挑治或点治方法喷药防治，重点保护夏梢、秋梢。

4.3.19.2　推荐使用的主要杀虫剂及方法

选用敌敌畏、辛硫磷、毒死蜱、氯氰菊酯、顺式氯氰菊酯或溴氰菊酯于新梢期喷洒嫩叶。

选用敌敌畏、辛硫磷或毒死蜱等拌制成含量为 0.3%～0.5%

的毒土在植株树冠下滴水线范围内撒施，每公顷 450kg 左右。

4.3.20　橘小实蝇

4.3.20.1　防治措施

4.3.20.1.1　依据我国植物检疫的有关规定，对调运的芒果作物及产品进行检疫及检疫处理。

4.3.20.1.2　在冬季或早春于成虫未羽化出土前，翻耕果园地面土层，在树冠滴水线范围内撒施药剂，减少冬季虫口基数。可兼治芒果切叶象甲和芒果瘿蚊。

4.3.20.1.3　选用无纺布等套袋材料进行单果套袋。

4.3.20.1.4　利用性引诱剂或诱饵诱杀成虫。可选用 S（Steiner）诱捕器或 M（Mcphail）诱捕器，在诱芯中加上引诱剂和杀虫剂；或利用蛋白胨配制成 1% 浓度加杀虫剂，或利用红糖配制成 3% 浓度加杀虫剂喷洒于芒果树冠叶片上诱杀成虫。

4.3.20.2　推荐使用的主要杀虫剂及方法

选用敌百虫、敌敌畏或马拉硫磷等药剂加入到 1% 浓度的蛋白胨或 3% 浓度的红糖中，配制药液喷树冠浓密处。

使用甲基丁香酚（ME）按（10＋2）比例加上 80% 的敌敌畏加注于诱芯。

选用敌敌畏、辛硫磷或毒死蜱等拌制成有效成分含量为 0.3%～0.5% 的毒土在植株树冠下滴水线范围内撒施，每公顷 450kg 左右。

4.3.21　芒果褐翅齿螟

4.3.21.1　防治措施

4.3.21.1.1　依据我国植物检疫的有关规定，对调运的芒果作物及产品进行检疫及检疫处理。

4.3.21.1.2　坐果期使用药剂进行保果，重点掌握好幼虫刚孵化至蛀入果实前时间段喷药防治。每隔 10～15d 喷 1 次，连喷 2～3 次。

4.3.21.2　推荐使用的主要杀虫剂及方法
选用敌百虫、氯氰菊酯或溴氰菊酯等喷施幼果。

4.3.22　芒果象甲类

4.3.22.1　防治措施

4.3.22.1.1　禁止到芒果象甲发生地调运芒果果实及种子。

4.3.22.1.2　及时捡拾落地受害果集中销毁。

4.3.22.1.3　清除越冬虫源。冬春季节清园，包括铲除果树下杂草、修剪整枝、拾捡落果、锯平断裂枝条、用波尔多液涂白、精细翻耕土层等。

4.3.22.1.4　在芒果象甲发生区，从幼果期开始进行田间巡查，发现危害及时使用药剂进行防治。

4.3.22.2　推荐使用的主要杀虫剂及方法

选用毒死蜱、氯氰菊酯、敌敌畏、氰菊酯或毒死蜱·氯氰菊酯等喷洒树冠。

附录 A
（资料性附录）
主要病害及发生特点

芒果主要病害及发生特点见表 A.1 所示。

表 A.1　芒果主要病害及发生特点

病害名称及病原菌	发生特点
芒果炭疽病 (*Colletotrichum gloeosporioides*)	芒果炭疽病主要危害芒果的嫩叶、嫩梢、花和果实，造成生长期叶斑、梢枯、落叶和落花落果及贮藏期果实腐烂。 该病初侵染源主要来自树上的病叶、病枝和落地的病叶、枯枝和病果上的越冬菌丝体。嫩梢及花期，越冬的病残体上产生大量的分生孢子，随风和雨水传到花穗及嫩梢上。该菌可进行潜伏侵染，贮藏期果实的侵染来源主要是果实在采收前被潜伏侵染的病原菌。炭疽病原菌的分生孢子在水膜中萌发，产生芽管，形成吸器侵入寄主组织；20～30℃的气温伴以高湿有利于该病发生，发病最适温度为 25～28℃、相对湿度在 90％以上，植株幼嫩组织有利于该病的危害。每年的春季嫩梢期、花期和幼果期，若遇上湿暖大雾天气易造成该病严重发生。芒果炭疽病的发生与品种的抗病性有关，台农 1 号、紫花芒、粤西 1 号等为抗病品种；芒果炭疽病的发生与产区的气候条件有关，温度偏低、湿度偏大地区发病严重；芒果采后贮运期间炭疽病的发生，与采前果园防治水平、采收果实成熟度、采收时果实的健康程度有密切关系，果园管理水平高、带菌量少、光滑、无伤的果实贮运期炭疽病发生较慢且轻，采收时已带病的（如细菌性角斑病、煤污病、煤烟病等）果实贮运期发病特别严重且快

（续）

病害名称及病原菌	发生特点
芒果蒂腐病 芒果小穴壳蒂腐霉 （Dothiorella dominicana） 可可球二孢霉 （Botryodiplodia theobromae） 芒果拟茎点霉 （Phomopsis mangiferae）	芒果蒂腐病在芒果果实采前及贮藏期间均可发生。引起芒果蒂腐病的病原主要有 3 种。芒果蒂腐病除危害果实外，还可危害芒果嫁接苗接口和修剪切口而引起苗枯和回枯。 初侵染源为果园病残体及回枯枝梢和病叶，在适合的温湿度条件下，病残体及回枯枝梢和病叶大量释放分生孢子，通过雨水、风、劳动工具等进行传播。对于果实，分生孢子随风、雨水等而扩散到果实表面，孢子萌发而通过果实伤口或气孔侵入果皮，在果实生长期，病菌菌丝体在果皮中呈潜伏状态。果实采摘时，果柄切口是病原菌的重要侵入途径。随着果实的成熟病菌活力渐强，并在贮运期表现蒂腐。对于嫁接苗和田间枝条，嫁接口及修剪切口是重要的侵入途径，病原菌随雨水、风及劳动工具而侵染。芒果蒂腐病菌喜高温高湿，最适合的发病温度为 25～33℃。常风较大的果园、暴风雨侵袭后病害发生重
芒果白粉病　粉孢菌 （Oidium mangiferae）	芒果白粉病主要在花期、幼果期、嫩叶期、嫩梢期危害。 初侵染源来自老叶或残存花枝。当春季温、湿条件适宜时，在感病枝梢、花梗、叶片和果园杂草等上的病原菌即可产生大量分生孢子，通过风、气流和昆虫等传播到新抽生的花序、嫩梢、嫩叶和幼果上危害。小花梗、花萼最易感病。该病流行迅猛，感病 2～3d 后，表生菌丝产生大量孢子，受害部位出现一些分散的白粉状小斑点，以后逐渐联合成斑块，形成白色绒粉状病斑。如此反复传播侵染，病害发生严重时整株呈白粉色。病原菌对温度的适应性不强，低温和高温对其发生不利，低于 12℃或高于 33℃时，病菌的繁殖力和侵染力明显减弱直至全部丧失，20～25℃适宜该病的发生与流行；病原菌对湿度适应性较强，虽喜阴湿，在芒果花期，特别是盛花期，相对湿度在 80％以上时，其孢子萌发率很高，在大雾和降雨频繁时，病菌繁殖侵染迅速，病情上升快，发生危害重，但在气候较干燥，空气湿度偏低的条件下，该病菌仍可侵染危害成灾。暴雨或连降大雨，不利于该病菌的繁殖和侵染，且有一定的抑制作用。品种对该病发生有影响，秋芒、吕宋芒和粤西 1 号等黄色花序品种较抗病，红芒、象牙芒等紫色花序品种较感病

病害名称及病原菌	发生特点
芒果细菌性角斑病 （*Xanthomonas campestris* pv. *mangiferaeindicae*）	细菌性角斑病主要危害芒果叶片、枝条、花芽、花和果实。此病危害而形成的伤口还可成为炭疽病菌、蒂腐病菌的侵入口，诱发贮藏期果实大量腐烂。 　　果园病叶、病枝条、病果、病残体、带病种苗及果园内或周围寄主杂草是芒果细菌性角斑病的初侵染源。病菌可通过气流、带病苗木、风、雨水等进行传播扩散。病菌从叶片和果实的伤口和水孔等自然孔口侵入而致病。病原菌发育的最适温度为20～25℃，高温、多雨有利于此病发生，沿海芒果种植区，台风暴雨后易造成病害短时间内流行。秋梢期的台风暴雨次数和病叶率，与次年黑斑病发生的严重程度呈正相关，可以作为病害流行的预测指标。常风较大地区、向风地带的果园或低洼地发病较重，避风、地势较高的果园发病较轻。目前，主要芒果品种对细菌性黑斑病的抗病性有一定的差异，但没有免疫的品种
芒果煤污病 （*Gloeodes pomigema*）	芒果煤污病主要危害芒果的果实、枝条和叶片。真菌近乎表生，不侵入到组织内，可被擦掉，但对受感染果实外观质量及贮藏寿命有很大影响。 　　病原菌在枝条及叶片上越冬，残存在枝条及叶片上的病原菌主要通过雨水进行传播。病原菌的分生孢子随雨水冲刷到新梢或果实上，在果实、枝条、叶片等部位进行侵染，经2～3个月，在枝条老熟后或果实生长后期开始出现黑色病斑。该病的发病程度主要和种植密度、树龄、树形有关，其主要是通过影响果园的湿度而引起的。树龄1～3年的果园少见该病，4龄树果园开始发病，随着树龄增大果园荫蔽度加大，造成果园湿度增高而利于发病；圆形修剪的树冠较塔形或中间开心形修剪的树冠荫蔽度大，所以也有利于病害发生；果园杂草丛生增加了小环境的湿度，对该病的流行有利

病害名称及病原菌	发生特点
煤烟病	芒果煤烟病主要危害花穗、果实和叶片，严重影响芒果树的光合作用、呼吸作用和果实外观质量。
芒果大煤炱菌 （*Capnodium mangiferae*） 小煤炱菌 （*Meliola* spp.） 枝孢霉 （*Cladosporium herbarum*）	初侵染源来自枝条、老叶。此病的发生与叶蝉、蚜虫、介壳虫和蛾蜡蝉等同翅目昆虫的为害有关。这些害虫在植株上取食为害而在叶片、枝条、果实、花穗上排出"蜜露"，病原菌以这些排泄物为养料而生长繁殖从而造成危害。叶蝉、蚜虫、介壳虫和蛾蜡蝉等发生严重的果园，常诱发煤烟病的严重发生。树龄大、荫蔽、栽培管理差的果园该病发生较严重
芒果疮痂病 （*Sphaceloma mangiferae*）	芒果疮痂病主要危害植株的嫩叶和幼果。 初侵染源来自带病老叶，春季病斑上的菌丝体形成分生孢子，靠风雨传播，该病的主要发生期是梢期和幼果期，肥水条件较好、树势旺盛的果园发病较轻，栽培管理较差或失管的果园发病较常见。高温、多雨季节病害重
芒果叶斑病 拟盘多毛孢 （*Pestalotia mangiferae*） 交链孢霉 （*Alternaria tenuissima*） 大茎点霉 （*Macrophoma mangiferae*）	芒果叶斑病主要危害芒果叶片。 芒果叶斑病的侵染来源是芒果果园和苗圃植株上的病叶，开春雨季来临后，病原菌产生的分生孢子随雨水、风等传播到健康叶片而引起危害。拟盘多毛孢叶斑病在管理较差的果园及苗圃地较常见；交链孢霉叶斑病主要危害芒果下层老叶；大茎点霉叶斑病主要在苗圃地和幼龄树的嫩梢期发生
芒果藻斑病 （*Cephaleuros virseus*）	芒果藻斑病主要危害中下部枝梢及下层叶片。 初侵染源来自芒果带病的老叶和枝条，果园周边寄主植物上的病叶、病枝等也可成为该病的初侵染源。在植株上，一般树冠发病由下层叶片向上发展，中下部枝梢受害严重。温暖高湿的气候条件下，适宜于孢子囊的产生和传播，降雨频繁、雨量充沛的季节，藻斑病的扩展蔓延迅速。树冠和枝叶密集，过度荫蔽，通风透光不良，果园发病严重。生长衰弱的果园也有利于该病的发生。雨季是该病的主要发生季节。该病还危害油棕、橡胶、胡椒、茶、荔枝、龙眼等多种热带、亚热带作物

附录 B

（资料性附录）

主要害虫及发生特点

芒果主要虫害及发生特点见表 B.1 所示。

表 B.1　芒果主要虫害及发生特点

害虫名称	发生特点
横线尾夜蛾 （*Chlunetia transvera*）	横线尾夜蛾主要为害芒果嫩梢及花穗。横线尾夜蛾以幼虫蛀食嫩梢或花穗的髓部。 横线尾夜蛾年发生多代，历期随季节而变，一般38～60d，但冬季可长达110多天，世代重叠，每年发生8代左右。成虫产卵于新梢下部或新梢附近的近成熟叶片上下表面，少数产于嫩枝、叶柄和花序上，每雌虫平均产卵量为250粒。幼虫大多数在上午孵化，1～2龄幼虫主要为害嫩叶叶脉和叶柄，3龄以上主要钻蛀嫩梢，一头幼虫可转移为害多个嫩梢。老熟幼虫从蛀孔中爬出而在芒果的枯烂部位、枯枝、树皮、天牛排泄物处吐丝封口化蛹。该虫以预蛹、蛹在芒果枯枝、树皮、天牛排泄物处越冬
脊胸天牛 （*Rhytidodera bowingii*）	脊胸天牛以幼虫钻蛀芒果枝干、成虫啃食嫩枝皮部而造成为害。 脊胸天牛世代历期长，完成一代需要300～560d，成虫寿命20～50d，每年发生1代。该虫以成虫产卵于嫩梢的缝隙、老叶的叶腋、枝条的交叉处、残断枝条的皮部与木质部之间的缝隙等部位，卵单产，每雌可产卵8～20粒。成虫有趋光性，成虫羽化、交尾、产卵等活动均在夜间进行，白天多栖息在叶片浓密的枝条上。幼虫孵化后即蛀入枝条向主干方向钻蛀。老熟幼虫在蛀道中化蛹。该虫主要以幼虫在蛀道内越冬。成虫出现高峰在3—5月。脊胸天牛除为害芒果外，还为害腰果树、人面子及细叶榕等

害虫名称	发生特点
扁喙叶蝉 （*Idioscopus incertus*）	扁喙叶蝉以若虫、成虫群集刺吸芒果幼芽、嫩梢、花穗和果实汁液，同时分泌蜜露，诱发煤烟病。 　　扁喙叶蝉完成一个世代需要 19～67d，成虫寿命10～116d，在海南每年发生 8 代，田间世代重叠。扁喙叶蝉成虫多栖息于叶片背面和枝条上，遇惊迅速跳跃或横向爬行逃逸。成虫羽化后 8～34d 开始交尾。卵产于嫩芽、嫩梢、嫩叶中脉、花、花梗的组织内，数粒或10 多粒连成一片，每头雌虫产卵 150～200 粒。若虫 4 龄，初孵幼虫具有群集性。虫口的发生与嫩梢关系密切，发生时间基本与抽梢、抽花穗的时间同步，每年3—5 月和 8—10 月为盛发期。该虫在枝叶或树皮缝中越冬。该虫除为害芒果外，还为害龙眼等果树
芒果叶瘿蚊 （*Erosomyia mangiferae*）	芒果叶瘿蚊以幼虫为害芒果嫩梢、嫩叶。 　　芒果叶瘿蚊完成世代发育需 16～17d，成虫寿命 2～3d，喜栖息于荫蔽处，在海南每年发生 15 代。产卵于嫩叶背面。幼虫孵化后咬破嫩叶表皮钻进叶内取食叶肉，引起水烫状点斑，随虫长大，形成小瘤状虫瘿，一叶可有十几个虫瘿。老熟幼虫咬破叶片表皮爬出叶面而后随雨水、露水或由于自身重力落地，沿表土缝隙钻入土表化蛹。干旱对幼虫化蛹不利，落地幼虫在干燥的土壤中常不能正常入土化蛹而被阳光暴晒致死，土壤湿度过大对其存活影响不大
芒果蚜虫类 芒果蚜 （*Toxoptera odinae*） 柑橘二叉蚜 （*Toxoptera aurantii*） 棉蚜 （*Aphis gossypii*）	为害芒果的蚜虫有芒果蚜、柑橘二叉蚜和棉蚜等 3 种，以成虫、若虫群集于嫩叶、嫩梢、花穗和幼果果柄刺吸组织汁液，同时还分泌蜜露，诱发煤烟病。 　　芒果蚜虫年发生多代，田间世代重叠，其成虫、若虫具有明显的趋嫩性。芒果蚜繁殖的最适温度为 16～24℃。柑橘二叉蚜年发生约 10 代，25℃时对其繁殖最有利，枝叶老化时产生有翅蚜迁移至其他植株上。棉蚜在气温较低的早春和晚秋完成一个世代需要 19～20d，在夏季温暖的条件下只需要 4～5d，芒果种植区年发生约 20 代，棉蚜每个雌蚜可产若蚜 60 余头。16～22℃是繁殖的最适宜温度，干旱干燥气候适于蚜虫的发生。除为害芒果外，棉蚜还为害瓜类、香蕉、棉花等近 300 种作物

（续）

害虫名称	发生特点
芒果蓟马类 茶黄蓟马 （*Scirtothrips dorsallis*） 红带蓟马 （*Selenothrips urbrocinctus*） 黄胸蓟马 （*Thrips hawaiiensis*） 温室蓟马 （*Heliothrips haemorrhoidalis*）	在芒果上主要有 4 种蓟马为害，分别为茶黄蓟马、红带蓟马、黄胸蓟马和温室蓟马，其中以茶黄蓟马最为重要，以若虫、成虫在嫩梢、嫩叶背吸食组织汁液。 茶黄蓟马年发生多代，世代重叠，冬季以卵、成虫为主。若虫在早、晚和阴天多在叶面活动，晴天阳光直射则在叶背。老熟若虫多群集在被害叶或附近叶片背凹处，或瘿螨毛毡部，或在蛛网下，或叶片相叠处化蛹。成虫一般爬行，受惊扰时可弹飞。能孤雌生殖，卵散产。一年抽梢次数多且发梢不整齐或有冬梢的果园，为害较严重；春秋干旱，为害严重
芒果毒蛾 （*Lymantria marginata*）	为害芒果的毒蛾有近 10 种，以芒果毒蛾为最重要。 芒果毒蛾以幼虫咬食新梢、花穗、幼果，大发生时可将全树的叶片及花穗吃光，为害甚烈。在果实膨大期为害，导致果皮粗糙或有缺刻，失去商品价值。 芒果毒蛾完成一个世代平均 65d，成虫寿命 7~9d。成虫昼伏夜出，活动能力不强。成虫主要产卵于嫩梢、叶片背面和花穗枝梗上，每雌平均产卵量为 300 粒。幼虫孵化后，先群集 3 龄后分散为害，咬食嫩叶，喜食花蕾，并蛀食幼果。幼虫主要在夜晚为害，白天静伏在被害梢上。老熟幼虫在果园杂草上、枯枝落叶中或在表土层结茧化蛹。此虫在海南周年发生。每年发生 6 代
白蛾蜡蝉 （*Lawana imitata*）	白蛾蜡蝉以成虫、若虫群集于较荫蔽的枝条、嫩梢、花穗上吸食汁液，被害处附有许多白色棉絮状的蜡物，其排泄物可诱发煤烟病、黑霉病。 白蛾蜡蝉 1 年发生 2 代，第一和第二代若虫发生高峰期分别在 4—5 月和 7—8 月，成虫高峰期分别在 6—7 月和 9—10 月。此虫以成虫在茂密的枝条丛中越冬。成虫产卵于嫩梢叶柄组织内，成长方形卵块，平均每雌产卵 200 粒左右，产卵处微隆起。初孵若虫群集一起，随虫龄增大而略有分散，但仍有三五成群生活。若虫、成虫善跳跃，遇惊迅速跳跃或飞逃，栖息处附有大量白色蜡丝。生长茂密、通风透光差的果园、通风透光差的树冠内膛、在夏秋季遇上阴雨天气等，均有利于该虫发生为害。此虫还为害可可、胡椒、柑橘、菠萝蜜、荔枝、龙眼、茶树等多种作物

（续）

害虫名称	发生特点
芒果介壳虫类 黑褐圆盾蚧 （*Chrysomphalus aonidum*） 椰圆盾蚧 （*Aspidiotus destrutor*） 红蜡蚧 （*Ceroplastes rubens*） 矢尖蚧 （*Unaspis yanonensis*）	在芒果上发生为害的介壳虫多达 40 多种，重要的种类有黑褐圆盾蚧、椰圆盾蚧、红蜡蚧和矢尖蚧等。 芒果介壳虫主要为害枝梢、叶片和果实，吸食组织汁液，同时虫体固着在果皮上造成虫斑，并分泌大量蜜露和蜡类，诱发烟煤病，影响光合作用及果实外观。 芒果介壳虫发育历经卵、若虫、成虫三个阶段，雄性在若虫后还经预蛹和蛹阶段。第一若虫具有爬行活动能力，可通过其爬行或风的作用而在植株间和植株上不同部位间扩散。 黑褐圆盾蚧在海南、广东等地每年发生约 6 代，成虫需交配后产卵，每雌可产卵 400 粒，卵产于成虫介壳下，孵化后爬行扩散，可在短时间内猖獗为害。一次蜕皮后固定取食。黑褐圆盾蚧除为害芒果外，还为害椰子、柑橘、香蕉、番木瓜、橡胶等几十种作（植）物。黑褐圆盾蚧的发生与蚜小蜂、跳小蜂等天敌关系密切。 红蜡蚧每年发生 1 代，每雌可产卵 300 多粒，卵产于成虫介壳下，初孵若虫离开母体移至新梢，定居后分泌蜡质。每年的 5～7 月为成虫产卵高峰。天敌对其发生有重要的限制作用。 椰圆盾蚧在华南地区每年发生 7～12 代，每雌可产卵 150 多粒，除为害芒果外，还为害柑橘、香蕉、椰子、木瓜、可可等多种热带果树、热带作物。田间天敌密度对椰圆盾蚧发生有重要影响。 矢尖蚧每年发生 4 代左右，世代重叠。卵产于介壳下，每雌产卵 130～190 粒，若虫孵化后爬行寻觅合适的部位，蜕皮后固定取食。并分泌白色蜡质于虫体上呈纵脊状
芒果切叶象甲 （*Deporaus marginatus*）	芒果切叶象甲主要为害嫩叶，以成虫咬食叶片和剪切叶片而造成为害。成虫咬食嫩叶上表皮，使叶片卷缩、干枯，雌成虫还在嫩叶上产卵，然后在近叶片基部横向咬断，使带卵部分落地，留下刀剪状的叶基部。 芒果切叶象甲完成 1 个世代需要 30～50d，在海南年发生 9 代。田间世代重叠。在嫩梢期，雌成虫在嫩叶上取食，并在叶背主脉两侧产卵，每个叶片上的产卵量为 10～20 粒，产卵后，成虫从靠近叶片基部位置平

害虫名称	发生特点
芒果切叶象甲 （*Deporaus marginatus*）	整切断叶片，使带卵叶片落地，卵经 2～3d 后孵化，幼虫孵化后由主脉向两侧叶肉潜食，6～8d 后爬出入表土化蛹。蛹期 7～18d。此虫以老熟幼虫在土中越冬，次年春季羽化为成虫，成虫出土为害嫩梢。成虫具向上性、趋嫩性、群集性，若遇惊扰即假死落地或飞逸。温度、土壤湿度和嫩梢情况是影响此虫发生的主要因素。高温条件使落地带卵叶片迅速萎蔫可造成卵和幼虫大量死亡；土壤含水量在 10%～30%之间有利于入土幼虫存活；果园梢不整齐，梢期持续时间长有利于该虫发生。年初气温回升快，芒果树春梢嫩叶抽生早，该虫发生为害亦早，反之则迟
橘小实蝇 （*Bactrocera dorsalis*）	橘小实蝇以成虫产卵在将成熟的果实表皮内，孵化后的幼虫在果中取食果肉，引起果肉腐烂，失去食用价值。 橘小实蝇的世代历期在不同地区有较大差异。一般卵期 1～3d，幼虫期 9～35d，蛹期 7～14d，成虫羽化后需经 10～30d 取食补充营养才开始交尾产卵。在我国芒果种植区，年发生 5～6 代，田间世代重叠。雌虫选择黄熟的果实产卵于果皮内，每处产卵 5～10 粒，每只雌虫产卵 160～200 粒。孵化后幼虫在果肉内蛀食为害，老熟幼虫入土化蛹。成虫喜食带有酸甜味的物质，夜间喜聚在树冠内。早春高温干旱、夏季相对少雨有利于该虫大量发生。该虫除为害芒果外，寄主植物还包括番石榴、杨桃、苹果、番荔枝、刺果番荔枝、甜橙、酸橙、橘、柚等 250 余种栽培果、蔬类作物及野生植物，周年有寄主供其繁殖。不同芒果品种对橘小实蝇的抗性不同，本地芒、白花芒等品种较感虫，秋芒、泰国芒、象牙芒、紫花芒、桂香芒、串芒、红象牙等品种抗性较强，其中又以秋芒最为抗虫
芒果褐翅齿螟 （*Pseudonoorda minor*）	芒果褐翅齿螟以幼虫钻入果内蛀食果肉，为害造成落果、烂果。 芒果褐翅齿螟在广西年发生 1 代，以老熟幼虫在枯枝、烂木、树皮下越冬。次年春季化蛹。成虫羽化后即交尾产卵，卵散产在果皮和果柄上。幼虫孵化后先咬食果皮，进而蛀食果肉，一般 1 个受害果有 1～2 头幼虫，多的达 10 多头，在幼果期为害，幼虫有转果为害习性，造成更多果受害。每年夏季为害最烈，秋季幼虫进入老熟期便爬到树皮、枯枝上化蛹

（续）

害虫名称	发生特点
芒果象甲类 芒果果肉象甲 （*Sternochetus frigidus*） 芒果果实象甲 （*Sternochetus olivieri*）	目前，在我国为害芒果果实的象甲有 2 种，分别为芒果果肉象甲和芒果果实象甲，均为我国对外检疫的二类危险性有害生物。 芒果果肉象甲主要为害芒果果实，以幼虫在果实中取食果肉，成虫还取食嫩叶、嫩梢。芒果果实象甲主要为害芒果果核，以幼虫在芒果果核内取食。 芒果果肉象甲世代历期 82～89d，成虫寿命长达几百天，每年发生 1 代。此虫以成虫在树干及枝条树皮裂缝、枝条折断处、树干与枝条上附生的地衣下等部位越冬。3—4 月天气回暖植株开花、抽梢后成虫开始飞至树梢、花穗处活动，当果实生长至长 30mm 左右时开始在果皮下产卵，每果一般只有 1～2 粒卵，幼虫孵出后钻入果肉取食为害。老熟幼虫在果肉中化蛹，至果实成熟时蛹羽化出成虫而从果实中爬出，羽化后的成虫先在枝条上活动，可取食嫩叶、嫩梢，而后寻找适宜的地方越冬。成虫具有假死性。 芒果果实象甲每年发生 1 代，成虫寿命长达 400d 以上，以成虫在果核、树干及枝条树皮裂缝、枝条折断处、树干与枝条上附生的地衣下、建筑物裂缝等处越冬。越冬成虫在春季芒果开花、抽梢时开始活动，并飞至花穗、嫩梢上取食。卵产在幼果上，每个幼果有卵 1 粒或数粒，多者达十几粒，每头雌虫产卵几十粒到 200 多粒。幼虫孵出后钻入果核取食为害，引起落果。老熟幼虫在果核中化蛹，或钻出果核进入土层化蛹。成虫具有假死性

芒果栽培技术规程
（NY/T 880—2020）

1 范围

本标准规定了芒果（*Mangifera indica* L.）栽培园地的选择、园地规划、备耕与栽植、土肥水管理、产期调节、花果管理、病虫害防治、整形修剪、采收等技术要求。

本标准适用于芒果的栽培管理。

2 规范性引用文件

下列文件对于本文件的应用是必不可少的。凡是注日期的引用文件，仅注日期的版本适用于本文件。凡是不注日期的引用文件，其最新版本（包括所有的修改单）适用于本文件。

HG/T 5046　腐植酸复合肥料

NY/T 590　芒果嫁接苗

NY/T 798　复合微生物肥料

NY 1107　大量元素水溶肥料

NY/T 1476　热带作物主要病虫害防治技术规程　芒果

NY/T 3333　芒果采收及采后处理技术规程

NY/T 5010　无公害农产品　种植业产地环境条件

3 园地选择

3.1 气候条件

年均温在 18.5℃以上，最冷月均温 11℃以上，大于 10℃的年积温不低 6 000℃，绝对最低温 0℃以上，基本无霜；花期天气干燥，无连续低温阴雨；果实发育期阳光充足，基本无台风危害或危害不大。

3.2 土壤条件

土层厚度 1.0m 以上，水位低于 1.0m，土壤肥沃、结构良好，pH5.0～7.5。其他按照 NY/T 5010 规定执行。

3.3 海拔

宜在海拔 600m 以下的地方建园。若温度、湿度、光照适宜，海拔可提高至 1 600m。

3.4 立地条件

宜选择生态环境良好、年降水量满足生长需要、交通便利，坡度低于 25°、无严重风害的地方建园。

3.5 水质

按照 NY/T 5010 的规定执行。

3.6 大气质量

按照 NY/T 5010 的规定执行。

4 园地规划

4.1 小区

按同一小区的坡向、土质和肥力相对一致的原则，将全园分为若干小区，每个小区面积 1.5～3hm²。缓坡地采用长方形小区；山区地形复杂的，采用近似带状的长方形或长边沿等高线的小区。

4.2 防护林

沿海台风区和冬春风害较严重区域，33hm² 以上的果园周围设置防护林带。主林带设在迎风面，与主风向垂直（偏角应小于 15°），栽植 6～7 行，品字形栽植。副林带设在园内道路、排灌系统的边沿，种 1～2 行树。林带株距 1m，行距 2m，园内防护林边沿应距芒果树 5～6m，挖隔离沟。隔离沟的宽、深各 80～100cm。

4.3 道路系统

设若干条主干道、支干道。主干道贯穿全园，宽 4～6m；支干道宽 3～4m。根据小区的地形地貌设计机耕路。区内机耕路与支干道、主干道相连，每 50～100m 设一条宽 2m 的小路。

4.4 排灌系统

坡地果园顶行的上方挖深、宽各 0.7～1m 的防洪沟，与纵水沟相连。沟内每 4～7m 留一比沟面低 20～30cm 的土墩，比降为 0.1%～0.2%。纵水沟尽量利用天然直水沟，或在果园道路两侧配置人工纵水沟，连通各级梯田的后沟和横排（蓄）水沟，沟宽、深各 0.5～0.7m。

4.5 栽植规格

株行距 3m×5m、4m×5m、4m×6m。

4.6 品种选择

宜选择本地适栽、抗病、抗虫、抗逆性较强、经济性状佳、市场效益好的品种。

5 备耕与栽植

5.1 园地开垦

5°以下平缓地，修筑沟埂梯田（撩壕）；5°～10°坡地，修筑等高梯田；10°以上坡地，修筑等高环山行，面宽 2～5m，向内倾斜 8°～10°。

5.2 种苗要求

按照 NY/T 590 规定执行。

5.3 植穴准备

定植前两个月，挖面宽为 0.8～1m、深 0.7～0.8m 的植穴。表土与心土分开堆放。回土时，将杂草或绿肥 25kg 放在坑底，撒 0.5kg 熟石灰，再填入 20cm 厚的表土，加入腐熟有机肥 20～30kg，钙镁磷肥 1kg，与心土充分混匀后回填筑成高出地面 20～30cm 种植土堆，并在中间标上标记。

5.4 定植时间

宜选择 3—9 月定植。

5.5 定植技术

在植穴中部挖一个小穴，放入苗木，嫁接口朝向东北，幼苗直立，盖土踩实。盖土至根颈处以下。修筑树盘，淋足定根水，根圈覆盖。

6　土肥水管理

6.1　土壤管理

6.1.1　间作

栽植1～2年的幼龄果园宜在行间间种豆科、绿肥等短期作物。间作物应距离芒果树冠滴水线0.5m以外。不应间种高秆、好肥力强的作物。

6.1.2　覆盖

芒果园周年根圈盖草。盖草厚度为干草厚5cm，盖草不应接触树干。对没有间作的果园，进行果园生草覆盖。

6.1.3　中耕除草

土壤出现板结时，及时进行根圈松土。1～2个月除草1次，保持根圈无杂草，果园无高草、恶草。

6.1.4　扩穴改土

定植第二年起，每年7—9月进行深翻扩穴压青，紧靠原植穴外侧对称挖两条宽、深各0.4m，长0.8～1m的施肥沟（两年后沟长1.2～1.5m），沟内压入杂草或绿肥，撒入0.5kg熟石灰，加入腐熟农家肥20～30kg，钙镁磷肥1kg，压紧盖土。

6.2　施肥管理

6.2.1　幼树施肥

6.2.1.1　定植当年，于第一次新梢老熟后开始施追肥，以后每2个月施肥1次，每次每株施尿素25g，雨季干施，旱季水施。

6.2.1.2　定植后第二年和第三年每次新梢萌发时施追肥1次，每次每株施用氮、磷（P_2O_5）、钾（K_2O）复合肥（15 - 15 - 15）200～300g或尿素100～150g＋钾肥50～100g。

6.2.2　结果树施肥

6.2.2.1　施肥量

以产果100kg施纯氮2.58kg，氮、磷（P_2O_5）、钾（K_2O）、钙、镁比例以1：0.4：1.2：0.5：0.2为宜。

6.2.2.2 施肥时间及技术

6.2.2.2.1 采果前后肥

每株施优质农家肥 $20\sim30kg$，氮、磷（P_2O_5）、钾（K_2O_5）（15 - 15 - 15）复合肥 $0.5\sim1kg$，尿素 $0.25\sim0.5kg$，钙镁磷肥 $0.5\sim1kg$，钾肥 $0.25\sim0.5kg$，熟石灰 $0.5\sim1kg$。其中，尿素与复合肥于采果前后 7d 施下；其他肥料在修剪后，结合深翻改土施肥。水溶肥、复合微生物肥、腐殖酸肥的使用分别参照 NY 1107、NY/T 798、HG/T 5046 规定执行。

6.2.2.2.2 花前肥

花芽分化前叶面喷 0.3％硼砂＋0.1％硫酸锌，花芽分化后叶面喷 0.2％尿素＋0.2％磷酸二氢钾＋0.2％硼砂＋0.2％氯化钙＋50mg/kg 钼酸铵。

6.2.2.2.3 谢花肥

末花期至谢花期时施用，每株土施尿素 $0.1\sim0.2kg$，氮、磷（P_2O_5）、钾（K_2O）（15 - 15 - 15）复合肥 $0.2\sim0.3kg$。叶面喷施 0.2％尿素、0.2％～0.3％硼砂和 0.2％～0.3％磷酸二氢钾。

6.2.2.2.4 壮果肥

谢花后 $30\sim40d$ 左右施用，每株施氮磷（P_2O_5）钾（K_2O_5）（15 - 15 - 15）复合肥 $0.3\sim0.5kg$、钾肥 $0.5kg$、饼肥 $0.2\sim0.5kg$。结合喷药喷 0.2％～0.3％磷酸二氢钾或其他叶面肥 $2\sim3$ 次。

6.3 水分管理

6.3.1 定植后如遇旱，每 $5\sim7d$ 灌水 1 次，直至抽出新梢。第一年的冬春季每 $1\sim2$ 周灌水 1 次，第二年及以后的冬春季每月灌水 $1\sim2$ 次。

6.3.2 在花序发育期和开花结果期遇旱，每 $10\sim15d$ 灌水 1 次。

6.3.3 秋梢期遇旱每 $10\sim15d$ 灌水 1 次。

6.3.4 在花芽分化期不灌水，雨水过多或土壤湿度过大时断根控水。

6.3.5 雨天及时排除积水。

7　产期调节

7.1　提早花期

7.1.1　适用区域

海南和广东部分地区。

7.1.2　控梢促花

7.1.2.1　树体要求

树冠直径 1m 以上、采果修剪后至少有 2 次梢老熟、叶色浓绿、枝条粗壮的结果树。

7.1.2.2　控梢方法

7.1.2.2.1　控梢药以多效唑为主

7.1.2.2.2　控梢时间

海南地区 5—8 月为宜，采用土壤埋施和叶面喷施相结合的方法。土壤埋施在结果母枝末次梢叶片抽出时进行，叶面喷施则在结果母枝末次梢叶面淡绿后进行。

7.1.2.2.3　控梢措施

a）土壤埋施：容易开花的品种，每米树冠直径土施 15％多效唑粉剂 10g；难开花的品种，每米树冠直径土施 15％多效唑粉剂 15g；其他品种每米树冠直径土施 15％多效唑粉剂 12g。具体用量还与土壤肥力、树势强弱、树叶量多少有关；一般砂壤上少施，黏性土多施，树势弱、叶量少的树少施，旺树、叶量多的树多施。在树冠滴水线内挖深、宽各 15cm 左右的环形沟，将每株的药粉兑水 2～3kg，均匀施于沟中，施后覆土；土施多效唑后，根圈浇水，保湿 20～30d；

b）叶面喷施：用 15％多效唑可湿性粉剂 500～1 000mg/kg，均匀喷洒于叶片的正反面，所喷药液以刚好滴水为度。叶片深绿老熟后改用 40％的乙烯利（1 250～3 000 倍液）＋25％甲哌鎓 2 000～2 500 倍液叶面控梢，一般每 10d 喷 1 次，具体喷药次数及间隔期视控梢效果而定，一般以控梢期内不让新梢萌动抽梢为宜。

7.1.3 催花

7.1.3.1 催花时期

控梢 80～100d 后可催花。

7.1.3.2 催花方法

7.1.3.2.1 催花药剂及其用量

用 1.8％复硝酚钠 5 000 倍液＋2％～3％硝酸钾＋1％硼砂＋6-苄氨基腺嘌呤 50mg/kg。

7.1.3.2.2 催花步骤

将上述药物充分溶解，并搅拌均匀后喷洒于芒果叶片正反面，所喷药液以刚好滴水为度，喷药后 6h 内下雨应补喷，每 7d 喷 1 次，连续喷 2～3 次。

7.2 延迟花期

7.2.1 适用地区：四川、云南的金沙江干热河谷地区。

7.2.2 从 11 月上旬花芽分化期前开始处理。用 50～100mg/kg 的赤霉素喷枝梢顶部叶片，每 7d 喷 1 次，连喷 2～3 次，海拔高或纬度高的地区可根据花芽分化期调整起始用药时间。

7.2.3 在花穗抽生小于 5cm 时抹掉顶花芽，利用腋花芽重新开花结果，延迟开花。

8 花果管理

8.1 花量调控

8.1.1 在控梢过程中，遇到高温多雨，容易抽生不需要的新梢，称为冲梢。冲梢小于 5cm 时，用 200～300mg/kg 的乙烯利药液杀梢，超过 5cm 时，人工摘除。

8.1.2 花穗抽生时，剪顶或短截花穗，控制总花穗长 25cm 左右，可以提高坐果率、降低胚败育果率。

8.2 提高大果率

采用 8.1.2 方法。利用叶花芽结果也可提高大果率。

8.3 保花保果

末花期喷 1 次 50mg/kg 赤霉素＋0.1％硼砂＋0.3％磷酸二氢钾，

及时摘除新梢，并喷 2 次 30～50mg/kg 萘乙酸液，7～10d 喷 1 次。

8.4　壮果

果实膨大期，宜选用 50～100mg 赤霉素＋50～100mg/kg 的 6-苄基腺嘌呤喷施 2～3 次，间隔期 15～20d。

8.5　果实套袋

在第二次生理落果结束后进行。一般根据不同的芒果品种选择不同规格和颜色的芒果专用果袋。红皮的芒果品种，如贵妃、澳芒，宜用白色专用袋；四季芒、桂热芒 10 号、金煌芒等黄皮品种，用外黄内黑双层专用果袋。小果品种选用 26cm×18cm 的果袋，大果品种选用 36cm×22cm 的果袋。套袋前，果面喷 1 次杀虫、杀菌剂，待果面干后套袋。套袋时，封口处距果基 5cm 左右，封口用细铁丝或尼龙绳扎紧。

9　整形修剪

9.1　幼树整形修剪

9.1.1　定干

定干高度约 50cm，苗高 60～70cm 仍未分枝时截顶。

9.1.2　培养主枝与副主枝

主干分枝后，在 45～50cm 处选留 3～4 条生势均匀、位置适宜的分枝做主枝，主枝与主干的夹角为 50°~70°。当主枝伸长约 40cm 时进行剪顶，每条主枝选留 2～3 条生势均匀的二级枝作副主枝。

9.1.3　培养结果枝组

当副主枝伸长 30～40cm 时剪顶，抽枝后选留 2～3 条生势均匀的三级枝，在三级枝上再如法培养四级枝、五级枝，争取在 2～3 年内培养 80～100 条生势健壮、均匀的末级梢作结果枝。

9.1.4　及时剪除徒长枝、交叉枝、重叠枝、病虫枝、弱枝及多余的萌蘖。

9.1.5　各级分枝（尤其是主枝与副主枝）方向或角度不合要求时，通过牵引、压枝、吊枝、弯枝及短剪等方法予以调校。

9.2　结果树修剪

采果后将结果枝短截 1～2 次梢，剪除徒长枝、干枯枝、下垂枝、交叉枝、病虫枝、衰老枝、重叠枝及位置不适当的枝条。抽梢后，每个基枝保留 2～3 条方位适当、强弱适中的枝条，其余枝条予以抹除。经两年短剪后，第三年进行回缩重剪。修剪量控制在树冠枝叶量 1/3 至 1/2，修剪在采果后 15d 内完成，而同一小区应在 2～3d 内完成。

9.3　老树更新复壮

9.3.1　更新对象

当芒果树树龄大，枝条衰老，产量下降，枝条易枯死，且枯死部分逐年下移，内膛空虚，并开始出现更新枝，需更新；或因天牛等病虫为害，导致枝枯叶落、露出残桩的芒果树，需更新。

9.3.2　更新方法

9.3.2.1　轮换更新

在同一株树上对 4～8 年生枝进行分期分批回缩，更新时间在春、秋季，海南在秋、冬季，对密闭、衰老的果园采取隔行或隔株回缩。

9.3.2.2　主枝更新

对进一步衰老的植株在 3～5 级枝上进行回缩。切口用泥或塑料薄膜封闭，并将枝干涂白，在更新前用利铲切断与主枝更新部位相对应的根系，并挖深沟施有机肥。更新时间在每年的 3—8 月。

9.3.2.3　主干更新

在主干 50～100cm 处锯断，具体做法与主枝更新相同。

10　病虫害防治

按照 NY/T 1476 规定执行

11　采收

按照 NY/T 3333 规定执行

芒果病虫害监测技术规程　第1部分：茶黄蓟马
（DB45/T 847.1—2012）

1　范围

本部分规定了芒果茶黄蓟马（*Scirtothrips dorsalis* Hood）监测时期、监测区域、监测用品、监测方法等技术。

本部分适用于广西壮族自治区行政区域内芒果茶黄蓟马的普查和监测工作。

2　术语和定义

下列术语和定义适用于标准的本部分。

2.1　茶黄蓟马（*Scirtothrips dorsalis* Hood）

别名茶叶蓟马、茶黄硬蓟马、小黄蓟马，属昆虫纲、缨翅目、蓟马科、茶黄蓟马属。成虫橙黄色，体小，长 0.9～1mm；头部复眼稍突出，有 3 只鲜红色单眼呈三角形排列；触角 8 节，约为头长的 3 倍；翅 2 对，透明细长，翅缘密生长毛。卵为肾形，浅黄色。若虫体形与成虫相似，初孵时乳白色，后变浅黄色。是一种为害广西芒果、柑橘、葡萄、草莓、茶叶、山茶、花生等作物的害虫。

2.2　虫情（Insect pest situation）

被调查和监测的芒果园茶黄蓟马发生为害的情况。

2.3　监测（monitoring）

为及时发现芒果园茶黄蓟马是否存在以及掌握其发生动态而持续进行的调查。

2.4　虫口密度（Population density）

平均每个蓝板上的虫口数量。

2.5　发生面积比率（Pests occur area of the investigation area）

调查见害虫发生面积占总调查面积的比率，用 Y 表示。

3 发生程度分级标准

发生程度分为 5 级，即 1 级（未发生或轻发生）、2 级（中等偏轻发生）、3 级（中等发生）、4 级（中等偏重发生）、5 级（大发生），以最终调查的每块蓝板上的虫口数为划分标准，发生面积比率作为参考指标。各级指标见表 1。

表 1 芒果茶黄蓟马发生程度分级指标

发生程度	1 级	2 级	3 级	4 级	5 级
虫口密度（头/板）	≤1	2～10	11～20	21～70	>70
发生面积比率（Y,%）	Y<30	Y≥30	Y≥30	Y≥30	Y≥30

4 监测准备

收集当地芒果茶黄蓟马及其寄主状况相关的信息并进行整理、分析，制定监测计划。

5 监测区域

5.1 发生区

重点监测发生虫情的有代表性地块和发生边缘区，主要监测虫情发生动态和扩散趋势。

5.2 未发生区

重点监测高风险区，如：邻近曾发生过虫情的区域、经过虫情发生区的交通沿线，主要监测茶黄蓟马是否传入。

6 监测时期

每年春梢至当年末次梢期，可根据年度各地气候条件、害虫生物学特性和芒果生长情况适当调整具体监测时间。

7　监测用品

7.1　诱捕器

推荐诱捕器（示意图参见附录 A）：为长方形塑料制成的蓝色诱虫板，规格为 20cm×25cm，板上部中间有两个圆孔挂耳，便于将诱虫板挂于芒果树冠。在诱虫板的中间为 9cm 长的诱芯，诱芯内为茶黄蓟马性引诱剂。

7.2　引诱剂

对-茴香醛（p‐Anisaldehyde）。

8　监测方法

8.1　诱捕器的设置

8.1.1　未发生区

根据寄主分布，在未发生区，每个县（市）确定 3 个监测点，每个监测点面积 0.1hm²，并按棋盘式布局安装 15 片蓝色诱虫板。

8.1.2　发生区

在虫情发生区，每个县（市）确定 5 个监测点，每个监测点面积 0.1hm²，并按棋盘式布局安装 30 片蓝色诱虫板。

8.2　诱捕器的安装

剪开诱虫板包装袋封口，撕开诱虫板上的离型纸，取出诱芯，用订书机订在蓝色诱虫板中间，沿诱芯封口剪开其中一端。在芒果树树冠中，选择叶子较为茂盛的树枝且不易被太阳直接暴晒离地面 1.2m 以上处，用配备的挂线将诱虫板固定在树枝上，每个诱捕器均应标上编号。监测点诱捕器附近应设置醒目标志。

8.3　诱捕器日常管理维护

每隔 3 d 定时检查诱虫板，当诱虫板上茶黄蓟马较多不便计数时应及时更换，并作好更换记录。

8.4　调查方法

每个监测点诱捕器安装后的第 2 天开始调查，每隔 3d 调查 1 次，并填写《茶黄蓟马监测记录表》（参见附录 B）。

9　监测报告

监测中发现有茶黄蓟马发生，根据监测情况判定发生程度及范围，并在《茶黄蓟马监测记录表》（参见附录 B）中记录监测结果及结论，整理汇总形成监测报告。

附录 A

（资料性附录）

芒果茶黄蓟马诱捕器示意图

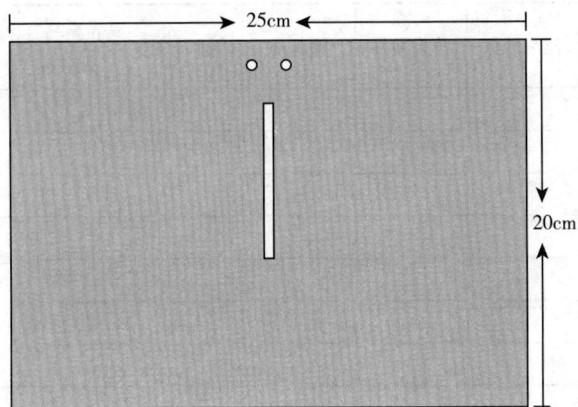

附录 B

（资料性附录）

芒果茶黄蓟马监测记录表

表 B.1 芒果茶黄蓟马监测记录表

监测日期	监测地点	芒果品种	物候期	诱捕器编号	茶黄蓟马数（头/板）	备注

监测方法：

监测结论：

备注：

监测单位：

监测人（签名）：

年　　月　　日

芒果病虫害监测技术规程 第2部分：白粉病
（DB45/T 847.2—2012）

1 范围

本部分规定了芒果白粉病（Mango powdery mildew）的术语和定义、严重度和发生程度分级标准、监测方法和监测报告等技术。

本部分适用于广西壮族自治区行政区域内芒果白粉病的普查和监测工作。

2 术语和定义

下列术语和定义适用于标准的本部分。

2.1 芒果白粉病（mango powdery mildew）

芒果白粉病病原菌无性阶段为半知菌亚门芒果粉孢霉（*Oidium mangiferae* Berthet），有性阶段为子囊菌门白粉菌属二孢白粉菌（*Erysiphe cichoracearum* DC.），为芒果花期至幼果期的主要病害，危害花序、幼果及嫩叶。其症状表现为：开始时在被害的器官上出现一些分散的白粉状小斑块，后逐渐扩大并相互联合形成一片白色粉状霉层，即病原菌的节孢子，霉层下的组织逐渐变褐坏死。严重时主花穗、侧梗及幼果均可发病，全穗花朵、幼果脱落。在广西全部芒果产区均有发生。

2.2 病株率（rate of diseased plant）

调查见病株数占调查总株数的比率。

2.3 病穗率（diseased panicle rate）

调查见病穗数占调查总穗数的比率，用 X 表示。

2.4 发病面积比率（diseased area of the investigation area）

调查见发病面积占总调查面积的比率，用 Y 表示。

3 严重度和发生程度分级标准

3.1 严重度分级标准

根据发病的主侧花穗数占该花穗中主侧花穗总数的比率确定花穗的严重度。严重度分为6级，具体如下：

——0级：无病；

——1级：小于或等于10%的主侧花穗发病；

——3级：11%～20%的主侧花穗发病；

——5级：21%～40%的主侧花穗发病；

——7级：41%～60%的主侧花穗发病；

——9级：61%以上的主侧花穗发病，导致大量落果。

3.2 发生程度分级标准

发生程度分为5级，即1级（未发生或轻发生）、2级（中等偏轻发生）、3级（中等发生）、4级（中等偏重发生）、5级（大发生），以最终调查的病穗率、病情指数为划分标准，发病面积比率作为参考指标。病穗率与病情指数为联动指标，如有一项不能同时达到定级标准时按偏重一级认定。各级指标见表1。

表1 芒果白粉病发生程度分级指标

发生程度	1级	2级	3级	4级	5级
病穗率 (X,%)	$0 \leqslant X \leqslant 10.0$	$10.0 < X \leqslant 20.0$	$20.0 < X \leqslant 30.0$	$30.0 < X \leqslant 40.0$	$X > 40.0$
病情指数 (I)	$0 \leqslant I \leqslant 5.0$	$5.0 < I \leqslant 10.0$	$10.0 < I \leqslant 20.0$	$20.0 < I \leqslant 25.0$	$I > 25.0$
发病面积比率 (Y,%)	$Y < 30$	$Y \geqslant 30$	$Y \geqslant 30$	$Y \geqslant 30$	$Y \geqslant 30$

4 监测方法

4.1 监测时期

芒果花芽萌动期开始至幼果期。

4.2　监测区域

每个县（市）设置 5 个监测点，每个点选择面积大于 0.33hm² 的芒果园 3 块。

4.3　监测调查方法

每块果园用"平行线取样法"选取 5 个点，每点按行连续调查 5 株，每株按东西南北中五个方向每个方向调查 2 个花穗，作标志固定，每 3d 调查一次，调查至幼果期结束。记录病穗情况，计算病株率、病穗率和病情指数，结果录入《芒果白粉病田间病情调查表》（参见附录 A）。

4.4　病情指数计算

病情指数用以表示病害发生的平均水平，通过公式（1）计算病情指数：

$$病情指数(I) = \frac{\sum(各级病穗数 \times 相对组数值)}{调查总穗数 \times 9} \times 100$$

$$(1)$$

5　监测报告

监测中发现有芒果白粉病发生，根据监测情况判定发生范围及程度，填写《芒果白粉病发生动态调查汇报表》（参见附录 B）。

附录 A
（资料性附录）
芒果白粉病田间病情调查表

表 A.1　芒果白粉病田间病情调查表

调查日期	调查地点	芒果品种	物候期	田间温度(℃)	相对湿度(RH%)	调查株数	发病株数	病株率(%)	各级病穗数						病穗率(%)	病情指数	备注
									0级	1级	3级	5级	7级	9级			

附录 B

（资料性附录）

芒果白粉病发生动态调查汇报表

表 B.1 给出了芒果白粉病发生动态调查汇报表。

表 B.1　芒果白粉病发生动态调查汇报表

调查时间	调查地点	调查面积（hm²）	发生面积（hm²）	发病面积比率（%）	病株率（%）	病穗率（%）	病情指数	备注

监测方法：

监测结论：

备注：

监测单位：

监测人（签名）：

年　　月　　日

芒果病虫害监测技术规程 第3部分：橘小实蝇
（DB45/T 1069—2014）

1 范围

本部分规定了芒果橘小实蝇（*Bactrocera dorsalis* Hendel）的术语和定义、发生程度分级标准、监测方法和监测报告。

本部分适用于广西壮族自治区行政区域内芒果橘小实蝇的普查和监测工作。

2 规范性引用文件

下列文件对于本文件的应用是必不可少的。凡是注日期的引用文件，仅所注日期的版本适用于本文件。凡是不注日期的引用文件，其最新版本（包括所有的修改单）适用于本文件。

NY/T 2051 橘小实蝇检疫检测与鉴定方法

3 术语和定义

下列术语和定义适用于标准的本部分。

3.1 橘小实蝇（*Bactrocera dorsalis* Hendel）

橘小实蝇属双翅目（Diptera），实蝇科（Tephritidae），果实蝇属（*Baetrocera macquart*）。

是一种为害广西芒果、荔枝、龙眼、番石榴、柑橘、莲雾、杨桃、梨、枇杷、柿、枣、香蕉等作物的重要害虫。其形态特征、寄主范围及为害症状参见 NY/T 2051。

3.2 监测（Monitoring）

为及时发现芒果园橘小实蝇是否存在以及掌握其发生动态而持续进行的调查。

3.3 虫口密度（Population density）

一个监测点在一个监测时段内平均每个诱捕器中捕获的虫口数量。

4 发生程度分级标准

发生程度分为0级（未发生）、1级（轻发生）、2级（中等偏轻发生）、3级（中等发生）、4级（中等偏重发生）、5级（大发生），以监测到的虫口密度为划分标准（见表1）。

表1 橘小实蝇发生程度分级标准

发生程度	0级	1级	2级	3级	4级	5级
虫口密度（头/瓶）	0	≤10	11～20	21～50	51～100	≥101

5 监测方法

5.1 监测准备

收集当地气象信息、橘小实蝇及其寄主状况相关的信息并进行整理、分析，制定监测计划。

5.2 监测时期

每年中果期至采收结束。

5.3 监测材料

5.3.1 诱捕器

诱捕器（示意图参见附录A）。

5.3.2 引诱剂

甲基丁香酚（Methyl eugenol，简称Me）。

5.3.3 其他

放大镜、指形管、昆虫针、标签纸、标签笔、75％乙醇、80％敌敌畏乳油等。

5.4 监测方法

5.4.1 诱捕器的设置

在芒果种植区，每县（市、农场）设定3个监测点，监测点应尽可能选择在当地有代表性的果园或者果园附近区域，每个监测点挂 3 个诱捕器，每个诱捕器间的距离控制在 40～60m。

5.4.2 诱捕器的安装

用标签笔将诱捕器编号后，将瓶盖打开，在诱芯的上面滴入 1.0mL 引诱剂，下面滴入 1.0mL 的 80％敌敌畏乳油，待引诱剂及敌敌畏乳油被诱芯均匀吸收后，盖上瓶盖待用。

在设置的监测点选择合适的牢固支点，于离地 1.0～1.5m 的高度放置诱捕器，且诱捕器不直接暴露在日照下，也不被树叶等其他物体遮蔽。诱捕器安装完成后在附近设立明显的标志。

5.4.3 诱捕器的日常管理维护

监测期间，每 14d 添加 1 次引诱剂和敌敌畏乳油，如发现诱芯严重变形、霉变或吸附能力明显降低时，应及时更换诱芯。

5.4.4 调查方法

监测期间，每天收集 1 次诱捕器内的橘小实蝇成虫，统计成虫数量，填写《橘小实蝇监测记录表》（参见附录 B）。

6 监测报告

监测中发现有橘小实蝇发生，根据监测情况判定发生程度，并在《橘小实蝇监测记录表》中记录监测结果及结论，整理汇总形成橘小实蝇发生动态监测报告。

附录 A
（资料性附录）
橘小实蝇诱捕器示意图

橘小实蝇诱捕器示意图见图 A.1。

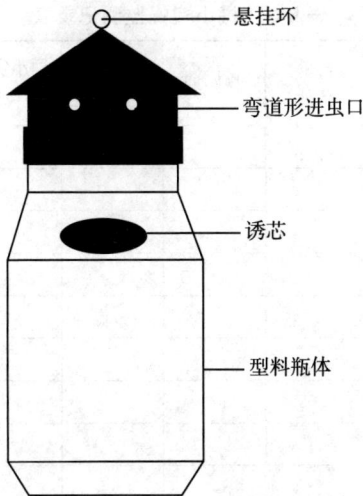

图 A.1 橘小实蝇诱捕器示意图

附录 B
（资料性附录）
橘小实蝇监测记录表

表 B.1 给出了橘小实蝇监测记录表。

表 B.1　橘小实蝇监测记录表

监测日期	监测地点	芒果品种	物候期	诱捕器编号	橘小实绳虫口数（头/瓶）	备注

芒果病虫害监测技术规程　第4部分：炭疽病

（DB45/T 1070—2014）

1　范围

本部分规定了芒果炭疽病的术语和定义、严重度分级标准、发生程度、监测方法和监测报告。

本部分适用于广西壮族自治区行政区域内芒果炭疽病的系统调查和普查监测工作。

2　术语和定义

下列术语和定义适用于本文件。

2.1　芒果炭疽病（Mango anthracnose）

芒果炭疽病病原菌为腔孢纲，黑盘孢目，炭疽菌属，胶孢炭疽菌［*Colletotrichum gloeosporioides*（Penz.）Sacc.］，主要危害嫩叶、嫩梢、花序和果实，在全区芒果种植区均可发病。嫩叶染病后最初产生黑褐色圆形、多角形或不规则形小病斑，病斑扩大或多个病斑融合后形成大的枯死斑，病部常开裂、穿孔，丛生小黑粒状分生孢子，叶片皱缩、扭曲变形，严重时整张叶片脱落。嫩梢出现黑褐色病斑，病部绕枝条一周后，病部以上枝条枯死。花序受害，花梗上先出现黑褐色小病斑，随后花瓣变黑，严重时整个花序变黑褐色，枯萎并脱落。幼果极易感病，最初在果面可见针头大小的黑褐色病斑，逐渐扩展或多个病斑融合后，病部中间常可见开裂甚至凹陷，病斑扩大至一定程度后，幼果皱缩脱落。近成熟期果实感病后，果面上生成黑色形状不一的病斑，中间略下陷，有时龟裂，湿度大时，病部出现淡红色黏稠状孢子堆。

2.2　系统调查（Systemic investigation）

为了解一个地区芒果炭疽病发生消长动态而持续进行的定点、

定时、定方法的调查。

2.3 普查（Survey）

为了解一个地区芒果炭疽病发病关键时期整体发生状况而进行的较大范围多点同期调查。

2.4 病叶（果）率（Incidence rate of leaf or fruit）

调查见病叶（果）数占调查总叶（果）数的比率。

2.5 病情指数（Disease index）

以病叶（果）发病严重度等级计算，用数值表示的病害发生程度。

3 严重度分级标准

3.1 叶片

根据病斑面积占整个叶片面积的比率确定，标准如下：

——0 级：无病；

——1 级：病斑面积占整个叶片面积的 5%（含）以下；

——3 级：病斑面积占整个叶片面积的 6%～15%；

——5 级：病斑面积占整个叶片面积的 16%～25%；

——7 级：病斑面积占整个叶片面积的 26%～50%；

——9 级：病斑面积占整个叶片面积的 51%（含）以上。

3.2 幼果

根据幼果果面针状褐色斑点的数量及病斑间的相连与否确定，标准如下：

——0 级：无病；

——1 级：每只幼果上针状褐色斑点等于或少于 5 个；

——3 级：每只幼果上针状褐色斑点 6～15 个；

——5 级：每只幼果上针状褐色斑点 16～25 个；

——7 级：每只幼果上针状褐色斑点大于或等于 26 个，斑点相连；

——9 级：整个果面见病斑，有红色点状物出现。

3.3 果实

根据病斑面积占整个果实面积的比率确定，标准如下：

——0 级：无病；

——1 级：病斑面积占整个果实面积的 5％（含）以下；

——3 级：病斑面积占整个果实面积的 6％～15％；

——5 级：病斑面积占整个果实面积的 16％～25％；

——7 级：病斑面积占整个果实面积的 26％～50％；

——9 级：病斑面积占整个果实面积的 51％（含）以上。

4　发生程度

发生程度分为 0 级（未发生）、1 级（轻发生）、2 级（中等偏轻发生）、3 级（中等发生）、4 级（中等偏重发生）、5 级（大发生），以最终调查病情指数为划分标准（见表 1）。

表 1　芒果炭疽病发生程度分级标准

发生程度	0 级	1 级	2 级	3 级	4 级	5 级
病情指数（DI）	0	0<DI≤5.0	5.0<DI≤15.0	15.0<DI≤25.0	25.0<DI≤35.0	DI>35.0

5　监测方法

5.1　系统调查

5.1.1　调查时间和次数

每年春梢期至秋梢期，每 5d 调查 1 次芒果叶片。

5.1.2　调查方法

选择面积大于 1hm^2 且在当地有代表性的果园，按品种或定植年限划分类型，每种类型果园各调查 3～5 个，每个果园按对角线 5 点取样法取样，每点确定 2 株，每株在东、西、南、北、中五个方位确定 2 条梢，调查每条梢全部叶片的发病情况，记录调查总叶数、各级病叶数，按公式（1）、（2）计算病叶率和病情指数，填入表 2。

表2 芒果炭疽病病情系统调查表

日期	地点	品种	树龄	物候期	病叶严重度						病叶率(%)	病情指数	备注
					0级	1级	3级	5级	7级	9级			

5.1.3 病叶率和病情指数的计算

按公式（1）、（2）分别计算病叶率和病情指数。

$$P(\%) = \frac{T}{S} \times 100 \qquad (1)$$

式中：P——病叶百分率；

T—— 调查中发现的病叶总数；

S——调查总叶数。

$$DI(\%) = \frac{\sum(T_i \times i)}{S \times 9} \times 100 \qquad (2)$$

式中：DI——病情指数；

i——调查中病叶的严重度级数值；

T_i——调查中发现的相对于 i 严重度级数的病叶数；

S——调查总叶数。

5.2 病情普查

5.2.1 幼果期

5.2.1.1 定义

以小果形成后至生理落果完成这段时间为幼果期。

5.2.1.2 调查时间和次数

幼果期每2d调查1次。

5.2.1.3 调查方法

选择面积大于 $1hm^2$ 且在当地有代表性的品种和果园，每品种选择果园 3~5 个，每个果园按对角线 5 点取样法取样，每点确定

2 株，每株在东、西、南、北、中五个点位取样，每个点位调查 10
个幼果的发病情况，记录调查总果数、各级病果数，按公式（2）、
（3）计算病情指数和病果率，填入表 3。

表 3　芒果幼果期、果实成熟期炭疽病病情普查表

日期	地点	品种	树龄	物候期	病果严重度						病果率（%）	病情指数	备注
					0级	1级	3级	5级	7级	9级			

5.2.1.4　病果率计算

按下式计算病果率。

$$P_f = \frac{T_f}{S_f} \times 100\%　　　　　（3）$$

式中：P_f——病果百分率；

$\quad\quad T_f$——调查中发现的病果总数；

$\quad\quad S_f$——调查总果数。

5.2.2　果实期

5.2.2.1　定义

生理落果完成至果实采收前这段时间为果实期。

5.2.2.2　调查时间和次数

果实期每 10d 调查 1 次。

5.2.2.3　调查方法

调查和记录方法同 5.2.1.2。

5.2.3　嫩梢期

5.2.3.1　定义

以整个果园同一品种植株作为观测对象，以 50% 的植株新梢
抽出 5～10 片嫩叶作为嫩梢期。

5.2.3.2　调查时间和次数

在芒果树的春梢、夏梢、秋梢和冬梢的嫩梢期，各调查 1 次。

5.2.3.3 调查方法

调查和记录方法同 5.1.2。

6 监测报告

根据监测情况判定芒果炭疽病发生范围及程度，填写《芒果炭疽病发生动态调查表》（参见附录 A）。

附录 A

（资料性附录）

芒果炭疽病发生动态调查表

表 A.1 给出了芒果炭疽病发生动态调查表。

表 A.1 芒果炭疽病发生动态调查表

调查时间	调查地点	调查面积 （hm²）	发生面积 （hm²）	病叶率 （%）	病果率 （%）	病情 指数	备注

芒果病虫害调查技术规程 第 5 部分：横线尾夜蛾
(DB45/T 847.5—2017)

1 范围

本部分规定了芒果横线尾夜蛾的术语和定义、发生程度分级、调查方法和调查报告。

本部分适用于广西境内芒果园横线尾夜蛾的发生动态调查。

2 术语和定义

下列术语和定义适用于本文件。

2.1 横线尾夜蛾 (*Chlumetia transversa* Walker)

别名蛀梢夜蛾，属鳞翅目、夜蛾科。是一种为害芒果嫩叶、嫩梢和花穗的害虫。其形态特征参见附录 A。

2.2 虫梢率 (Damage rate of tip)
芒果树有虫的嫩梢占调查总梢数的比例。

2.3 虫穗率 (Damage rate of spica)
芒果树有虫的花穗占调查总花穗的比例。

3 发生程度分级

根据调查的虫梢（穗）率，将发生程度分为 5 级，即 1 级（未发生或轻发生）、2 级（中等偏轻发生）、3 级（中等发生）、4 级（中等偏重发生）、5 级（大发生）。各级指标见表 1。

表 1 横线尾夜蛾发生程度分级

发生程度	1 级	2 级	3 级	4 级	5 级
虫梢率 (X，%)	0≤X≤2.0	2.0<X≤5.0	5.0<X≤10.0	10.0<X≤15.0	X>15.0
虫穗率 (Y，%)	0≤Y≤1.0	1.0<Y≤2.0	2.0<Y≤5.0	5.0<Y≤10.0	Y>10.0

4　调查方法

4.1　虫梢率调查

4.1.1　调查时间

分别在每年春梢、夏梢和秋梢抽发率50％时调查，各调查2次，于嫩梢抽出约2cm、12cm时进行。

4.1.2　调查方法

选择3~5个面积不小于5亩的果园作为调查园，采用五点式取样法，在每个园内取5棵树，在每棵树的东、南、西、北、中五个方位，各随机调查10个嫩梢（含嫩叶），每棵树共调查50个嫩梢，记录调查梢中的虫梢数，填写《横线尾夜蛾调查记录表》（见附录B）。

4.2　虫穗率调查

4.2.1　调查时间

每年调查花穗2次，分别在花穗抽出约2cm、10cm时进行。

4.2.2　调查方法

选择3~5个面积不小于5亩的果园作为调查园，采用五点式取样法，在每个园内取5棵树，在每棵树的东、南、西、北、中五个方位，各随机调查5个花穗，每棵树共调查25个花穗，记录调查花穗中的虫穗数，填写《横线尾夜蛾调查记录表》（参见附录B）。

5　调查报告

根据调查情况判定发生程度，并在《横线尾夜蛾调查记录表》中记录调查结果及结论，整理汇总形成横线尾夜蛾发生动态调查报告。

附录 A
（资料性附录）
横线尾夜蛾形态特征

A.1　成虫

体长 9～11mm，翅展 19～23mm；头部棕褐色，额区白色，下唇须前伸，黑色，末端灰白色；雄蛾触角基部栉齿状，约占触角全长的 1/2，端部丝状；雌蛾触角丝状。体背面黑褐色，胸腹交界处有一白色"八"字形纹。腹面灰白色，腹部各节两侧均有一个白色小斑点。前翅茶褐色，基横线以内黑褐色，似一个黑褐色的大三角形；后翅灰褐色，外缘黑色，近臀角有一白色短横纹。

A.2　卵

扁圆形，长 0.5～0.8mm。初产时青色，后转红褐色，孵化前色变淡。卵壳表面有辐射状的纵沟 54～55 条，并有 7～8 个环圈，卵顶中央呈花瓣状。

A.3　幼虫

共 5 龄。1 龄幼虫胴部为黄白色，2～3 龄幼虫胴部为淡黄色，4 龄幼虫胴部黄色并略带红棕色。老熟幼虫体长 12.4～15.8mm，头部及前胸背板黄褐色。前胸及 1～8 腹节气门清晰，腹足趾钩列为单序中带，略呈弧状。

A.4　蛹

体长 9.5～11mm，短粗，黄褐色。胸腹各节密布刻点。腹端钝圆而光滑，缺臀棘。

附录 B
（规范性附录）
横线尾夜蛾调查记录表

表 B.1 给出了横线尾夜蛾调查记录表。

表 B.1 横线尾夜蛾调查记录表

调查日期	果园地址与业主	品种	调查株数（株）	调查总梢（穗）数（个）	虫梢（穗）数（个）	虫梢（穗）率（%）	代表面积（hm²）	备注

调查结论：

调查人：
年 月 日

芒果病虫害调查技术规程 第6部分：芒果小齿螟

(DB45/T 847.6—2017)

1 范围

本部分规定了芒果小齿螟术语和定义、受害程度分级、调查方法和调查报告。

本部分适用于广西境内芒果园小齿螟的受害动态调查。

2 术语和定义

下列术语和定义适用于本文件。

2.1 芒果小齿螟 (*Pseudonoorda minor* Munroe)

别名蛀果蛾，属鳞翅目、螟蛾科，齿螟亚科，是一种为害芒果实的害虫。其形态特征参见附录A。

2.2 虫果率 (Damage rate)

芒果树有虫的果实占调查总果实数的比例。

3 受害程度分级

根据调查的虫果率，将受害程度分为5级，即1级（未受害或轻受害）、2级（中等偏轻受害）、3级（中等受害）、4级（中等偏重受害）、5级（人受害）。各级指标见表1。

表1 芒果园小齿螟受害程度分级

受害程度	1级	2级	3级	4级	5级
虫果率 (X,%)	0≤X≤1.0	1.0<X≤3.0	3.0<X≤7.0	7.0<X≤12.0	X>12.0

4 调查方法

4.1 调查时间

生理落果后开始调查，每隔15d调查一次，共5次。

4.2　调查方法

选择 3～5 个面积不小于 5 亩的果园作为调查园，采用五点式取样法，在每个园内取 10 棵树，在每棵树的东、南、西、北、中五个方位，各随机调查 5 个果实，每棵树共调查 25 个果实，记录调查果中的虫果数，填写《芒果小齿螟调查记录表》(见附录 B)。

5　调查报告

根据调查情况判定受害程度，并在《芒果小齿螟调查记录表》中记录调查结果及结论，整理汇总形成芒果小齿螟受害动态调查报告。

附录 A
（资料性附录）
芒果小齿螟形态特征

A.1 成虫

体长 9～14mm，翅展 22～28mm，复眼突起黑色。头下部至腹面为灰白色，有光泽。触角线状，头部褐色。头部至胸部和翅基部共有 7 个白色小斑点，其中头部 1 个，胸部两侧各 1 个，两侧翅基部各 2 个，似形成一个"八"字形。腹背板第三节和第四节交接处有一个小白点，腹末端为灰白色，翅为灰色，翅上有 6 个小黑点，翅外缘、翅顶角和缘纤毛为灰黑色。中后足具有距，在前足上有灰黑色绒毛，在中足上具有黑色绒毛，腹部与翅齐平或略长于翅。

A.2 卵

扁圆形，直径约 1mm，厚 0.4～0.6mm。初产时为乳白色，后变为淡黄色，孵化前隐约可见卵内幼虫黑色的头部和淡黄色的腹部。

A.3 幼虫

初龄幼虫体长 1.0～1.25mm，末龄体长 18.5～20mm。初龄体色为淡黄色，分节不明显，以后渐为淡红色或鲜红色，末龄幼虫为红褐色或紫褐色。幼虫体节 11 节，其中腹部 8 节。头部褐色，前胸背板黑色，同时在黑色斑以中纵线分裂为两块，腹足趾钩为单行长短相间。

A.4 蛹

长 11.0～15.0mm，宽 3.0～3.6mm。初期体色为淡褐色，近羽化时为深褐色。

附录 B

（资料性附录）

芒果小齿螟调查记录表

表 B.1 给出了芒果小齿螟调查记录表。

表 B.1 芒果小齿螟调查记录表

调查日期	果园地址与业主	品种	调查株数（株）	调查总果数（个）	虫果数（个）	虫果率（%）	代表面积（hm²）	备注

调查结论：

调查人：

年　　月　　日

芒果病虫害调查技术规程 第 7 部分：扁喙叶蝉
(DB45/T 847.7—2017)

1 范围

本部分规定了芒果扁喙叶蝉术语和定义、发生程度分级、调查方法和调查报告。

本部分适用于广西境内芒果园扁喙叶蝉的发生动态调查。

2 术语和定义

下列术语和定义适用于本文件。

2.1 芒果扁喙叶蝉（*Idioscopus incertus* Baker）

别名芒果叶蝉、芒果片甲叶蝉、芒果短头叶蝉，属同翅目、叶蝉科。是一种为害芒果树嫩梢、嫩叶、花穗和幼果的害虫。其形态特征参见附录 A。

2.2 虫口数（The quantity of insects population）

平均每个嫩梢（穗）的活虫（包括成虫和若虫）数量。

3 发生程度分级

根据调查的虫口数将发生程度分为 5 级，即 1 级（未发生或轻发生）、2 级（中等偏轻发生）、3 级（中等发生）、4 级（中等偏重发生）、5 级（大发生）。各级指标见表 1。

表 1 扁喙叶蝉发生程度分级

发生程度	1 级	2 级	3 级	4 级	5 级
虫口数（X，头/梢）	$0 \leqslant X \leqslant 1.0$	$1.0 < X \leqslant 2.0$	$2.0 < X \leqslant 5.0$	$5.0 < X \leqslant 8.0$	$X > 8.0$
虫口数（Y，头/穗）	$0 \leqslant Y \leqslant 0.5$	$0.5 < Y \leqslant 1.5$	$1.5 < Y \leqslant 3.0$	$3.0 < Y \leqslant 7.0$	$Y > 7.0$

4　调查方法

4.1　调查时间

每年3—8月，每月上旬、中旬、下旬各调查1次；每年9—12月，每月上旬、下旬各调查1次。

4.2　调查方法

选择3～5个面积不小于5亩的果园作为调查园，采用五点式取样法，在每个园内取10棵树，在每棵树的东、南、西、北、中五个方位，各随机调查2个嫩梢或花穗，对每个嫩梢或花穗上的扁喙叶蝉（包括成虫和若虫）进行计数，录入《芒果扁喙叶蝉调查记录表》（见附录B）。

5　调查报告

根据调查情况判定发生程度，在《芒果扁喙叶蝉调查记录表》中记录调查结果及结论，整理汇总形成发生动态调查报告。

附录 A

（资料性附录）

芒果扁喙叶蝉形态特征

A.1 成虫

体长 4.5～5.2mm，体形粗短，赭褐色，头部宽于前胸背板，头冠微向前突出，前缘宽圆与后缘近平行，长度仅为前胸背板的1/3，表面密生横皱：端部表面粗糙，在额唇基区的中域两侧区各有1块不规则形的黑褐色斑，斑块大，占该区的2/3。前唇基端部黑褐色，喙甚长，端节膨大且扁平，故名扁喙叶蝉。复眼大而斜置，黑色，下缘几乎达前胸背板侧缘后角。前胸背板与头部同为赭褐色，具有许多不规则的褐色或深褐色斑纹。小盾片大，基部赭黄色，端部乳白色，二基侧角区各有1条黑色三角形斑纹，基部中间有1纵条，横刻痕基方有2条短小横纹，均为黑褐色，在近末端有2个赭色小点，横刻痕位于中间偏端方处，中央间断呈"八"字形。前翅半透明略具赭褐色，在近基部有1条乳白色横带，与小盾片端部的乳白色相衔接，带内翅脉无色。胸、腹部腹面及各足均为赭色。

A.2 卵

长椭圆形，两头较细，顶端稍平，一侧平直，长 1.0～1.2mm，宽 0.3～0.4mm，初产时白色透明，4～8h 后，逐渐变为淡黄色至深黄色。接近孵化时为黄褐色，可见红褐色小眼点。

A.3 幼虫（若虫）

体与成虫形态特征近似。初孵若虫体短小，呈锥形，乳白色，头部大、扁宽；复眼淡褐色，无翅芽。若虫为 5～6 龄，绝大多数为 5 龄。随着龄期的增加，翅芽逐渐向体后伸展，体色逐渐变为淡黄色至黄褐色。

附录 B

（资料性附录）

芒果扁喙叶蝉调查记录表

表 B.1 给出了芒果扁喙叶蝉调查记录表。

表 B.1　芒果扁喙叶蝉调查记录表

调查 日期	果园地址 与业主	品种	调查株数 （株）	调查总梢 （穗）数 （个）	虫口数 （头/梢（穗））	代表面积 （hm²）	备注

调查结论：

调查人：

年　　月　　日

芒果套袋技术规程
（DB45/T 722—2011）

1 范围

本标准规定了芒果（*Mangifera indica* L.）纸袋的选择、套袋时间、套袋前管理、套袋方法、套袋期间的田间管理和除袋等技术。

本标准适用于广西芒果产区。

2 规范性引用文件

下列文件对于本文件的应用是必不可少的。凡是注日期的引用文件，仅所注日期的版本适用于本文件。凡是不注日期的引用文件，其最新版本（包括所有的修改单）适用于本文件。

GB/T 8321 农药合理使用准则（所有部分）

NY 1429 含氨基酸水溶肥料

NY 1428 微量元素水溶肥料

NY/T 880 芒果栽培技术规程

3 纸袋选择

3.1 原则

根据芒果品种的特性选择适宜的纸袋，遵循安全、经济的原则。

3.2 纸袋

推荐使用的纸袋参见附录 A。

4 套袋时间

第二次生理落果结束后，在晴天上午露水干后进行。

5　套袋前的管理技术

5.1　修剪

套袋前剪除病虫果、畸形果、过密果和影响果实光照及易于造成果实擦伤的枝叶。

5.2　喷叶面肥

于芒果坐果 35～50d 喷施氨基酸钙等钙素叶面肥 1～2 次。使用的含氨基酸叶面肥和含微量元素叶面肥应符合 NY 1429 和 NY 1428的要求。

5.3　喷药

套袋前 7～10d 对果园全面喷洒 1 次杀菌剂和杀虫剂混合药液，套果当天对要套袋的果实再喷药 1 次，待果面药液干后套袋，并在当天套完。对金煌芒、凯特芒等价值较高的大果型品种，可进行单果浸药。杀菌剂、杀虫剂应符合 GB/T 8321 规定的要求。

5.4　纸袋处理

套袋之前，先将纸袋放在较潮湿处 1～2d，使纸袋返潮变得柔韧或将纸袋有金属丝一端在水中（水深 5～10cm）浸泡数秒，使上端湿润便于使用。

6　套袋方法

6.1　套袋时，先撑开袋口及袋体，使两底角的通气口张开，手执袋口下 2～3cm 处套入果实，使果柄深入袋口 5cm 左右，幼果悬在袋内中央，然后从袋口的中央向两侧分别折叠紧，合拢袋口并将扎丝反转 90°后在袋口下约 1cm 处旋转一周扎紧袋口。

6.2　树冠中果实的套袋顺序，应先上后下，先内后外。

7　套袋期间的田间管理技术

7.1　果园田间管理技术按 NY/T 880 执行。

7.2　套袋期间喷 1～2 次药防治蚧壳虫、蓟马、白蛾蜡蝉、毒蛾类和橘小实蝇等害虫。主要虫害防治方法参见附录 B。

8 除袋技术

8.1 除袋时间

以 9：00—11：00 和 16：00—18：00 除袋为宜，或选择阴天去袋，防止高温和强光照灼伤果皮。

8.2 除袋方法

8.2.1 红皮品种先除袋一段时间后再采收，套单层袋者，可在采前 7~10d 左右除袋；套双层袋者在采前 10~15d 除外袋，3~5d 后再除内袋。黄皮或绿皮的品种，一般不提前除袋。

8.2.2 除袋前，摘除果实外周遮光叶片，促进果实着色。

8.2.3 除袋时手不能接触果实，除袋后及时将果袋清出果园集中烧毁，及时清理平整树盘后，在树下铺设一层银色反光膜，促进果实着色。

附录 A

（资料性附录）

推荐不同品种使用的纸袋

表 A.1 给出了推荐不同品种使用的纸袋。

表 A.1 推荐不同品种使用的纸袋

品种	推荐使用的纸袋
台农 1 号芒 紫花芒 桂热芒 120 号	黄色单层纸袋、白色单层纸袋、外黄内黑复合纸袋、外黄内黑双层纸袋、外黄内红复合纸袋、外黄内红双层纸袋
桂热芒 82 号	白色单层纸袋、外黄内黑复合纸袋、外黄内黑双层纸袋
金煌芒 凯特芒 玉文芒	外黄内黑双层纸袋
桂热芒 10 号 杉林 1 号芒 圣心芒 吉碌芒	外黄内黑复合纸袋、外黄内黑双层纸袋

附录 B
（规范性附录）
芒果套袋期间主要虫害防治方法

表 B.1 给出了芒果套袋期间主要虫害防治方法。

表 B.1　芒果套袋期间主要虫害防治方法

防治对象	防治方法
蚧壳虫	主要用 0.3％苦参碱、吡虫啉、阿维菌素、10％氯氰菊酯乳油 2 000～3 000 倍液、毒死蜱乳油 1 000 倍液喷药防治
茶黄蓟马	用吡虫啉、阿维菌素、10％氯氰菊酯 1 500～2 000 倍液喷药防治
白蛾蜡蝉	80％敌敌畏乳油 800～1 000 倍液、10％氯氰菊酯乳油、20％氰戊菊酯乳油 2 000～3 000 倍液、溴氰菊酯乳油 6 000～8 000 倍液喷药防治
毒蛾类	用 90％敌百虫、80％敌敌畏乳油、50％杀螟威乳油 800～1 000 倍液、10％氯氰菊酯乳油、20％氰戊菊酯乳油 2 000～3 000 倍液、溴氰菊酯乳油 6 000～8 000 倍液喷药防治
橘小实蝇	用 90％敌百虫 1 000 倍液喷杀，或用敌百虫糖水（90％敌百虫与红糖水按 1：5：1 000 配制）喷洒树冠 1/2 左右，诱杀成虫。或用浸过甲基丁香酚加敌百虫的蔗渣纤维板或装有甲基丁香酚的诱杀瓶悬挂在树上，诱杀雄成虫

芒果采后处理技术规程

（DB45/T 723—2011）

1　范围

本标准规定了鲜食用芒果采收、分级、清洗、保鲜处理、标识、标签、包装、运输、贮存、催熟的技术。

本标准适用于广西芒果产区。

2　规范性引用文件

下列文件对于本文件的应用是必不可少的。凡是注日期的引用文件，仅所注日期的版本适用于本文件。凡是不注日期的引用文件，其最新版本（包括所有的修改单）适用于本文件。

GB/T 191　包装储运图示标志

GB 6543　瓦楞纸箱

GB 8868　蔬菜塑料周转箱

GB/T 15034　芒果　贮藏导则

3　采收

3.1　采收成熟度

按照 GB/T 15034 规定执行。

3.2　采收方法

在无雨天采收。采收时按一果两剪法将果逐个剪下，剪果时留 3～5cm 长的果柄，果柄断落的果实应将果蒂朝下，1～2h 后再装筐。采收时要轻拿轻放轻搬。

4　分级

4.1　基本要求

所有级别的果实，除各个级别的特殊要求和容许范围外，应满足下列质量要求：

——果形基本符合本品种固有特征，无裂果；

——有一定的硬度，未软化；

——新鲜，果肉米黄色，果皮淡绿色或红色、光滑、有光泽；

——无腐烂、变质果；

——果皮清洁，基本无可见异物；

——无坏死组织；

——无冷害、冻害；

——无异常的外部水分，冷藏取出后无收缩；

——无异常气味和味道；

——发育充分，达到适当的成熟度；

——后熟果皮具有该品种固有颜色；

——果柄剪口平滑，长度不能超过 1.2cm。

4.2　质量等级

4.2.1　一级果

有良好的质量，具有该品种固有的特征，无缺陷，但允许有不影响产品总体外观、质量、贮存性的很轻微的表面疵点。

4.2.2　二级果

有良好的质量，具有该品种的特性。允许有下列不影响产品总体外观、质量、贮存性的轻微的缺陷：

——轻微果形缺陷；

——果实机械伤、病虫害、斑痕等表面缺陷分别不超过 $1cm^2$、$2cm^2$、$3cm^2$。

4.2.3　三级果

不符合一级果、二级果质量要求，但符合 4.1 所规定的基本要求。允许有不影响基本质量、贮存性和外观的下列缺陷：

——果形缺陷；

——果实机械伤、病虫害、斑痕等表面缺陷分别不超过 $2cm^2$、$3cm^2$、$4cm^2$。

5　清洗

果实采后迅速移至阴凉处散热，剔除机械伤、病虫危害、畸形、过熟或未成熟的果实，清洗前剪留在果梗以上 0.5cm 的果柄。果柄剪口要平滑，在清水中小心抹洗果实，洗净果柄伤口的溢汁、果上的污物或农药残留等，晾干。用于清洗的水必须经常更换。

6　保鲜处理

采收后应在 24h 内用热药液处理。推荐用 1mg/L 咪鲜胺或 1mg/L 特克多 51℃±2℃ 热药液浸泡果实 5～10min，晾干后，进行单果包装。

7　标志、标签

7.1　标志

按 GB/T 191 规定执行。

7.2　标签

7.2.1　芒果名称

7.2.1.1　应在标签的醒目位置，清晰地标示反映芒果真实属性的专用名称。

当国家标准或行业标准中已规定了芒果的一个或几个名称时，应选用其中一个。

无上述规定的名称时，必须使用不使消费者误解或混淆的常用名称或俗名。

7.2.1.2　可以标示"新创名称""奇特名称""牌号名称""地区俚语名称"或"商标名称"，但应在所示名称的邻近部位标示。

7.2.1.3　规定的任意一个名称。

7.2.1.4　水果名称不允许添加带有不实、夸大性质的词语，如"优质××""极品××"等。

7.2.2　品种

品种应在芒果名称前注明，如"台农 1 号芒果"。

7.2.3 净含量

净含量的标示应由净含量、数字和法定计量单位组成。

7.2.4 生产者、经销者的名称和地址

应标示芒果的生产、包装或经销单位经依法登记注册的名称和地址。

7.2.5 日期标示和贮藏说明

7.2.5.1 应清晰地标示预包装芒果的生产日期（或包装日期）和保存期。如日期标示采用"见包装物某部位"的方式，应标示所在包装物的具体部位。日期标示不得另外加贴、补印或篡改。

应按年、月、日的顺序标示日期。

应按下列方式之一标示保存期：

"保存期（至……）"，或"保存期××个月"［××日（天）］。

7.2.5.2 应标示芒果的特定贮藏条件。

7.2.6 质量等级

应按 4.2 的规定标示质量等级。

8 包装

8.1 一致性

同一包装容器内的芒果应产地、品种一样，质量和大小均匀。

8.2 包装方法

8.2.1 内包装应采用新的、洁净的、无毒、无不良气味，能避免产品受到内部和外部的损伤的包装材料。

8.2.2 果实经保鲜处理，即可进行包装。经热药液浸泡过的果实，须待晾干、冷却后方能包装。

8.2.3 包装多先行单果包装，后进行装箱。每箱装果实 5kg、10kg 或 15kg 为宜，每箱放入每包质量为 20～25g 的乙烯利吸附剂 2～4 包。

8.3 包装容器

应符合质量、卫生、透气性、防潮性和强度要求，不能有异物和异味。推荐使用耐压的瓦楞纸箱、纸板盒、木箱、塑料箱、加固竹筐等。纸板盒或纸箱的底部和顶部打透气圆孔。

8.4　包装材料

8.4.1　包裹纸

包裹纸应质地光滑柔软、卫生、无异味、有韧性。

8.4.2　衬垫物

推荐使用碎纸、草纸、泡沫塑料等。

8.4.3　抗压托盘

抗压托盘上具有一定数量的凹模。凹模的大小和形状以及图案的类型根据包装的不同品种果实来设计，每个凹模放置一个果实，果实的层与层之间由抗压托盘隔开。

9　运输

运输工具应通风良好，防雨、防晒，卫生条件良好，无毒、无不良气味。

10　贮存

用通风的塑料周转筐或木箱装箱后进行贮藏，其他操作要求按照 GB/T 15034 规定执行。

11　催熟

11.1　将 40％乙烯利水剂稀释 400 倍溶液，用蛭石粉吸十全湿润状，然后，用透气纸按每包 20～25g 分包成小包装。吸收乙烯利溶液的蛭石粉用量按每 5kg 果放 1 包置于果箱底部，并将原来放置的乙烯利吸附剂除去后将果箱用棉被或布袋覆盖好，尽量使箱内不通风，最后将果箱置于空气不流通的室内，在 21～24℃，相对湿度 80％～85％条件下，经 48～72h 后打开箱子，果实开始后熟。

11.2　数量较多时，可将芒果盛装在透气的塑胶笼内，在催熟室内堆积在垫板上，高度 4～5 层，喷洒 0.1％乙烯利水溶液催熟。在催熟期间须每 4h 打开催熟室的门窗，并以抽风机抽出室内二氧化碳，10～15min，再封闭门窗继续催熟。室温控制在 21～24℃，相对湿度 80％～85％，催熟时间 48～72h，当果皮稍黄时取出即可。

绿色食品　芒果生产技术规程

（DB45/T 198—2004）

1　范围

本标准规定了 A 级绿色食品芒果（*Mangifera indica* L.）园地选择、园地规划、品种选择和种植、土壤管理、施肥管理、水分管理、整形修剪、花果管理、病虫害防治和采收技术。

本标准适用于广西各芒果生产区 A 级绿色食品芒果的生产。

2　规范性引用文件

下列文件中的条款通过本标准的引用而成为本标准的条款。凡是注日期的引用文件，其随后所有的修改单（不包括勘误的内容）或修订版均不适用于本标准，然而，鼓励根据本标准达成协议的各方研究是否可使用这些文件的最新版本。凡是不注日期的引用文件，其最新版本适用于本标准。

GB 4285　农药安全使用标准

GB 8172　城镇垃圾农用控制标准

GB/T 17419　含氨基酸叶面肥

GB/T 17420　含微量元素叶面肥

NY/T 391　绿色食品　产地环境技术条件

NY/T 394　绿色食品　肥料使用准则

NY/T 393　绿色食品　农药使用准则

NY/T 590　芒果嫁接苗

3　园地选择和规划

3.1　园地选择

选择生态环境良好，远离工矿区公路、铁路干线，避开工业和城市污染源影响，具有可持续生产能力的农业生产区域。要求土壤有机质丰富、保水保肥力强、排水良好、地下水位降至地表1.5 m以下；园地开阔向阳，避免在容易沉霜和冷空气聚集的低洼谷地建园。

3.1.1　气候条件

年平均温度＞21℃，绝对最低温度＞0℃，1月平均气温＞12.5℃，花期日均温＞20℃；年日照时数＞1 800h；春季干燥，花期雨量＜150mm，持续阴雨天较少。

3.1.2　产地环境空气质量

产地的环境空气必须符合NY/T 391的规定。

3.1.3　产地灌溉水质量

产地灌溉水的质量按NY/T 391的规定执行。

3.1.4　产地土壤环境质量要求

产地土壤中的各项污染物含量不应超过NY/T 391规定的浓度限值。

3.2　园地规划

3.2.1　防护林带

园地四周宜种植防护林带，防护林带分为水源林和防风林。所栽树种对芒果的主要病虫害应具有抗性。防护林带与芒果园有不小于5m的距离。

3.2.2　种植小区划分

根据园地地形、坡向、土壤条件分区，同时与排灌和道路系统相结合。小区大小：山地果园小区面积1～2hm²，平地和缓坡地小区面积可为3～5hm²。小区形状为长方形或梯形，山地小区长边沿等高线方向延伸，平地小区长边宜用南北向。同一小区应种植单一品种，避免混栽物候期差异太大的品种。

3.2.3　道路系统

根据园地规模、地形地势设立完善的道路系统。主道：贯通全园，路宽4～5m；支道：兼作小区分界，路面稍内斜，路宽3～4m；小道：路宽2～3m。

3.2.4 排灌系统

3.2.4.1 排水设计

防洪沟：设在山地果园上缘外侧。

排洪沟：设在山地果园下端。

果园内排水沟：山地果园梯田内侧和干道内侧设排水沟，并与排洪沟相连。

3.2.4.2 灌水方式

可采用淋灌、喷灌、滴灌等方式。

3.2.5 水土保持

<6°的丘陵山地沿等高线种植，6°～20°修筑等高梯田种植，>20°的坡地不宜种植绿色食品芒果。

4 品种选择和种植

4.1 品种选择

4.1.1 品种选择依据

根据芒果生产区的气候条件和市场需求选择品种。国内市场和东南亚市场需求外观好，无斑点，果面光洁，果皮色黄色或红色，风味好，甜或甜酸适中的品种；根据广西的气候特点，宜选择能避过花期低温阴雨危害，成花容易，花序长、大，两性花比例高，抗逆性和抗病虫性强的品种。

4.1.2 供选品种

台农1号芒、金煌芒、紫花芒、红象牙芒、田阳香芒、红苹芒、桂热芒10号、桂热芒82号、凯特芒、四季蜜芒、桂热芒120号等。

4.2 苗木质量要求

按 NY/T 590 规定执行。

4.3 定植

4.3.1 种植坑的准备

定植前2～3个月挖好定植坑。定植坑长宽各100cm，深60～80cm。土壤风化一段时间后回坑。每株施入绿肥或杂草20～25kg，腐熟厩肥15～20kg，磷肥1kg，酸性土壤加石灰0.5～1kg。分层将肥料与泥土回填。有机肥、磷肥、石灰和表土填于坑中下层，表土和部分腐熟厩肥填于上层，并整成高于原土层 20～30cm 的树盘。

4.3.2 定植时期

春植：3—4 月。秋植：9—10 月。

4.3.3 定植方式及密度

采用宽行窄株定植，株行距 3m×4m 或 4m×5m。

4.3.4 定植方法

4.3.4.1 裸根嫁接苗的定植

剪除苗木上的全部叶片和嫩梢，置水中浸泡吸涨后用薄膜条缠绕密封枝干，根部浆根。植时将苗木置于坑中间，扶正、填土、压实、再覆土，在树苗周围做成直径 1m 的树盘，淋足定根水后用草料覆盖。如遇干旱，每隔 3～4d 淋水 1 次。

4.3.4.2 带土嫁接苗的定植

将待植苗 1/3～1/2 的叶片和嫩梢剪除。植时将苗木置于坑中间，摆正主枝方向（主枝方向与行夹角 15°～30°），解去包装薄膜，然后回土至土团上方 1cm，将土团周围土壤轻压，整好直径 1m 的树盘后，淋足定根水后盖草。如遇干旱，每隔 3～4d 淋水 1 次。

5 土壤管理

5.1 间种

幼树期间在园内行间种植绿肥或种植不影响芒果生长的农作物。间作物可用豆科作物、绿肥、蔬菜、菠萝、西瓜等。

5.2 中耕除草

每年中耕 2～3 次。第一次在夏季，第二次在冬季花芽分化前。中耕时用利铲翻压畦面土壤，将杂草、枯叶盖入土中。夏季中耕深度 15cm 左右，冬季 20～25cm。经常铲除树盘杂草，行间杂草结合中耕翻土压入土中。

5.3 深耕扩穴改土

5.3.1 时间

种植第二年开始，每年 7—10 月进行，4～5 年完成畦面改土。

5.3.2 方法

5.3.2.1 壕沟法

定植时挖壕沟种植的用此法。每年在树行一侧，树冠滴水线内缘挖深 50～60cm，宽 50cm 的壕沟，每年挖一个方向，5～6 年后将畦面挖完。每株施杂草或垃圾肥 15～20kg，腐熟厩肥 20kg，磷肥、石灰各 0.5kg，饼肥 1～2kg，先粗肥后精肥与土壤拌匀后回沟。垃圾肥应符合 GB 8172 的要求。

5.3.2.2 对面沟法

定植时挖坑种植的用此法。每年在树冠内缘挖相对的两条长沟，深度、宽度与壕沟法相同，直至将畦面挖完为止。每株施肥量与壕沟法同。

5.3.2.3 铺面肥

扩穴改土完成后，每年夏季至秋季在树冠下呈放射状或与行向、株向平行挖长 100cm 左右、宽 60～70cm、深 20～40cm 的长方形沟 2～3 条/株，断掉部分根系，压入绿肥和腐熟厩肥。

5.4 土壤树盘覆盖

种植后及时整好树盘，并在树盘上盖以杂草或农作物秸秆。种植成活后至树盘自荫之前，干旱季节树盘覆盖，盖草厚度 15～20cm，距主干 15cm 左右。

6 水分管理

6.1 灌水

6.1.1 在第一次、第二次秋梢或早冬梢萌发期、花芽形态分化期、盛花期和幼果坐果期、果实发育前期和中期，如遇干旱应及时灌水。

6.1.2 根据土壤含水量测定结果确定灌溉与否，沙质土壤含水量 <5%，壤质土 <15%，黏质土 <25% 时须进行灌水或淋水。

6.1.3 每次灌水量以湿透根系主要分布层（10～50cm）为限，并达到田间最大持水量的 60%～70%。

6.1.4 除地面漫灌外，宜使用滴灌、喷灌等节水灌溉方法。

6.2 排水

地势低洼或地下水位较高的园地，及时排除园内多余积水，尤其在果实成熟期要注意排除园内积水。

7 施肥管理

7.1 施肥原则

7.1.1 绿色食品芒果生产使用肥料应按 NY/T 394 执行。

7.1.2 宜采用营养诊断法平衡施肥。

7.1.3 贯彻以有机肥为主，配合施用允许的化学肥料和微生物肥料的原则。

7.1.4 作土壤施肥的化学肥料应在采果前 30d 停用，作叶面追肥的肥料应在采果前 20d 停用。

7.2 施肥量

每生产 1 000kg 芒果鲜果施肥参考量：纯氮 25.84kg，磷肥（以 P_2O_5 计）9.3kg，钾肥（以 K_2O 计）29.84kg，钙肥（以 CaO 计）12.5kg，镁肥（以 MgO 计）5.0kg。

7.3 施肥时期和方法

7.3.1 幼树施肥

7.3.1.1 土壤追肥

种植当年于第一次新梢老熟后开始施肥，1～2 个月施一次；第 2、3 年在每次新梢集中抽发前施肥一次，至 11 月停止施肥。幼树施肥以氮肥为主，适当施用磷钾肥。植后第 1 年每次每株施尿素 25～50g 或稀薄粪水或花生麸液或沼气液 3～5kg；第 2 年每次每株施尿素 75～100g 或稀薄粪水或花生麸液或沼气液 5～10kg；第 3 年尿素增至 100～150g 或稀薄粪水或花生麸液或沼气液增至 15～20kg。每年最后一次施肥应将尿素改为复合肥。复合肥的用量为尿素的 1 倍。干旱时尿素应淋施，雨天则可撒施。

7.3.1.2 叶面追肥

绿色食品芒果每次新梢叶片转绿期可叶面追肥 1～2 次，肥料种类有尿素、氯化钾、硫酸镁、硫酸锌、磷酸二氢钾等，也可用符合 GB/T 17419 含氨基酸叶面肥和 GB/T 17420 含微量元素叶面肥。

7.3.2 结果树施肥

7.3.2.1 土壤追肥

促穗肥

花芽萌发前 10~15d 进行。晚花品种在 1 月下旬，最迟不应晚于 2 月初施用，中、早花品种可适当提前。10 年生以下树每株施 15‑15‑15 的复合肥 0.3~0.7kg 或尿素加钾肥各 0.1~0.5kg，10 年生以上树每株施复合肥 0.8~1.2kg；或尿素加钾肥各 0.1~0.5kg。

花后肥

谢花后至幼果迅速膨大期施用，晚花品种在 4 月上中旬至 5 月进行。10 年生以下树每株施尿素、氯化钾各 0.1~0.5kg，10 年生以上树每株施尿素、钾肥各 0.5~1.0kg；结果少的树可不加氮肥，只补充钾肥。

采后肥

采后 7~10d 内进行。10 年生以下树每株施尿素 0.1~0.5kg 加复合肥 0.5~1.0kg，或稀薄粪水或花生麸液或沼气液 25~30kg 加尿素 0.2~0.4kg；10 年生以上树，每株施尿素 0.4~0.6kg 加复合肥 0.8~1.5kg，或稀薄粪水或花生麸液或沼气液 30~40kg 加尿素 0.5~0.6kg。第二次秋梢或早冬梢抽梢前后适当补肥。

7.3.2.2 叶面追肥

花序伸长期、开花期、幼果期、果实膨大期、第一次和第二次秋梢或早冬梢展叶期、转色期进行根外追肥。可用人畜尿液、花生麸水、沼气液的稀释液或 0.2%~0.5% 尿素、磷酸二氢钾溶液，以及符合 GB/T 17419 含氨基酸叶面肥和 GB/T 17420 含微量元素叶面肥。

8 整形修剪

8.1 整形

芒果采用自然圆头形等树形，定植后 2~3 年内完成整形。主干高度 40～60cm，留主枝 3～5 条，不设中心干，主枝均匀分布到各个方向，分枝角度 45°～50°，每主枝留侧枝 2～3 条。苗木长至 60～70cm 高时，在 50～60cm 处摘心或剪顶定干。长出的新梢，选择 3 条方位较好，生长均匀，角度斜生的留下作主枝，其余的抹除。主枝延长枝延伸 20～30cm 时，再行摘心，分枝长出后，留 1 条延长枝和 2 条副主枝。副主枝长至 30cm 时摘心或剪顶，每条副主枝留 2～3 条侧枝。

8.2　修剪

8.2.1　夏季修剪

开花座果后至果实采收前 40d 进行。夏梢长至 3～5cm 长时，从基部全部抹除；疏除内膛、株间交叉枝；疏除过密、过弱花序和弱枝上的花序；果实发育期间疏去或短截遮挡果实光照的中上部无果枝。

8.2.2　采后修剪

采果后至秋梢萌发前进行。疏去影响光照透入的过密枝、弱枝、已衰退的下垂枝、衰老枝、病虫枝和枯枝；回缩树冠之间和树冠内的交叉枝；剪短先端衰退枝、过长的营养枝和结果母枝；回缩或短截树冠中上部和顶部过密的侧枝；为维持树形和树冠结构所应修剪的其他枝条。

入冬前的 11 月，树冠过密，枝条过弱过多时，可进行一次初冬疏剪，疏去过多的剪口芽、树冠内的密生弱枝、采后修剪未疏或漏疏的多年生弱枝、少叶光杆枝以及新出现的病虫枝。

9　花果管理

9.1　促花

9.1.1　时期

11 月下旬至 12 月中下旬。

9.1.2　方法

9.1.2.1　对旺树、旺枝的主干或主枝进行环状剥皮，剥口宽度 0.3～0.5cm。

9.1.2.2 对旺树、旺枝进行弯枝、拉枝和扭枝。

9.1.2.3 在树冠下深耕翻土，深度 15～20cm，内浅外深，切断上层根系。

9.1.2.4 控制土壤水分，不人为灌水。

9.2 控制早花

9.2.1 抑制花芽萌发

适时放第一次秋梢、在第一次秋梢的基础上培养第二次秋梢或早冬梢；花芽分化前的 10—11 月灌水。

9.2.2 摘花

花序复抽力强的品种，1 月底当花序长至 5～10cm 时，从基部摘除；2 月中下旬至 3 月上旬，花序未开小花前留花序基部 2～3cm，将花序上部剪除。

9.3 保花保果

9.3.1 促进授粉受精

开花前在园边堆放垃圾或蔗渣等材料繁殖苍蝇，开花期间，用诱饵吸引苍蝇飞来并上树。

9.3.2 雨后摇花

盛花期阴雨无风天气，雨后人工摇花，抖落花穗的水珠和凋谢的花朵。

9.3.3 高温喷水灌溉

在花序伸长至开花期遇干旱，及时土壤灌水。盛花期高温干旱或雾后晴天，早上喷水降温、洗雾。

9.3.4 摘除嫩叶

混合花序上的幼叶在未展开时从叶身基部人工摘除。

9.3.5 环割

盛花期至谢花后，树势壮旺或花果量偏少的树可在主枝或副主枝基部环割。

9.4 疏花疏果

9.4.1 当末级梢成花率＞70% 时，保留 70% 花序，其余从基部疏除。

9.4.2　幼果发育至果实膨大期间按每穗留果 1～3 个，分 2～3 次疏去过密果、病虫果、畸形果。

9.5　套袋

9.5.1　第二次生理落果后进行套袋。

9.5.2　后熟后黄色果皮品种用外黄内黑双层或白色单层专用纸袋，红色果皮品种用外灰内红或外黑内红复合专用纸袋套袋。

9.5.3　套袋前果面喷施 1～2 次杀菌、杀虫混合剂和叶面肥。杀菌、杀虫剂应符合 NY/T 393 农药使用准则。

9.5.4　红色果皮品种可在采前 10～15d 除袋增色。

10　病虫害防治

10.1　防治原则

贯彻"预防为主、综合防治"的植保方针，应用病虫害可持续控制的策略，做好病虫害的监测和预警工作，在病虫害发生的关键阶段适时防治。以加强栽培管理，改善芒果园生态环境，保持农业生态系统的平衡和生物多样性为基础，综合应用农业防治、物理防治、生物防治技术，配合使用符合 NY/T 393 农药使用准则的高效、经济、安全的化学农药。

10.2　农业防治

10.2.1　严禁使用带检疫对象的种苗和严禁从疫区引入种子、种苗。

10.2.2　因地制宜选用抗病虫害的优良品种。

10.2.3　做好品种区域化，同一小区种植主栽品种和授粉品种，避免混栽物候期差异太大的品种。

10.2.4　在建园和栽培管理过程中，应用种植防护林带、行间间作或生草等技术，创造有利于芒果生长和天敌生存，而不利于病虫生长的生态系统，保持生物多样性和生态平衡。

10.2.5　加强肥水管理，增施有机肥、不施或少施化肥，平衡施肥和适度灌水，增强树势，提高抗病虫害的能力。

10.2.6　加强树体管理，通过适当的整形修剪，改善树冠内外光照和湿度条件，减少病虫危害。

10.2.7　修剪后和冬季进行清园，减少病虫传染源。

10.2.8　适时放梢，避开虫害高峰期。

10.2.9　深翻压土，将地表的病菌、虫卵压入土下。

10.3　物理防治

10.3.1　使用频振杀虫灯、蓝色板、黄色板等诱杀害虫。使用黄色荧光灯驱赶吸果夜蛾。

10.3.2　利用防虫网隔离和捕虫网人工捕杀害虫。

10.3.3　果实套袋。

10.4　生物防治

10.4.1　选用微生物源，植物源生物农药。

10.4.2　繁殖、释放主要害虫天敌。

10.4.3　种植利于捕食螨类繁衍的良性牧草，保护和利用自然界的各种病虫天敌。

10.5　化学防治

农药使用应按 NY/T 393 规定执行。

10.6　芒果主要病虫害防治方法

芒果主要病虫害防治方法，见附录 A。

11　采收

11.1　成熟度的判断

11.1.1　外观特征

成熟的果实果皮颜色由绿色或深绿色转成淡黄绿色，果皮由富有光泽转为暗淡，果肩由扁平转为浑圆，果粉厚度由薄转为明显。

11.1.2　果实比重

完全成熟的果实比重为 1.01～1.02。当将果实放入静止水中时，若能自然下沉或半下沉即表明达到采收的成熟度。

11.2　采收时期

晴天上午露水干后采收。远运和用作贮藏用的鲜果，有20％～30％果实在水中完全下沉时采收；就地鲜果销售的，可待 50％～

60%完全下沉时才采收；加工用的果实，根据加工的要求决定采收期，制蜜饯和做罐头的果实，要求果肉具品种色泽时采收，加工果汁和果酱的，待大部分果实充分成熟后采收。

11.3　采收方法

11.3.1　树冠矮小的树应单果采收，"一果两剪"。先在花梗处将果实剪离树体，之后在花梗尾部留 0.5～1.0cm 剪断，保留全部果柄。高大的芒果树，用顶端绑着网袋的高枝剪，将果实采入网袋。

11.3.2　盛果筐和果实贮放处，应用软物垫上，以避免擦伤果实。

11.3.3　采收的过程中轻拿轻放，力求不伤果皮和不弄断果柄，避免引起流胶污染果面。已被乳汁污染的果实，应及时用食品专用洗涤剂或 1%醋酸水清洗去胶液。

11.3.4　采后的果实应贮放在通风、阴凉、干爽和无日光直射处。

11.3.5　采收后，24h 内进行果品分级、包装、贮运保鲜。

附录 A
（规范性附录）
绿色食品芒果主要病虫害防治方法

表 A.1　绿色食品芒果主要病害防治方法

防治对象	防治方法
炭疽病	种植抗病的优良品种； 冬季清园，将病枝、病叶剪除和集中烧毁，并喷一次 0.2 波美度的石硫合剂； 花序萌发后至采果前 20d，每隔 15～20d 用药 1 次，1.0％～1.5％的等量式波尔多液与 58％瑞毒霉锰锌 600～800 倍液或大生 M-45 80％可湿性粉剂 500～600 倍液； 秋梢老熟后至冬季喷 1～2 次 1％～1.5％等量式的波尔多液； 果实采收后用 52℃的温水浸果 3～5min
白粉病	花序伸长期至幼果期，每隔 7～10d，交替使用下列药剂进行喷雾； 45％硫磺悬浮剂 200～400 倍液；20％三唑酮乳剂 5 000 倍液；0.1～0.3 波美度石硫合剂；信生 40％可湿性粉剂 6 000 倍液
流胶病	加强栽培管理，增强树势，减少伤口； 削开病部皮层或在病部纵割树皮，切口上涂以波尔多浆（硫酸铜：石灰：牛尿比例为 1：2：3 或硫酸铜：石灰：水比例为 1：6：40）保护；结合炭疽病的防治喷药
芒果叶疫病	选用抗病砧木，如海南、福建和广西土芒； 发病后用 0.5％石灰倍量式的波尔多液或 50％多菌灵 1 000 倍液喷布

附录 A

（规范性附录）

绿色食品芒果主要病虫害防治方法

表 A.2　绿色食品芒果主要虫害防治方法

防治对象	防治方法
芒果尾夜蛾	在主干、主枝或侧枝上绑扎稻草、木屑等疏松柔软物，诱使成虫入内化蛹，定期检查烧毁；冬季清园涂白；化学防治。 嫩梢长出 3～5cm 长、花序萌发后使用下述农药：90％敌百虫 800～1 000 倍液；40％乐果 800～1 000 倍液；50％敌敌畏 900～1 250 倍液；10％氯氰菊酯 2 000～3 000 倍液
芒果短头叶蝉	加强栽培管理，增强树势；合理修剪，改善果园通风透光条件；化学防治使用下述农药：40％乐果 800 倍液；50％敌敌畏 1 000 倍液；10％氯氰菊酯 2 000～3 000 倍液
切叶象甲	收集被害嫩叶，集中烧毁。化学防治使用下述农药：50％敌敌畏 1 000 倍液；10％氯氰菊酯 2 000～3 000 倍液
芒果叶瘿蚊	注意树冠修剪，以保持树冠充分通风透光；经常除草，避免草荒；冬季及时清园，适当松土，铲除瘿蚊繁殖或化蛹的场所。 化学防治使用下述农药：10％氯氰菊酯 2 000～3 000 倍液；50％敌敌畏 800～1 000 倍液；90％敌百虫 800～1 000 倍液

芒果水肥一体化技术规程
（DB45/T 1505—2017）

1 范围

本标准规定了芒果（*Mangifera indica* L.）栽培水肥一体化的系统选择、灌水、施肥、操作等技术。

本标准适用于广西境内芒果生产。

2 规范性引用文件

下列文件对于本文件的应用是必不可少的。凡是注日期的引用文件，仅所注日期的版本适用于本文件。凡是不注日期的引用文件，其最新版本（包括所有的修改单）适用于本文件。

GB 5084　农田灌溉水质标准

3 术语和定义

下列术语和定义适用于本文件。

3.1 芒果水肥一体化

芒果水肥一体化是以微灌系统为载体，根据芒果的需水需肥规律和土壤水分、养分状况，将水溶性肥料与灌溉水一起，适时、适量、准确地输送到芒果根部土壤供植株吸收的现代施肥方法。

3.2 微灌系统

由水源、首部控制枢纽、输配水管道、灌水器4部分组成。

3.3 水源

有河流、湖泊、水库、池塘、水井、蓄水池等固定水源，水质应符合 GB 5084 的要求。

3.4 首部枢纽

包括电源、电脑及控制台、水泵、流量计、压力表、配肥器、阀门、冲洗阀、过滤器、流量调节器。利用自流水的微灌系统首部枢纽包括配肥器、阀门、冲洗阀、过滤器、流量调节器。

4　方法选择

4.1　泵吸施肥法

利用离心泵或管道泵将肥液吸入微灌管道系统进行施肥。适用于平地和缓坡地果园。

4.2　泵注施肥法

利用外加离心泵、潜水泵将肥液注入有压力的供水管道中进行施肥。要求注入肥液的压力要大于管道内水流的压力。适用于平地和缓坡地果园。

4.3　重力自压式施肥法

为节省能源，可根据当地地势条件建立蓄水池或水塔，肥料直接在水池或水塔中溶解，利用自然高度落差产生的压力实现自压滴灌、施肥。水肥通过输配水管道自行流到水池或水塔下方的芒果树根部土壤。适用于自然高度落差较大的坡地果园。

4.4　旁通罐施肥法

在微灌系统首部的主管并联一个密闭且能耐压的施肥罐，利用施肥罐进、出水口的压力差，将施肥罐内的肥液带到微灌系统内进行施肥。适用于平地和缓坡地果园。

4.5　文丘里施肥法

利用射流原理进行工作，水流通过一个先由大渐小，再由小渐大的管道（文丘里管喉部）时，形成局部负压，在喉部侧壁上的小孔将装在敞口容器中的肥液吸入灌溉水中。适用于平地和缓坡地果园。

4.6　全自动电脑控制施肥法

灌溉和施肥全程均由电脑自动控制。适用于平地、缓坡地和山地果园。

5　灌水

5.1　原则

依据芒果的需水规律、天气情况及土壤墒情确定灌水时期、次数和灌水量。

5.2 时间

于花序伸长期、初花期、盛花期、末花期、果实膨大期，以及枝梢生长期如遇干旱应灌水，15～20d 灌 1 次，花芽分化期及采果前 30d 停止灌水。

5.3 水量

根据树冠大小及旱情确定每次每株灌水量，每次每株树灌水 15～50kg。

6 施肥

6.1 基肥

在定植前、采果后施用，根据树龄及冠大小每株施有机肥 25～50kg。

6.2 追肥

6.2.1 原则

根据芒果需肥规律、土壤肥力水平及结果情况，确定施肥时间、数量、肥料元素间的比例及基肥、追肥比例。追肥以少量多次为宜。基肥进行土施，追肥结合灌水进行水肥共施。

6.2.2 幼树

定植当年，于第一次新梢老熟后开始施肥，1～2 个月施一次，每次每株灌水 15L，施 N 11.5～25g。第 2 年、第 3 年在每次新梢集中萌发前 7～10d 施肥一次，每次每株灌水 15～20L，施 N35～70g；至 11 月停止施肥。幼树施肥以氮肥为主，适当施用磷钾肥。每年用氮、磷、钾复合肥进行最后一次施肥，施肥的最佳时间为 11 月上旬，每株用肥量 N 35～70g、P_2O_5 15～30g、K_2O 35～70g。

6.2.3 结果树

6.2.3.1 施肥量

以产果 100kg 施纯氮 2.58kg，氮、磷、钾、钙、镁比例以 1：0.4：1.2：0.5：0.2 为宜。

6.2.3.2　施肥时间及技术

采果肥

于采果前后 7d 进行土施，每株灌水量 30～50L，用肥量：N 250～500kg，P_2O_5 100～200g，K_2O 300～600g。

壮花肥

花芽萌动至抽长 3～5cm 时，每株灌水量 20～30L，用肥量：N 50～100g、P_2O_5 25～50g、K_2O 40～100g。

谢花肥

末花期至谢花期，每株灌水量 20～30L，用肥量：N 140～230g、P_2O_5 70～120g、K_2O 120～200g。

壮果肥

谢花后 30～40d 施用，每株灌水量 20～30L，用肥量：N 140～230g、P_2O_5 70～120g、K_2O 200～500g。

6.3　肥料选择

用于灌溉施肥的肥料品种必须是符合国家标准或行业标准的水溶性肥料。常用的水溶性肥料有：

——氮肥：尿素、硝酸钾、硫酸铵、尿素-硝酸铵（又称氮溶液）、磷酸一铵等。

——磷肥：过磷酸钙、磷酸二氢钾、磷酸一铵。

——钾肥：硝酸钾、硫酸钾、磷酸二氢钾。

——微量元素肥料：硼酸、硫酸镁、硫酸锌、硝酸铵钙及其他一些螯合物。

其他肥料：水溶性复合肥、畜禽粪液、麸肥液、沼气液等。

7　操作方法

7.1　灌溉

灌溉前关闭施肥器的阀门，打开微灌系统轮灌区的控制阀门，轮灌区切换时以"先开后关"为原则，灌溉结束时先切断动力后关闭动力阀。

7.2 施肥

按照施肥方案要求，灌溉施肥前先将配方肥料溶解、过滤。施肥前先送水至正常工作压力后再打开施肥器阀门输送水肥溶液，施肥结束后用清水冲洗管道 5～10min。

7.3 系统维护

按照使用说明要求对系统进行检查维护。每 30d 清洗肥料罐 1 次，并依次打开各个末端堵头，使用高压水流冲洗干、支管道。按设备说明书要求保养注肥泵。大型过滤器的压力表出口压力低于进口压力 0.6～1 个标准大气压时清洗过滤器。小型单体过滤器每30d 清洗 1 次，水垢较多时可用 10％盐酸水溶液清洗。

芒果生产技术规程
（DB45/T 328—2006）

1 范围

本标准规定了芒果（*Mangifera indica* L.）园地选择和规划、品种选择、种植、土壤管理、施肥管理、水分管理、整形修剪、花果管理、病虫害防治和采收等技术。

本标准适用于广西各芒果生产区芒果的生产。

2 规范性引用文件

下列文件中的条款通过本标准的引用而成为本标准的条款。凡是注日期的引用文件，其随后所有的修改单（不包括勘误的内容）或修订版均不适用于本标准，然而，鼓励根据本标准达成协议的各方研究是否可使用这些文件的最新版本。凡是不注日期的引用文件，其最新版本适用于本标准。

GB 4285 农药安全使用标准

GB/T 8321 农药合理使用准则（所有部分）

GB/T 17419 含氨基酸叶面肥

GB/T 17420 含微量元素叶面肥

NY 5026 无公害食品芒果产地环境条件

NY/T 590 芒果嫁接苗

3 园地选择和规划

3.1 园地选择

选择生态环境良好，远离工矿区，具有可持续生产能力的农业生产区域。要求土壤有机质丰富、有较好的保水保肥能力、排水良好、地下水位 1.5 m 以下；园地开阔向阳，避免在冷空气容易聚集和沉霜的低洼谷地建园。

3.1.1 气候条件

年平均温度＞19.5℃，绝对最低温度＞0℃，1月平均气温＞12.0℃，花期日均温＞20℃；年日照时数＞1 800h；春季干燥，花期雨量5～150mm，无连续阴雨天；无大风、冰雹等灾害性天气。

3.1.2 产地环境空气质量

产地的环境空气必须符合NY/T 5026的规定。

3.1.3 产地灌溉水质量

产地灌溉水的质量按NY/T 5026的规定执行。

3.1.4 产地土壤环境质量要求

产地土壤中的各项污染物含量应符合NY/T 5026的规定。

3.2 园地规划

3.2.1 防护林带

园地四周宜种植防护林带，防护林带分为水源林和防风林。其树种不应与芒果具有相同的主要病虫害。防护林带与芒果园有5m以上的距离。

3.2.2 生产小区划分

根据园地地形、坡向、土壤条件划分小区，并与排灌和道路系统相结合。小区面积1hm²。小区形状为长方形或梯形，山地果园小区长边沿等高线方向延伸，平地果园小区长边宜用南北向。同一小区种植一个品种，不混栽物候期差异太大的品种。

3.2.3 道路系统

根据园地规模、地形地势设立完善的道路系统。主道：贯通全园，路宽4～5m；干道：兼作小区分界，路面稍内斜，路宽3～4m；支道：路宽2～3m。

3.2.4 排灌系统

3.2.4.1 排水

防洪沟：设在山地果园上缘外侧。

排洪沟：设在山地果园下端。

果园内排水沟：山地果园梯田内侧和干道内侧设排水沟，并与排洪沟相连。

3.2.4.2 灌水

可采用明沟漫灌、喷灌、滴灌等方式给芒果树灌水。

4 品种选择

4.1 品种选择依据

根据芒果生产区的气候条件和市场需求选择外观好、无斑点、果面光洁、果皮黄色或红色、风味好、甜或甜酸适中能避过花期低温阴雨危害，抗逆性和抗病虫性强的品种。

4.2 推荐品种

台农 1 号芒、金煌芒、红金煌、红象牙芒、田阳香芒、紫花芒、红苹芒、桂热芒 10 号、桂热芒 82 号、凯特芒、四季蜜芒、桂热芒 120 号等。

5 定植

5.1 种植坑的准备

小于 6°的丘陵山地沿等高线种植，6°～20°修筑等高梯田种植，大于 20°的坡地不宜种植芒果。

定植前 2～3 个月挖好定植穴。定植坑长宽各 100cm，深 60～80cm。土壤风化一段时间后回坑。每株施入绿肥或杂草 20～25kg，腐熟厩肥 15～20kg，磷肥 1kg，石灰 0.5～1kg。将绿肥或杂草、石灰与表土分层混填于坑的中下层，表土和部分腐熟厩肥填于上层，并整成高于原土层 20～30cm 的树盘。

5.2 定植时期

春植：3—4 月；秋植：9—10 月。

5.3 定植方式及密度

采用宽行窄株定植。推荐株行距 3m×4m 或 4m×5m。

5.4 苗木质量要求

按 NY/T 590 规定执行。

5.5 定植方法

5.5.1 裸根苗的定植

剪除苗木上的全部叶片和嫩梢，用薄膜条缠绕密封主干，根部浆根。植时将苗木置于坑中间，扶正、填土、压实，再覆土，在树苗周围做成直径 1m 的树盘，淋足定根水后用干草覆盖。如遇干旱，每隔 3～4d 淋水一次。

5.5.2 带土苗的定植

起苗后剪除 1/2～1/3 的叶片和全部嫩梢。植时将苗木置于坑中间，摆正主枝方向后，解去包装薄膜，然后回土至土团上方 1cm，将土团周围土壤轻压，整好直径 1m 的树盘，淋足定根水后盖草。如遇干旱，每隔 3～4d 淋水一次。

6 土壤管理

6.1 间种

幼树期间在园内行间种植不影响芒果生长的农作物。间作物可用豆科作物、绿肥等。

6.2 中耕除草

每年中耕 2～3 次。第一次在夏季，第二次在冬季花芽分化前。中耕时用利铲翻压畦面土壤，将杂草、枯叶盖入土中。夏季中耕深度 15cm 左右，冬季 20～25cm。经常铲除树盘杂草，行间杂草结合中耕翻土压入土中。

6.3 深耕扩穴改土

6.3.1 时间

种植第二年开始，每年 7—10 月进行，4～5 年内完成。

6.3.2 方法

在树冠内缘挖相对的两条长沟，深度 50～60cm，宽 50cm，每株施腐熟厩肥 20kg，磷肥、石灰各 0.5kg，饼肥 1～2kg，先粗肥后精肥与土壤拌匀后回沟。

6.4 树盘土壤覆盖

种植后及时整好树盘，距主干 15cm 左右覆盖杂草或农作物秸秆。种植成活后至树盘自荫之前，干旱季节树盘覆盖，盖草厚度15～20cm。

7　水分管理

7.1　灌水

7.1.1　在第一次、第二次秋梢或早冬梢萌发期、盛花期和幼果发育期，如遇旱应及时灌水。

7.1.2　灌溉用水的质量应符合 NY/T 5026 的规定。

7.1.3　根据土壤含水量测定结果确定灌溉与否，一般砂质土壤含水量＜5％，壤质土＜15％，黏质土＜25％时须进行灌水或淋水。

7.1.4　每次灌水量以湿透根系主要分布层（10～30cm）为度，并达到田间最大持水量的 60％～70％。

7.1.5　除地面漫灌外，提倡使用滴灌、喷灌等节水灌溉方法。

7.2　排水

地势低洼或地下水位较高的园地，雨天及时排除园内积水。

8　施肥管理

8.1　施肥原则

8.1.1　推荐使用附录 A 所述的商品有机肥、腐殖酸类肥料、微生物肥料、有机复合肥料、无机（矿质）肥料、有机无机矿质肥料、叶面肥料。

8.1.2　化肥、有机肥和微生物肥配合使用。

8.1.3　不使用硝态氮肥和未经国家有关部门批准登记和生产的商品肥料和新型肥料。

8.1.4　采用营养诊断法平衡施肥。

8.1.5　作土壤施肥的化学肥料应在采果前 30d 停用，作叶面追肥的肥料应在采果前 20d 停用。

8.2　肥料种类

推荐使用的肥料种类，见附录 A。

8.3 施肥量

每生产 1 000kg 芒果鲜果推荐施纯氮 25.84kg，磷肥（以 P_2O_5 计）9.3kg，钾肥（以 K_2O 计）29.84kg，钙肥（以 CaO 计）12.5kg，镁肥（以 MgO 计）5.0kg，养分比例 $N+P_2O_5+K_2O+CaO+MgO=5+2+6+2.5+1$，各地应结合产地土壤肥力等条件确定芒果施肥量。

8.4 施肥时期和方法

8.4.1 幼树施肥

8.4.1.1 土壤追肥

种植当年于第一次新梢老熟后开始施肥，1～2 个月施一次；第 2、3 年在每次新梢集中抽发前施肥一次，至 11 月停止施肥。幼树施肥以氮肥为主，适当施用磷钾肥。植后第 1 年每次每株施尿素 25～50g 或沤肥 3～5kg；第 2 年每次每株施尿素 75～100g 或沤肥 5～10kg；第 3 年尿素 100～150g 或沤肥 15～20kg。每年最后一次施肥应用复合肥。复合肥的用量为尿素的 1 倍。干旱时尿素应淋施，雨天则可撒施。

8.4.1.2 叶面追肥

芒果每次新梢叶片转绿期可叶面追肥 1～2 次，肥料种类有尿素、氯化钾、硫酸钾、硫酸镁、硫酸锌、磷酸二氢钾和附录 A 所列的叶面肥等，也可用符合 GB/T 17419 含氨基酸叶面肥和 GB/T 17420 含微量元素叶面肥规定的肥料。

8.4.2 结果树施肥

8.4.2.1 土壤施肥

促穗肥

花芽萌发前 10～15d 进行。晚花品种在 1 月下旬，最迟不应晚于 2 月初施用，中、早花品种可适当提前。10 年生以下树每株施 15 - 15 - 15 的复合肥 0.3～0.7kg 或尿素加钾肥各 0.3～0.5kg，10 年生以上树每株施复合肥 0.8～1.2kg，或尿素加钾肥各 0.5～1.0kg。

花后肥

谢花后至幼果迅速膨大期施用，晚花品种在 4 月上中旬至 5 月进行。10 年生以下树每株施尿素、钾肥各 0.3～0.5kg，10 年生以上树每株施尿素、钾肥各 0.5～1.0kg；结果少的树可不加氮肥，只补充钾肥。

采后肥

采后 7～10d 内进行。10 年生以下树每株施尿素 0.3～0.5kg 加复合肥 0.5～1.0kg，或沤肥 25～30kg 加尿素 0.2～0.4kg；10 年生以上树，每株施尿素 0.4～0.6kg 加复合肥 0.8～1.5kg，或沤肥 30～40kg 加尿素 0.5～0.6kg。第二次秋梢或早冬梢抽梢前后适当补肥。

8.4.2.2　叶面追肥

花序伸长期、开花期、幼果期、果实膨大期、第一次和第二次秋梢转色期进行根外追肥。可用 0.2 %～0.5 %尿素、磷酸二氢钾溶液和附录 A 所列的叶面肥，以及符合 GB/T 17419 含氨基酸叶面肥和 GB/T 17420 含微量元素叶面肥规定的其他肥料。

9　整形修剪

9.1　整形

芒果采用自然圆头形和主枝分层形等树形，定植后 2～3 年内完成整形。自然圆头形树冠主干高度 50～60cm，留主枝 3～5 条，不设中心干，主枝均匀分布到各个方向，分枝角度 45°～50°，每主枝留侧枝 2～3 条。苗木长至 60～70cm 高时，在 50～60cm 处摘心或剪顶定干。长出的新梢，选择 3 条方位较好，生长均匀，角度斜生的留下作主枝，其余的抹除。主枝延长枝延伸 20～30cm 时，再行摘心，分枝长出后，留 1 条延长枝和 2 条副主枝。副主枝长至 30cm 时摘心或剪顶，每条副主枝留 2～3 条侧枝。

主枝分层形树冠具中心主干，植株 60～70cm 定干，同时拉一条分枝直立向上作为中心主干。第一层主枝 3 条，均匀分布，各层侧枝的培育方法与自然圆头形相同。当中心干长至距第一层主枝 1.2～1.5m 时剪顶分枝，培育第二层主枝，第二层主枝留 3 条，其上着生 2 条侧枝。有明显中心干，下大上小两个叶幕层，树体通透性好，树形呈塔形。

9.2 修剪

9.2.1 夏季修剪

开花座果后至果实采收前 40d 进行。夏梢长至 3～5cm 长时，从基部全部抹除；疏除内膛、株间交叉枝；疏除过密、过弱花序和弱枝上的花序；果实发育期间疏去或短截遮挡果实光照的中上部无果枝。

9.2.2 采后修剪

采果后至秋梢萌发前进行。疏去影响光照透入的过密枝、弱枝、下垂枝、衰老枝、病虫枝和枯枝；回缩树冠之间和树冠内的交叉枝；短截过长的营养枝和结果母枝；剪除维持树形和树冠结构所应修剪的其他枝条。

入冬前的 11 月，疏去过多的剪口芽、树冠内的密生弱枝、少叶光杆枝以及新出现的病虫枝。

9.3 高接换种

9.3.1 高接前的准备

6 年生以下的幼树，或生长壮旺，骨干枝易剥皮的树，可直接嫁接；6 年以上及骨干枝不易剥皮的树，离地面 100cm 处截断主枝，待其抽梢后，每枝保留 3 条新梢，生长至梢粗 0.8cm 时嫁接。

9.3.2 高接方法

利用骨干枝直接嫁接者，用枝腹接法或切接法；利用新抽枝梢嫁接者，用补片芽接法、枝腹接法和舌接法均可。

9.3.3 高接时间

以每年 3—5 月较好，在骨干枝上直接嫁接的则春、秋两季皆宜。

9.3.4 高接后的管理

用芽接法、枝腹接法，接后 20d 解缚。嫁接成活后在嫁接口上方 3cm 处剪贴。用切接法和舌接法，待接穗抽 2 次梢老熟后解缚。剪砧后及时抹除砧木芽。

10　花果管理

10.1　促花

10.1.1　化学方法

11月至翌年2月上旬可用200～300mg/L的乙烯利或200～300mg/L的乙烯利＋800～1 000mg/L的15％多效唑树冠喷布2～3次；或在9—10月每米树冠直径土施15％多效唑6～8g，施后淋水保湿15d。

10.1.2　物理方法

10.1.2.1　促花时期在11月下旬至12月中下旬。

10.1.2.2　对旺树、旺枝的主干或主枝进行环状剥皮，剥口宽度0.3～0.5cm。

10.1.2.3　对旺树、旺枝进行弯枝、拉枝和扭枝。

10.1.2.4　在树冠下深耕翻土，深度15～20cm，内浅外深，切断上层根系。

10.2　控制早花

10.2.1　抑制花芽萌发

适时放第一次秋梢，在第一次秋梢的基础上培养第二次秋梢，花芽分化前的10—11月施肥、灌水。

10.2.2　摘花

花序复抽力强的品种，1月底当花序长至5～10cm时，从基部摘除；2月中下旬至3月上旬，花序未开小花前留花序基部2～3cm，将花序上部剪除。

10.3　保花保果

10.3.1　促进授粉受精

开花前在园边堆放容易招引苍蝇的材料，引蝇入园授粉。

10.3.2　雨后摇花

盛花期阴雨天气，雨后人工摇花，抖落花穗的水珠和凋谢的花朵，避免沤花。

10.3.3 喷水、灌溉

在花序伸长至开花期遇干旱，及时土壤灌水。盛花期高温干旱早上应喷水降温，预防焗花。

10.3.4 应用生长调节剂

盛花期开始每隔 15～20d，树冠喷布 30～50mg/L 的赤霉素共 2～3 次，并加入适量中性洗衣粉或表面活化剂等。

10.3.5 摘除嫩叶

混合花序上的幼叶在未展开时从叶基摘除。

10.4 疏花疏果

10.4.1 当末级梢成花率＞70％时，保留 70％花序，其余从基部疏除。

10.4.2 果实膨大期按每穗留果 1～3 个，分 2 次疏去过密果、病虫果、畸形果。

10.5 套袋

10.5.1 第二次生理落果后进行套袋。

10.5.2 后熟后果皮黄色的品种用外黄内黑双层或白色单层专用纸袋，红色果皮品种用外灰内红或外黑内红复合专用纸袋套袋。

10.5.3 套袋前果面喷施 1～2 次杀菌、杀虫混合剂和叶面肥。杀菌、杀虫剂应符合 GB/T 8321 农药合理使用准则（所有部分）。

10.5.4 红色果皮品种采前 10～15d 除袋增色。

11 病虫害防治

11.1 防治原则

贯彻"预防为主、综合防治"的植保方针，综合应用农业防治、物理防治、生物防治技术，配合使用符合 GB 4285 农药安全使用标准和 GB/T 8321 农药合理使用准则的高效、低毒、低残留量化学农药。

11.2 农业防治

11.2.1 严禁从疫区引入种子、种苗。

11.2.2 因地制宜选用抗病虫害的优良品种。

11.2.3 同一小区应种植单一品种，同一果园避免混栽物候期差异太大的品种。

11.2.4 在建园和栽培管理过程中，采用种植防护林带、行间间作或生草等技术，创造有利于芒果生长和天敌生存而不利于病虫生长的生态系统，保持生物多样性和生态平衡。

11.2.5 加强肥水管理，增施有机肥，平衡施肥和适度灌水，增强树势，提高抗病虫害的能力。

11.2.6 加强树体管理，通过适当的整形修剪，改善树冠内外光照和湿度条件，减少病虫危害。

11.2.7 冬季进行清园涂干，把枯枝、病虫枝叶集中烧毁，减少病虫传染源。

11.2.8 适时放梢，促使新梢抽生整齐，避开虫害高峰期。

11.2.9 深翻晒土，杀死地下害虫。

11.3 物理防治

11.3.1 使用频振杀虫灯、蓝色板、黄色板等诱杀害虫，利用黄色荧光灯驱赶吸果夜蛾。

11.3.2 使用防虫网和捕虫网人工捕杀害虫。

11.3.3 果实套袋。

11.4 生物防治

11.4.1 使用真菌、细菌、病毒等生物农药，生化制剂和昆虫生长调节剂。

11.4.2 繁殖、释放主要害虫天敌。

11.4.3 种植利于捕食螨类繁衍的良性牧草，保护和利用害虫天敌。

11.5 化学防治

11.5.1 不应使用剧毒、高毒、高残留或具有三致的农药，详见附录 B。

11.5.2 推荐使用植物源杀虫剂、微生物源杀虫杀菌剂、昆虫生长调节剂、矿物源杀虫杀菌剂以及低毒低残留有机农药。详见附录 C。

11.5.3 限用中等毒性有机农药。见附录 D。

11.5.4 不应使用未经国家有关部门登记和许可生产的农药。

11.5.5 不同类型农药交替使用，每年同一类型农药使用次数不得超过 3 次。

11.5.6 对限制使用的化学农药最后一次用药距采收间隔期应在 30 d 以上，对允许使用的化学农药最后一次用药距采收间隔期应在 20 d 以上。

11.6 芒果主要病虫害防治方法

芒果主要病虫害防治方法，见附录 E。

12 采收

12.1 成熟度的判断

12.1.1 外观特征

成熟的果实果皮颜色由绿色或深绿色转成淡黄绿色，果皮由富有光泽转为暗淡，果肩由扁平转为浑圆，果蒂部略下陷，果粉明显。

12.1.2 果实密度

完全成熟的果实密度在 1.01~1.02 之间。当果实放入水中时，能自然下沉或半下沉即表明达到采收的成熟度。

12.2 采收时期

晴天上午露水干后采收。远运和用作贮藏用的鲜果，有20%~30%果实在水中完全下沉时采收，就地鲜果销售的，可待 50%~60%完全下沉时才采收，加工用的果实，根据加工的要求决定采收期，制蜜饯和做罐头的果实，要求果肉具品种色泽时采收，加工果汁和果酱的，待大部分果实充分成熟后采收。

12.3 采收方法

12.3.1 树冠矮小的树应单果采收，"一果两剪"。先在果梗处将果实剪离树体，之后在果梗尾部留 0.5~1.0 cm 剪断，保留果柄。高大的芒果树，用顶端绑着网袋的高枝剪，将果实采入网袋。

12.3.2 盛果筐和果实贮放处应卫生、安全、无毒、无异味，并用软物垫上，以避免擦伤果实。

12.3.3　采收时轻拿轻放，不伤果皮和不弄断果柄，避免引起流胶污染果面。

12.3.4　采后的果实应贮放在通风、阴凉、干爽和无日光直射处。

12.3.5　采收后，24h内进行果品分级、包装、贮运保鲜。

附录 A
（规范性附录）
使用的肥料种类

表 A.1 使用的肥料种类

分类	名称	简介
农家肥料	1 堆肥	以各类秸秆、落叶、人畜粪便堆积，经好气微生物分解而成
	2 沤肥	堆肥的原料在淹水条件下，经微生物嫌气发酵而成
	3 厩肥	猪、羊、马、鸡、鸭等畜禽的粪尿与秸秆垫料堆积发酵而成
	4 绿肥	栽培或野生的新鲜绿色植物体就地翻压或异地施用的肥料
	5 沼气肥	沼气液或残渣
	6 秸秆	作物秸秆
	7 泥肥	未经污染的河泥、塘泥、沟泥等
	8 饼肥	菜籽饼、棉籽饼、芝麻饼、花生饼等
	9 灰肥	草木灰、木炭和草灰、糠灰等
商品肥料	1 商品有机肥	以生物废料、动植物残体、排泄物为原料加工制成
	2 腐植酸类肥料	以泥炭、褐炭、风化煤等含腐植酸类物质为原料加工制成含有植物营养成分的肥料
	3 微生物肥料	
	根瘤菌肥料	能在豆科植物上形成根瘤的根瘤菌剂
	固氮菌肥料	含有自生固氮菌、联合固氮菌剂的肥料
	磷细菌肥料	含有磷细菌、解磷真菌、菌根菌剂的肥料
	硅酸盐细菌肥料	含有硅酸盐细菌、其他解钾生物制剂
	复合微生物肥料	含有两种以上有益微生物，它们之间互不拮抗的微生物制剂

（续）

分类	名称	简介
商品肥料	4 有机复合肥	经无害处理后的畜禽粪便及其他生物废料加入微量营养元素制成的肥料
	5 无机肥料	矿物经物理或化学工业方式制成，养分呈无机盐形式的肥料
	氮肥	尿素、氯化铵
	磷肥	过磷酸钙、钙镁磷肥、磷矿粉
	钾肥	氯化钾、硫酸钾
	钙肥	生石灰、石灰石、石灰
	镁肥	钙镁磷肥
	6 叶面肥	喷施于植物叶片、不含化学合成的生长调节剂
	7 微量元素	含有铜、铁、锰、锌、镁、硼、钼等微量元素配置的肥料
	8 掺合肥料	由有机肥、微生物肥、无机（矿物）肥；腐植酸肥按一定比例掺入化肥（硝酸氮肥除外）混合而成
其他肥料		不含有毒物质的食品、纺织工业有机副产品，以及骨粉、骨胶废渣、氨基酸残渣、家禽家畜加工废料、糖厂废料等有机物制成的肥料

注：①农家肥（沼气肥、沤肥除外）应堆放 15d 以上，经大于 50℃ 发酵充分腐熟后才能使用。

②沼气肥需经密封贮存 30d 以上才能使用。

附录 B

（规范性附录）

禁止使用的农药

表 B.1　禁止使用的农药

种类	农药名称	禁用原因
有机氯杀虫剂、杀螨剂	六六六、滴滴涕、林丹、硫丹、三氯杀螨醇	高残毒
有机磷杀虫剂	甲胺磷、甲基对硫磷、对硫磷、久效磷、磷胺、甲拌磷、甲基异硫磷、甲基硫环磷、治螟磷、苯线磷、硫线磷、乙拌磷、地虫硫磷、灭克灵、蝇毒磷、杀扑磷、氧化乐果、水胺硫磷、氯唑磷、特丁硫磷、克线丹	剧毒高毒
氨基甲酸脂类杀虫剂	克百威、涕灭威	高毒
有机氮杀虫剂、杀螨剂	杀虫脒	慢性毒性、致癌
有机锡杀螨剂、杀菌剂	三环锡、薯瘟锡、毒菌锡	致畸
有机砷杀菌剂	福美砷、福美钾砷	高残毒
杂环类杀菌剂	敌枯双	致畸
有机氮杀菌剂	双胍辛胺	毒性高、有慢性毒性
有机汞杀菌剂	氯化乙基汞、乙酸苯汞	高残毒
有机氟杀虫剂	氟乙酰胺、氟硅酸钠	剧毒
2，4-D类化合物	除草剂及生长调节剂	致癌
熏蒸剂	二溴乙烷、二溴氯丙烷	致癌、致畸、致突变
杀螨剂	克螨特	慢性毒性
二苯醚类除草剂	除草醚、草枯醚	慢性毒性

附录 C
（规范性附录）
允许使用的农药

表 C.1　允许使用的农药

通用名称	剂型及含量	主要防治对象	施用量	施用方法	安全间隔期（d）
尼索朗	5%乳油	叶螨	1 500~2 000 倍液	喷雾	30
苯螨特	10%乳油	瘿螨类	1 500~2 000 倍液	喷雾	21
敌百虫	90%晶体	叶蝉、尾叶蛾、瘿蚊等	800~1 000 倍液	喷雾	28
代森锌	80%可湿性粉剂	炭疽病	600~800 倍液	喷雾	21
代森铵	50%水剂	炭疽病、白粉病	500~800 倍液	喷雾	21
代森锰锌	80%可湿性粉剂	炭疽病、叶斑病	600~800 倍液	喷雾	21
多菌灵	50%可湿性粉剂	炭疽病、叶斑病	500~1 000 倍液	喷雾	21
甲霜灵锰锌	58%可湿性粉剂	炭疽病、叶斑病	500~600 倍液	喷雾	21
吡虫啉	10%可湿性粉剂	叶蝉、蚜虫等	2 500~3 000 倍液	喷雾	21
高效氯氟氢菊酯	2.5%功夫乳油	钻心虫、介壳虫	2 000~3 000 倍液	喷雾	20
粉锈宁	20%乳油	白粉病	1 000 倍液	喷雾	20
甲基托布津	70%可湿性粉剂	蒂腐病、炭疽病	500 倍液	喷雾	21

附录 D

（规范性附录）

限制使用的农药

表 D.1　限制使用的农药

通用名称	剂型及含量	主要防治对象	施用量	施用方法	安全间隔期（d）
敌敌畏	80%乳油	蚜虫、毒蛾、天牛类	800～1 000 倍液 5～10 倍液	喷雾、灌药	21
喹硫磷	25%乳油	介壳虫、蚜虫	600～1 000 倍液	喷雾	28
乐果	40%乳油	蚜虫、毒蛾	1 000～1 500 倍液	喷雾	21
毒死蜱	40%乳油	蚜虫、尾夜蛾	800～1 500 倍液	喷雾	21
氯氟氰菊酯	2.5%乳油	尾夜蛾、蚜虫	2 500～3 000 倍液	喷雾	21
甲氰菊酯	20%乳油	尾夜蛾、蚜虫	2 500～3 000 倍液	喷雾	30
氰戊菊酯	20%乳油	尾夜蛾、蚜虫	2 500～3 000 倍液	喷雾	21
溴氯菊酯	2.5%乳油	尾夜蛾、蚜虫	1 250～2 500 倍液	喷雾	28
氯氰菊酯	10%乳油	尾夜蛾、蚜虫	2 000～4 000 倍液	喷雾	30

附录 E
（资料性附录）
主要病虫害防治方法

表 E.1 芒果主要病虫害防治方法

防治对象	推荐药剂及使用方法	其他防治方法
炭疽病	1.0%～1.5%等量式波尔多液；70%甲基托布津可湿性粉剂 1 000～1 500 倍液；50%多菌灵可湿性粉剂 800 倍液；30%氧氯化铜胶悬剂 600～800 倍液；70%代森锰锌可湿性粉剂 800 倍液；25%咪酰胺 1 000 倍液。 于嫩梢期、花穗期、幼果期和果实后期喷雾防治	种植抗病的优良品种；冬季清园，将病枝、病叶剪除和集中烧毁
白粉病	45%硫黄悬浮剂 200～400 倍液；20%粉锈宁乳剂 1 500 倍液；0.3 波美度石硫合剂；70%代森锰锌 800 倍液。 于花序伸长期至幼果期，每隔 7～10d，连续 2～3 次喷雾	冬季清园，喷 2 波美度石硫合剂封园过冬
流胶病	定期喷 0.3%氧氯化铜溶液。削开病部皮层或在病部纵割树皮，切口上涂以波尔多浆保护	加强栽培管理，增强树势，减少伤口
芒果叶疫病	发病后用 50%多菌灵 500 倍液；0.5：1：100 的波尔多液喷雾	选用抗病砧木，如海南、福建和广西土芒
芒果尾夜蛾	90%敌百虫、40%乐果或 50%敌敌畏 800～1 000 倍液；10%氯氰菊酯 2 000～3 000 倍液。 于嫩梢长出 3～5cm 长、花序萌发后连续 2 次用药喷雾	在主干、主枝和侧枝上绑扎稻草、木屑等疏松柔软物，诱使成虫入内化蛹，定期检查烧毁；冬季清园涂白
芒果短头叶蝉	40%乐果 800 倍液；80%敌敌畏乳油 1 000 倍液；10%氯氰菊酯 2 000～3 000 倍液喷雾	加强栽培管理，增强树势；合理修剪，改善果园通风透光条件

（续）

防治对象	推荐药剂及使用方法	其他防治方法
切叶象甲	50％敌敌畏 1 000 倍液；10％氯氰菊酯 2 000～3 000 倍液喷雾	收集被害嫩叶，集中烧毁
芒果叶瘿蚊	10％氯氰菊酯 2 000～3 000 倍液；80％敌敌畏 800～1 000 倍液；90％敌百虫 800～1 000倍液喷雾防治	注意树冠修剪，以保持树冠充分通风透光；经常除草，避免草荒；冬季及时清园，适当松土，铲除瘿蚊繁殖或化蛹的场所
芒果蓟马	20％氰戊菊酯 2 000～3 000 倍液；90％敌百虫 800～1 000 倍液；40％灭病威胶悬剂 400 倍液喷雾	增强树势、合理修剪

芒果园弥雾喷药技术规程
（Q/DM 001—2022）

1　范围

本文件规定了芒果园弥雾喷药的配药，弥雾喷药系统构造、使用和维护技术。

本文件适用于芒果园利用弥雾喷药系统进行喷施农药及叶面喷施水溶肥。

2　规范性引用文件

本文件没有规范性引用文件。

3　弥雾系统工作原理

用固定或者移动式大药桶，按需配制好药液或者肥液。弥雾喷药系统工作时，通过加压水泵（移动电瓶供电）将药、肥液通过管道输送至弥雾机药阀处。弥雾机开启工作时，发动机（爆炸 60 次/s）产生的高温高压气流从喷管出口处高速喷出，打开药阀后，药、肥液输入至爆发管内。药、肥液与高温高速气流在爆发管混合的瞬间，药、肥液在 1/60 s 内被爆炸粉碎成微米级颗粒排入空气中冷却形成弥雾状从喷管中高速喷出，并迅速扩散弥漫，当被防治的对象接触到此弥雾时，就起到了防治或处理的作用。

4　广西芒果病虫害发生规律及农药使用月历

广西芒果主要病虫害防控月历见表1。

表1 广西芒果主要病虫害防控月历表

月份	发生的主要病虫害	防控措施	施药次数
1	流胶病、炭疽病、壮铁普瘿蚊、瘿蚊	1. 波尔多液防流胶、炭疽病、诱虫板诱杀瘿蚊	1
2	流胶病、炭疽病、白粉病、细菌性角斑病、茶黄蓟马、壮铁普瘿蚊、叶瘿蚊、花瘿蚊、扁喙叶蝉、横线尾夜蛾、矢尖蚧	1. 诱虫板诱杀叶蝉、瘿蚊；诱虫灯诱杀天牛、横线尾夜蛾、尺蛾、铜绿丽金龟、天牛、独角仙等； 2. 中下旬混喷虫螨腈、吡唑醚菌酯、毒死蜱防治蓟马、扁喙叶蝉、横线尾夜蛾、瘿蚊、矢尖蚧、炭疽病、白粉病等1次； 3. 下旬混喷氨基寡糖素、可杀得3000防治细菌性角斑病、炭疽病	2
3	流胶病、炭疽病、白粉病、茶黄蓟马、壮铁普瘿蚊、叶瘿蚊、花瘿蚊、扁喙叶蝉、横线尾夜蛾、矢尖蚧	1. 诱虫板诱杀叶蝉、瘿蚊；诱虫灯诱杀天牛、横线尾夜蛾、尺蛾、铜绿丽金龟、天牛、独角仙等； 2. 上旬混喷啶虫脒、苯醚甲环唑、甲氨基阿维菌素苯甲酸盐、春雷霉素防治蓟马、扁喙叶蝉、横线尾夜蛾、瘿蚊、炭疽病、白粉病、细菌性角斑病等1次； 3. 中旬混喷吡虫啉、醚菌酯（翠贝）、春雷霉素1次，防治细菌性角斑病、炭疽病、叶蝉、蓟马、横线尾夜蛾； 4. 下旬混喷吡虫啉、醚菌酯（翠贝）、春雷霉素1次，防治细菌性角斑病、炭疽病、叶蝉、蓟马、横线尾夜蛾	3

（续）

月份	发生的主要病虫害	防控措施	施药次数
4	流胶病、炭疽病、白粉病、细菌性角斑病、茶黄蓟马、壮铗普缨蚊、叶缨蚊、花缨蚊、横线尾夜蛾、扁喙叶蝉、矢尖蚧	1. 诱虫板诱杀叶蝉、缨蚊、尺蛾；诱虫灯诱杀天蛾、横线尾夜蛾、小齿螟、铜绿丽金龟、天牛、独角仙等； 2. 上旬混喷吡虫啉、缨蚊、扁喙叶蝉、春雷霉素1次、细菌性角斑病等；防治蓟马、 3. 中旬混喷吡虫啉、吡唑醚菌酯1次、防治炭疽病、叶蝉、蓟马； 4. 下旬混喷吡虫啉、吡唑醚菌酯、春雷霉素1次、防治炭疽病、角斑病、防治细菌性角斑病	3
5	水泡病、炭疽病、细菌性角斑病、茶黄蓟马、花缨蚊、叶缨蚊、扁喙叶蝉、矢尖蚧、小齿螟、矢尖蚧、橘小实蝇、煤烟病	1. 诱虫板诱杀叶蝉、缨蚊、尺蛾；诱虫灯诱杀天蛾、横线尾夜蛾、小齿螟、铜绿丽金龟、天牛、独角仙等； 2. 中旬混喷啶虫脒、缨蚊、扁喙叶蝉、春雷霉素1次、细菌性角斑病等；防治蓟马、 3. 下旬套袋前混喷吡虫啉、吡唑醚菌酯、防治炭疽病、细菌性角斑病、炭疽病；蓟马、叶蝉、防治 4. 药用套袋	2
		1. 诱虫板诱杀叶蝉、缨蚊；果蝇；诱虫灯诱杀天蛾、横线尾夜蛾、小齿螟、尺蛾、铜绿丽金龟、天牛、独角仙等；诱虫瓶诱杀果蝇； 2. 桂热芒82号，在6月中旬、6月下旬、7月上旬、台农1号于6月上旬各混喷高效氯氰菊酯、吡唑醚菌酯、春雷霉素1次、缨蚊、扁喙叶蝉、炭疽病、细菌性角斑病。防治蓟马、	1～3

（续）

月份	发生的主要病虫害	防控措施	施药次数
6—8	水泡病、炭疽病、细菌性角斑病、蓟马、横线尾夜蛾、叶蝉、壮铗普缘蝽、矢尖蚧、椰圆蚧、小齿螟、豚叶蝉、橘小实蝇、煤烟病	3. 已套袋的品种，在6月中旬混喷毒死蜱、吡唑醚菌酯、春雷霉素1次，防治炭疽病、细菌性角斑病、矢尖蚧、蓟马、椰圆蚧、小齿螟、橘小实蝇	
9—10	炭疽病、细菌性角斑病、蓟马、横线尾夜蛾、叶蝉、壮铗普缘蝽、矢尖蚧、椰圆蚧、扁喙叶蝉、煤烟病	1. 诱虫板诱杀叶蝉、蚤蝽、果蝇；诱虫灯诱杀天蛾、尺蛾、铜绿丽金龟、天牛、独角仙等。 2. 采后修剪结束后（约10月上旬）喷一次波尔多液喷1次，秋梢抽出转绿前（约10月上旬）等量式波尔多液得3000； 3. 9月至10月期间，喷施杀虫剂防虫中，混施春雷霉素2次	1～2
11—12	炭疽病、细菌性角斑病、蓟马、壮铗普缘蝽、矢尖蚧、叶蝉、椰圆蚧、煤烟病	1. 诱虫板诱杀叶蝉、蚤蝽；诱虫灯诱杀天蛾、横线尾夜蛾、尺蛾、铜绿丽金龟、天牛、独角仙等。 2. 冬季清园（约11月底）喷1次波尔多液	1

5　配药

5.1　配药注意事项

　　农药的合理混配，可以提高防治效果，延缓病虫产生抗药性，减少用药量，防治不同病虫的农药混用还可以减少施药次数，降低劳动成本。如果混配不合理，轻则药效全无，重则产生药害。

5.1.1　农药混用原则

5.1.1.1　农药混配功效

　　——不同毒杀机制的农药混用：作用机制不同的农药混用，可以提高防治效果，延缓病虫产生抗药性。

　　——不同毒杀作用的农药：杀虫剂有触杀、胃毒、熏蒸、内吸等作用方式，杀菌剂有保护、治疗、内吸等作用方式，如果将这些具有不同防治作用的药剂混用，可以互相补充，产生更好的防治效果。

　　——作用于不同虫态的杀虫剂混用：作用于不同虫态的杀虫剂混用可以杀灭田间各种虫态的害虫，杀虫彻底，从而提高防治效果。

　　——具有不同时效的农药混用：农药有的种类速效性防治效果好，但持效期短；有的速效性防效虽差，但作用时间长。这样的农药混用，不但施药后防效好，而且还可起到长期防治的作用。

　　——与增效剂混用：增效剂对病虫虽无直接毒杀作用，但与农药混用却能提高防治效果。

　　——作用于不同病虫害的农药混用：几种病虫害同时发生时，采用该种方法，可以减少喷药次数，减少工作时间，从而提高功效。

5.1.1.2　农药混用原则

　　农药混用虽有很多好处，但切忌随意混用。不合理的混用不仅无益，而且会产生相反的效果。

5.1.1.2.1　混合不改变物理性状

　　即混合后不能出现浮油、絮结、沉淀或变色，也不能出现发热、产生气泡等现象。如果同为粉剂，或同为颗粒剂、熏蒸剂、烟雾剂，一般都可混用；不同剂型之间，如可湿性粉剂、乳油、浓乳剂、胶悬剂、水溶剂等以水为介质的液剂则不宜任意混用。

5.1.1.2.2　混合不引起化学变化

——碱性与酸性农药不能混用。在波尔多液、石硫合剂等碱性条件下，氨基甲酸酯、拟除虫菊酯类杀虫剂、福美双、代森环等二硫代氨基甲酸类杀菌剂易发生水解或复杂的化学变化，从而破坏原有结构。在酸性条件下，2，4-D钠盐、2甲4氯钠盐、双甲脒等也会分解，因而降低药效。

——部分农药品种不能与含金属离子的药物混用。二硫代氨基甲酸盐类杀菌剂、2，4-D类除草剂与铜制剂混用可生成铜盐降低药效。甲基硫菌灵、硫菌灵可与铜离子络合而失去活性。除去铜制剂，其他含重金属离子的制剂如铁、锌、锰、镍等制剂，混用时要特别慎重。

——石硫合剂与波尔多液混用可产生有害的硫化铜，也会增加可溶性铜离子含量。

——敌稗、丁草胺等不能与有机磷、氨基甲酸酯杀虫剂混用，一些化学变化可能会产生药害。

5.1.1.2.3　具有交互抗性的农药不宜混用

如杀菌剂多菌灵、甲基托布津具有交互抗性。混合用不但不能起到延缓病菌产生抗药性的作用，反而会加速抗药性的产生，所以不能混用。

5.1.1.2.4　生物农药不能与杀菌剂混用

农药杀菌剂对生物农药具有杀伤力，因此，微生物农药与杀菌剂不可以混用。

5.1.2　药剂使用浓度

使用弥雾系统喷药，药剂用量一般按药剂标签推荐使用浓度的最高值使用。小花开放前可使用碱性药剂，小花开放后不再使用波尔多液、石硫合剂等碱性药剂。

5.2　配制混合药液

5.2.1　容器（药液混合桶）

弥雾机药桶可使用容积为220L、300L的加厚塑料桶或者1 000L的专用农药混合桶（宽口）。果园面积大于20亩，建议使用

1 000L农药混合桶；面积小于 20 亩，建议使用 220L、300L 的加厚塑料桶。以下药液配制以 300L 药桶为例。

5.2.2　年使用农药次数

广西芒果园每年使用农药一般 14～17 次，可根据当年病虫害发生情况适当调整。

5.2.3　农药配制混合方法

5.2.3.1　先加水后加药。进行二次稀释混配时，先在药桶中加入大半桶水，加入第一种农药后混匀。然后，将剩下的农药用一个塑料瓶先进行稀释，稀释好后倒入药桶中，混匀，以此类推。

5.2.3.2　农药混配顺序要准确，叶面肥与农药等混配的顺序通常为：微肥、水溶肥、可湿性粉剂、水分散粒剂、悬浮剂、微乳剂、水乳剂、水剂、乳油依次加入（原则上农药混配不超过 3 种），每加入一种即充分搅拌混匀，然后再加入下一种。

5.2.3.3　现配现用、不宜久放。药液虽然在刚配时没有反应，但不代表可以随意久置，否则容易产生缓慢反应，使药效逐步降低。

5.2.4　农药选择

根据广西芒果病虫害发生月历表选择相应的农药，注意同一有效成分的农药，不连续使用 2 次以上。

5.2.4.1　1 月农药配制

1 月使用等量式波尔多液 1 次，配制方法：硫酸铜：生石灰：水＝1：1：200。使用弥雾机喷波尔多液容易造成药效下降，注意使用时即配即用。一般 6：00 配制完成，11：00 前施用完。15：00后重新配制，并在 19：00 前施用完。防治对象主要是炭疽病、细菌性角斑病、煤烟病、露水斑病（枝状枝孢霉）、流胶病等病害。

5.2.4.2　2 月农药配制

2 月使用农药 2 次，第一次在 2 月 15—20 日，第二次在 2 月25—28 日，根据当年的天气变化稍作变动。

第一次防治对象主要是蓟马、扁喙叶蝉、横线尾夜蛾、瘿蚊、矢尖蚧、炭疽病、白粉病等，使用 70％吡虫啉水分散性粒剂 5 000倍液、40％毒死蜱水乳剂 1 600 倍液和 250g/L 吡唑醚菌酯乳油

1 000倍液混合。

5.2.4.3 3月农药配制

3月是芒果花期，施用农药3次，第一次3月5—10日，第二次在3月15—18日，第三次在3月25—30日。

第一次防控对象是蓟马、扁喙叶蝉、横线尾夜蛾、瘿蚊、炭疽病、白粉病、细菌性角斑病、露水斑病等，混喷20%啶虫脒水分散粒剂6 000倍液、10%苯醚甲环唑水分散粒剂1 000倍液、3%甲氨基阿维菌素苯甲酸盐1 500倍液、2%春雷霉素水剂600倍液；第二次防控对象是细菌性角斑病、炭疽病、白粉病、扁喙叶蝉、蓟马、横线尾夜蛾等，混喷70%吡虫啉水分散性粒剂5 000倍液、50%醚菌酯水分散粒剂（翠贝）3 000倍液、2%春雷霉素水剂600倍液；第三次防控对象是细菌性角斑病、炭疽病、扁喙叶蝉、蓟马、横线尾夜蛾等，混施70%吡虫啉水分散性粒剂5 000倍液、50%醚菌酯水分散粒剂3 000倍液、2%春雷霉素水剂600倍液。

5.2.4.4 4月农药配制

4月施用农药3次，第一次4月5—10日，第二次在4月15—18日，第三次在4月25—30日。

第一次防控对象是蓟马、扁喙叶蝉、瘿蚊、炭疽病、细菌性角斑病、露水斑病等，混施70%吡虫啉水分散性粒剂5 000倍液、2%春雷霉素水剂600倍液、250g/L吡唑醚菌酯乳油1 000倍液；第二次防控对象主要是蓟马、扁喙叶蝉、瘿蚊、炭疽病、露水斑病等，混施70%吡虫啉水分散性粒剂5 000倍液、250g/L吡唑醚菌酯乳油1 000倍液；第三次防控对象主要是细菌性角斑病、炭疽病、扁喙叶蝉、蓟马、露水斑病等，混施70%吡虫啉水分散性粒剂5 000倍液、2%春雷霉素水剂600倍液、250g/L吡唑醚菌酯乳油1 000倍液。

5.2.4.5 5月农药配制

5月施用农药2次，第一次5月10—15日，第二次在5月20—25日。

第一次防控对象是蓟马、扁喙叶蝉、瘿蚊、炭疽病、细菌性角斑病、露水斑病等，混施20％啶虫脒可湿性粉剂6 000倍液、2％春雷霉素水剂600倍液、250g/L吡唑醚菌酯乳油1 000倍液；第二次防控对象是细菌性角斑病、炭疽病、扁喙叶蝉、蓟马、露水斑病等，套袋前混施70％吡虫啉水分散性粒剂5 000倍液、2％春雷霉素水剂600倍液、250g/L吡唑醚菌酯乳油1 000倍液。

5.2.4.6　6—8月农药配制

6—8月施用农药1～3次。

不套袋品种：桂热芒82号，在6月10—15日，6月20—25日、7月5—10日，台农1号芒和贵妃芒于6月5—10日各喷药一次，防控对象主要是蓟马、扁喙叶蝉、瘿蚊、橘小实蝇、炭疽病、细菌性角斑病、露水斑病等，喷4.5％高效氯氰菊酯乳油1 500倍液、2％春雷霉素水剂600倍液、250g/L吡唑醚菌酯乳油1 000倍液。

套袋品种：6月10—15日喷药一次，防控对象主要是蓟马、扁喙叶蝉、瘿蚊、橘小实蝇、炭疽病、细菌性角斑病、露水斑病、矢尖蚧、椰圆蚧、小齿螟等，喷施40％毒死蜱水乳剂1 600倍液、250g/L吡唑醚菌酯乳油1 000倍液、2％春雷霉素水剂600倍液。

5.2.4.7　9—10月农药配制

9—10月施用农药1～2次。

采后修剪结束后（9月5 10日）喷施等量式波尔多液1次（配制方法：硫酸铜∶生石灰∶水＝1∶1∶200），防控对象主要是细菌性角斑病、炭疽病、露水斑病、煤烟病，部分枝秆上的蚧壳虫。秋梢抽出转绿前（10月5日—10日）混施46％氢氧化铜水分散粒剂1 000倍液（可杀得3 000）、40％毒死蜱水乳剂1 600倍液、3％甲氨基阿维菌素苯甲酸盐微乳剂1 500倍液，防控对象主要是细菌性角斑病、矢尖蚧、椰园蚧、考白盾蚧、蓟马、夜蛾等。

5.2.4.8　11—12月农药配制

11—12月施药1次。

冬季清园后，于11月25—30日喷1次等量式波尔多液（硫酸铜∶生石灰∶水＝1∶1∶200）封园。

6 使用弥雾喷药系统注意事项

6.1 严禁在易燃、易爆及高温处使用，严禁明火作业。

6.2 工作人员应做好自我保护，必须戴防毒面具。

6.3 科学使用农药，掌握好农药用量，合理匹配，对于某些遇高温降低药效的药剂，要尽量避免使用。

6.4 弥雾系统不能喷除草剂，因为弥雾机喷出的药液呈水雾状，能在空中漂移，因此喷除草剂容易对周围作物产生药害。

6.5 搬运小心，轻放，避免碰撞。放置要平稳，请勿置于倾斜处。

6.6 施药结束或长距离搬运之前，请将弥雾机机器内剩余燃油倒出。

6.7 使用过程中及使用后 10min 内请勿触及高温部位，以免烫伤。

6.8 加油时必须在机械冷却后进行，严禁吸烟、明火操作。使用的汽油进行严格管理，喷完农药后将汽油倒在铁桶盛好。杜绝火灾发生。

6.9 药箱要盖严，如果盖不严机器将无法正常工作。

6.10 使用弥雾喷药系统喷药时，环境风速（目测）应低于 1.5m/s，环境风速可参考表 2 目测。

表 2 风速及表征表

风级	风速（m/s）	参考物
0	0～0.02	烟气直升
1	0.3～1.5	烟气开始能够指示方向
2	1.6～3.3	叶片扰动，人脸部开始感觉到微风
3	3.4～5.4	枝叶开始持续扰动
4	5.5～7.9	树枝晃动，尘土飞扬
5	8.0～10.7	小树晃动

7 弥雾喷药系统构造

弥雾喷药系统包括：药桶、加压装置（水泵，12V 电瓶）、喷雾机、连接管。药桶通过输药管与加压装置连接，药液加压后输送至喷雾机，并通过弥雾喷雾机高压喷出雾化药液。该系统根据芒果栽培地多为落差较大的山地的特点，采用药桶与机身分离，药液通过加压泵输送到喷雾机，在喷雾机中加压雾化，再通过喷管雾化高速喷出，减轻了背负药液的重量，药桶一次性装载量大，可减少填充农药的次数和工作时间；高速药雾更容易到达叶片正反面，芒果树可全方位与药物接触，提高了果树喷施农药的效率。

8　弥雾喷药系统的使用

8.1　系统链接

第一步：打开各组件包装，逐个检查组件。

第二步：检查加压装置：检查电瓶电量，一般充电一次可使用半年。打开电瓶开关，检查加压装置空载运转是否正常。

第三步：连接加压泵进出水管道，使用小水桶（约 10L）装清水作水源，检查加压装置在加压过程中是否漏水。

第四步：检查药桶是否漏水，容量刻度显示是否清晰可见。

第五步：检查弥雾机：检查机器是否有损坏，药阀是否在关闭位置，点火电池是否供电正常。

第六步：向弥雾机油箱加满油，拧紧箱盖。

第七步：弥雾机试点火，检查点火后汽油机是否运转正常。

第八步：将药桶和加压装置固定在运送车或平坦地面上，连接弥雾喷雾系统管道，并将加压装置药液进口沉入药桶底部，待使用。

8.2　系统启动操作步骤

第一步：系统连接完成后，再次检查药阀是否在关闭位置；

第二步：打开油箱开关，注意打开方向；

第三步：按压两个化油器的油泡，直到看到右侧油管有油喷入；

第四步：弥雾机喷口稍微倾斜向下，长按电启动按钮直至机器启动，如未启动，按 1 号油泡两次，重复前面操作步骤。启动后慢慢打开药阀即可正常工作。

8.3　弥雾系统喷药

8.3.1　弥雾系统喷药，作业人员应按第 5 章的要求，做好安全防护。

8.3.2　一般情况下，作业人员应由2人组成，1人负责管道安全和辅助施药，1人操作弥雾机。短距离或小面积作业（3亩以内），可以单人操作。

8.3.3　根据风向决定作业方向和行走方向，从下风向开始作业，行走方向与风向垂直。

8.3.4　作业人员在行间喷药时，一般按"U"形作业，即：在行间向一侧喷药，走到行尽头后，掉头往行的另一侧作业，以免管道被树干阻挡。

8.3.5　弥雾喷药开始作业后，喷药时喷口应远离芒果树枝叶（50～100cm），以防损害作物。

8.3.6　弥雾机喷药时应均匀，覆盖作物应全面。药雾在空间盘旋3～5min可达到更好效果。正确的喷洒方法是平喷一会后，把药雾喷向树干和树冠之间，再向下喷射1～2s，使药雾遇到地面阻力后，向上升腾达到作物背面使之黏附。

8.4　系统关闭操作步骤

8.4.1　喷完药后系统关闭前，须用清水加喷1min，清洗管路，以防药液腐蚀堵塞，影响下次使用。

8.4.2　弥雾喷药系统停止工作前，首先关闭加压泵，阻断药液或清水继续往弥雾机输送。

8.4.3　关闭加压泵后，弥雾机熄火前，先将喷口稍微倾斜向下，然后关闭药液开关，待无药液喷出后，关闭油门手柄。

8.4.4　系统关闭后，提起弥雾机，拆开输药管道，将管道内残留的药液倒流回药桶，清空管道。

8.4.5　喷药作业过程中突然熄火，应迅速将喷管向下，并同时关闭药液开关，同时迅速关闭加压装置。否则药液倒流进发动机或化油器内会引起难启动现象，另外药液倒流还会造成火花塞不点火，这时需要清理火花塞或利用机器余热使药液蒸发或更换火花塞后再启动机器。

9　系统故障处理及维护

9.1　常见系统故障及处理

9.1.1　发动机难以启动：一是连接火花塞的高压线有短路现象，一般是在靠火花塞一端出现严重漏电，只要截去漏电部分或换上一根新高压线，故障即可排除；二是火花塞漏电，可用万用表电阻测量火花塞中心电极和侧电极之间的绝缘电阻，正常时电阻为无穷大，即表针不动，若表针摆动，说明该火花塞漏电，表针摆动越大，则漏电越严重，应更换新的火花塞。

9.1.2　火花塞不跳火：在高压线路跳火正常的情况下，应先拆下火花塞，看是否有积炭，是否电极潮湿或间隙是否正常。根据情况清除积炭或作干燥处理，并将间隙调到 0.6～0.7mm，若发现火花塞绝缘损坏或电极烧坏时，应更换。

9.1.3　化油器漏油：汽油机停机时，如发现主喷孔不断漏油，原因可能是化油器平衡杠杆调得过高，或针阀处有脏物所致，应清洗针阀座，并适当调低平衡杠杆，直到不漏油为止。

9.1.4　手把开关漏水：先检查开关压盖是否旋紧，若已旋紧，则需检查开关芯上的密封胶圈是否已磨损，已磨损时需更换。再看开关芯锥面与壳体间的研合接触面是否密封，若密封不良，需研磨使之贴合紧密。

9.1.5　点火电路工作不良，当确认火花塞跳火正常后，多为高压线或点火线圈中次级线圈绝缘层绝缘不良所引起。此故障需更换高压线或点火线圈。

9.1.6　油箱开关或油管有杂物，但尚未将油路完全堵死，刚启动时，化油箱浮子室油面高度正常，可正常供油。当发动机着火后，油路来油小于化油器的供油量，浮子室油面下降，当降至不能向缸内供油的位置时，发动机便自行熄灭。只需清除油路杂物，予以疏通即可。

9.1.7　中途突然断火：原因一般是磁电机触点间隙过大，弹簧片弹力减弱或火花塞气隙过大所致。调整方法：下启动轮，通过飞轮端面的 2 个检视孔，将紧固在断电器触点底板上的一紧固螺钉旋松，逆时针方向拨动底架，使断电触点间隙处在 0.25～0.35mm 范围内，旋紧螺钉即可。火花塞气隙的调整方法：将火花塞旋下，擦去油污并清除积炭后，用尖嘴钳扳动侧电极（不可扳动中心电极），将气隙调整到 0.6～0.7mm 范围内。

9.1.8　发动机短时间过热：主要原因是混合气过稀。混合气过稀就是供油不足，供油量不足的主要原因有油路阻塞，油流不通畅，造成供不应求；或者化油器出了问题。排除方法：首先应找出供油不足的原因，然后采取针对性措施予以清洗或调整，以便油路通畅，供油充足。

9.1.9　发动机转速不高易熄火：此故障是汽油机缸内严重积炭所致。排除方法：分解发动机，将缸盖平面、活塞顶面放入煤油中浸泡 10h 左右，用竹木将积炭刮除。万不可用金属器具刮除积炭，以防伤及零件。装复后对油针进行调整，以降低混合气的浓度。方法是将油针上扁卡簧向上移动 1～2 格后，启动发动机进行检查，用一块白纸对着排气口，看白纸上有无喷出的油痕。如有油痕，将油针上的扁卡簧继续上移，直到油针调整到排气口刚刚没有细油雾喷出为止。

9.2　系统维护

9.2.1　喷完药后须用清水加喷 1min，清洗管路，以防药液腐蚀堵塞，影响下次使用。

9.2.2　爆发管内积炭、喷管内壁积炭及药路喷头应定期清理，保证机器的正常喷雾效果。

9.2.3　定期检查膜片的使用情况，破损后请及时更换。

9.2.4　汽筒应定期加入润滑油，点火电池为 1 节 12V 充电电池，长时间不用时，应至少每 3 个月充电一次。

9.2.5　防治季节结束，机具长期存放时，应彻底排除泵内积水，防止机件锈蚀以及天寒时被冻坏，并卸下三角皮带、喷枪、胶管、混药器、滤网等，清洗干净并晾干，尽量悬挂保存。放净汽油机内的燃油和机油。

国际食品法典标准　芒果

（CODEX STAN 184 - 1993，Amended 1 - 2005）

CODEX STANDARD FOR MANGOES

（CODEX STAN 184 - 1993，Amended 1 - 2005）

1　范围

本标准适用于经预处理和包装后的漆树科（Anacardiaceae）芒果（*Mangifera indica* L.）商业品种鲜果。工业加工用芒果除外。

2　质量指标

2.1　基本要求

各等级的芒果除要符合各自等级的特定要求和允许量外，还应：

——完整；

——完好，制品无影响其食用的损害或腐烂；

——洁净，无可见异物；

——无虫害；

——果实表面无异常水分，但冷藏取出后的凝结水除外；

——无异味；

——结实；

——外观新鲜；

——无低温造成的损害；

——无黑色坏死瑕疵或痕迹；

——无明显机械伤；

——发育充分，达到适当的成熟度。

带果柄时，长度不超过 1.0cm。

芒果发育状况应：

——根据不同品种的特点保证在成熟延续过程后能达到合适的成熟度；

——经得起运输和装卸；

——到达目的地时有令人满意的状况。

关于芒果的成熟形式，色泽随不同品种而异。

2.2 分级

芒果分为以下 3 级。

2.2.1 特级

本级芒果应具有上好的质量。具有该品种特征。允许有不影响外观、品质、贮藏质量和包装外观的轻微缺陷。

2.2.2 一级

本级芒果应具有良好的质量。具有该品种特征。允许有以下不影响外观、品质、贮藏质量和包装说明上有明确规定项目的轻微缺陷：

——形状上的轻微缺陷；

—— 由于擦伤或日灼、树脂分泌物造成栓化瑕疵（包括细长痕迹）和伤斑等表面缺陷对于 A、B、C 3 个类别分别不超过 $3cm^2$、$4cm^2$、$5cm^2$。

2.2.3 二级

本级芒果质量不符合高级的要求，但符合第 2.1 条款所列的基本要求。允许有以下不影响整体外观、品质、贮藏质量和包装外观等基本特征的缺陷：

——形状上的缺陷；

——由于擦伤或日灼、树脂分泌物造成栓化瑕疵（包括细长痕迹）和伤斑等表面缺陷对于 A、B、C 3 个类别分别不超过 $5cm^2$、$6cm^2$、$7cm^2$。

一级和二级芒果中零散栓化和黄化面积不超过总面积的 40%，

且无坏死现象。

3　规格等级

规格由果实的重量为依据，按下表划分：

规格代码	重量（g）
A	200～350
B	351～550
C	551～800

上述 3 个规格中，每一包装内的芒果果重允许差分别不能超过 75g、100g、125g。最小的芒果重不小于 200g。

4　允许量

指每个包装内允许不满足指定等级要求质量和规格的芒果数。

4.1　质量允许量

4.1.1　特级

芒果在数量或重量上允许有 5％不符合本级要求，但要符合一级要求或在一级允许量之内。

4.1.2　一级

芒果在数量或重量上允许有 10％不符合本级要求，但要符合二级要求或在二级允许量之内。

4.1.3　二级

芒果在数量或重量上允许有 10％既不符合本级要求，也不符合基本要求，但腐烂或其他变坏不适于消费的除外。

4.2　规格允许量

所有规格中每一个包装允许有 10％芒果在重量或数量上大于或小于该类果实最大允许差的 50％范围。最小芒果不小于 180g，最大芒果不大于 925g。具体如下：

规格代码	标准规格范围 (g)	允许规格范围（果实/ 包装超出标准规格 范围不超过10%）(g)	每包装内果实间 允许最大差别 (g)
A	200～350	180～425	112.5
B	351～550	251～650	150
C	551～800	426～925	187.5

5 外观规定

5.1 一致性

每个包装要一致，且芒果应是同一产地、同一品种、同一质量和大小相同。"特"级的在色泽和成熟度上应一致。包装中可见部分应具有代表性。

5.2 包装

芒果应按以下方式包装，以很好地保护产品。包装应采用新的[①]、洁净的、具有不会造成产品内外伤的材料。所用材料尤其是贸易说明书或印记应用无毒墨水印刷或无毒胶水粘贴。

芒果应按照《热带新鲜果蔬包装与运输推荐性操作规范》（CAC/RCP44-1995，Amended 1-2004）包装于每个容器内。

容器应合格、卫生、通风和有足够的强度以保证产品的搬运、装载和贮藏。包装（或生产用散装果的每一批）应无外来物质和异味。

6 标识

6.1 零售包装

除符合《预包装食品标识通用标准》 [CODEX STAN 1-1985，《国际食品法典标准汇编》（第一卷）] 的要求外，还应符合下面的规定：如果包装内产品无法由外界直接看见，每个包装上应标注产品名称和品种名称。

---

① 对本标准而言，它包括食品级质量的可重复利用材料。

6.2　非零售包装

每个包装应附有下列标识，并以清晰、持久和外部可见的文字形式标注在包装一侧或随货文件上。如果是大宗散装产品运输，这些标识应在随货文件中详细说明。

6.2.1　标识

出口商、包装者和/或发货人的名称和地址。标识码（选择性的)[①]。

6.2.2　产品名称

如果产品外部不可见，应有产品名称。品种和/或商品类型（选择性的）名称。

6.2.3　产地

原产国和产地或国家、地区、地方名称。

6.2.4　商业标识

——等级；

——规格（规格代码或重量范围以 g 计）；

——单元数量（选择性的）；

——净重（选择性的）。

6.2.5　官方检验标识（选择性的）

7　污染物

7.1　重金属

本标准条款所涉及的产品应遵守国际食品法典委员会为这类产品制定的重金属最大残留限量的规定。

7.2　农药残留

本标准条款所涉及的产品应遵守国际食品法典委员会为这类产品制定的农药最大残留限量的规定。

---

① 许多国家立法机构要求明确标注名称和地址。但在利用标识码时，应在紧接标识码处标注"包装商和/或发货商（或等同的缩写）"作为参考。

8　卫生要求

　　（1）本标准条款所涉及的产品的制备和处理应遵守《食品卫生推荐性操作规范通用准则》［CAC/RCP 1 - 1969，Rev. 4 - 2003，《国际食品法典标准汇编》（第一卷）］、《新鲜水果和蔬菜卫生操作规范》（CAC/RCP 53 - 2003）相应部分和其他国际食品法典委员会推荐的与该产品相关的操作规范。

　　（2）本标准条款所涉及的产品应遵守《食品微生物标准制定和应用准则》（CAC/GL 21 - 1997）制定的所有微生物学标准。

主要参考文献

北京农业大学，等，1990.果树昆虫学（下册）[M]. 2 版.北京：农业出版社.

蔡鸿娇，姚锦爱，傅建炜，等，2014.我国 5 种芒果瘿蚊类害虫的识别比较 [J].
中国森林病虫，33（3）：41 - 43.

陈大成，1993.芒果现代实用栽培与贮藏加工技术 [M].北京：农业出版社.

陈杰林，1993.害虫综合治理 [M].北京：农业出版社.

陈文玉，2022.泉州地区丽绿刺蛾的生物学特性及其综合防治措施 [J].湖北
植保（5）：64 - 66.

陈永森，黄国弟，蓝唯，等，2010.广西杧果病虫害调查初报 [J].昆虫知
识，47（5）：994 - 1001.

陈永森，黄国弟，李日旺，等，2017.入侵有害生物壮铗普瘿蚊在我国的风险
分析 [J].南方农业学报，48（3）：454 - 458.

成家宁，曾鑫年，陈炳旭，等，2010.尺蛾在荔枝园的发生特点及防控策略 [J].
热带作物学报，31（9）：1564 - 1570.

程立生，等，2006.热带作物昆虫学 [M].北京：中国农业出版社.

仇建标，方晓琪，陈继浓，等，2021.浙江红树林介壳虫的发生及防治 [J].
现代农业科技（6）：116 - 117，121.

邓铁军，覃贵亮，吴志红，2005.芒果果实象甲生物学观察及几种农药室内
药效试验 [J].广西植保（2）：1 - 2.

丁锦华，苏建亚，2006.农业昆虫学 [M].北京：中国农业出版社.

董春，何汉生，1999.芒果细菌性黑斑病研究进展 [J].果树科学，16（增
刊）：47 - 67.

段学武，蒋跃明，张昭其，2003.乙醇和乙醛在采后园艺作物保鲜中的作用 [J].
植物生理学通讯，39（3）：289 - 293.

付兴飞，李雅琴，于潇雨，等，2016.昆明市考氏白盾蚧的危害特点及发生规
律研究 [J].林业调查规划，41（6）：83 - 86.

高兆银，胡美姣，李敏，等，2006.壳聚糖涂膜对芒果采后生理和病害的影响 [J].

广东农业科学（12）：61 - 66，81.

耿继光，2003. 无公害农药应用指南［M］. 合肥：安徽科学技术出版社.

韩熹莱，1993. 中国农业百科全书·农药卷［M］. 北京：农业出版社.

韩召军，等，2001. 园艺昆虫学［M］. 北京：中国农业大学出版社.

何等平，唐伟文，古希昕，等，1993. 新编南方果树病虫害防治［M］. 北京：
农业出版社.

何胜，强郭青，1998. 芒果疮痂病及其防治［J］. 植物医生，11（3）：10.

何胜强，戚佩坤，1997. 芒果疮痂病菌生物学特性研究［J］. 植物病理学报，
27（1）：149 - 155.

洪仁辉，张伟，杜尚嘉，等，2015. 降香黄檀重要害虫——绿鳞象甲研究进展［J］.
热带林业，43（3）：36 - 37，19.

胡美姣，李敏，杨凤珍，等，2005. 两种芒果炭疽病菌生物学特性的比较［J］. 西
南农业学报，18（3）：306 - 310.

华南农学院，1992. 农业昆虫学［M］. 北京：农业出版社.

华南热带作物学院，1993. 热带作物病虫害防治学［M］. 2 版. 北京：农业
出版社.

黄炳成，2019. 橘二叉蚜和茶黄螨在澳洲坚果上的发生危害规律及防治技术
研究［D］. 南宁：广西大学.

黄朝豪，1995. 热带植物病理学［M］. 北京：中国农业出版社.

黄光斗，1996. 热带作物昆虫学［M］. 北京：中国农业出版社.

黄绵佳，2007. 热带园艺产品采后生理与技术［M］. 北京：中国林业出版社.

黄台明，薛进军，方中斌，2007. 铁肥及其不同施用方法对缺铁失绿芒果叶
片铁素含量的影响［J］. 热带农业科技，30（2）：11 - 12.

黄雅志，1995. 芒果主要害虫及其防治措施（Ⅲ）［J］. 云南热作科技（3）：
1 - 8，35.

季作梁，张昭其，王燕，等，1994. 芒果低温贮藏及其冷害的研究［J］. 园艺
学报，21（2）：111 - 116.

赖传雅，2003. 农业植物病理学［M］. 北京：科学出版社.

劳有德，2018. 危害蜜柚的三种象甲与防控技术［J］. 南方园艺，29（2）：25 - 28.

雷新涛，赵艳龙，姚全胜，等，2006. 芒果抗炭疽病种质资源的鉴定与分析［J］.
果树学报，23（6）：838 - 842.

李敏，胡美姣，高兆银，等，2007. 1-甲基环丙烯不同时间处理对芒果贮藏生
理的影响［J］. 中国农学通报，23（9）：573 - 576.

李敏，胡美姣，岳建军，等，2009. 不同热水处理对芒果主要采后病害控制及贮藏期影响的研究［J］. 果树学报，26（6）：88-92.

李云瑞，2002. 农业昆虫学［M］. 北京：中国农业出版社.

梁静思，陈振佳，李文柱，2022. 咖啡果小蠹危害及防治对策［J］. 热带农业工程，46（6）：52-55.

刘博，刘国鹏，2017. 麻皮蝽在猕猴桃园的危害及防治措施［J］. 陕西农业科学，63（12）：63-64.

刘乾开，朱国念，1999. 新编农药使用手册［M］. 2版. 上海：上海科学技术出版社.

刘兴华，陈维信，2002. 果品蔬菜贮藏运销学［M］. 北京：中国农业出版社.

刘秀娟，杨业铜，谢道林，等，1996. 钴-60 辐照处理芒果的防腐保鲜效应［J］. 热带作物学报，17（2）：63-70.

刘羽，刘增亮，高爱平，等，2009. 芒果种质对炭疽病的抗病性评价［J］. 热带作物学报，30（7）：1000-1004.

刘增亮，张贺，蒲金基，等，2009. 芒果疮痂病的症状、病原与防治［J］. 热带农业科学，29（10）：34-37.

龙亚芹，王万东，王美存，等，2010. 云南小规模芒果种植模式和病虫害防治调查［J］. 江西农业学报，22（11）：100-103.

陆家云，2000. 植物病原真菌学［M］. 北京：中国农业出版社.

吕延超，蒲金基，谢艺贤，等，2009. 芒果畸形病研究进展［J］. 中国南方果树，38（3）：68-71.

吕延超，蒲金基，谢艺贤，等，2010. 芒果畸形病病原菌的生物学特性的初步研究［J］. 热带作物学报，31（3）：453-456.

马斌，2003. 对芒果和菠萝采取气调包装［J］. 中外食品加工技术（7）：82.

马世俊，1983. 英汉农业昆虫学词汇［M］. 北京：农业出版社.

彭永宏，1997. 芒果（*Mangifera indica* Linn.）热处理保鲜技术研究［J］. 华南师范大学学报（自然科学版）（3）：75-80.

蒲金基，韩冬银，2014. 芒果病虫害及其防治［M］. 北京：中国农业出版社.

戚佩坤，2000. 广东果树真菌病害志［M］. 北京：中国农业出版社.

邱强，林尤剑，蔡明段，1996. 原色荔枝、龙眼、芒果、枇杷、香蕉、菠萝病虫图谱［M］. 北京：中国科学技术出版社.

邵力平，等，1996. 真菌分类学（森林保护专业）［M］. 北京：中国林业出版社.

唐莹莹，陈永森，黄国弟，等，2023. 矢尖蚧对不同杧果品种的危害情况调查 [J]. 中国南方果树，52 (1)：49-52.

唐志鹏，武英霞，黄晓容，2005. 几种矿质元素对紫花芒果实海绵组织的影响 [J]. 果树学报，22 (5)：505-509.

田蜜霞，姜爱丽，胡文忠，等，2007. 芒果贮藏现状与对策 [J]. 保鲜与加工，7 (1)：1-3.

王璧生，刘景梅，等，2000. 芒果病虫害看图防治 [M]. 北京：中国农业出版社.

王菊芳，吴定尧，2000. 氟污染与套袋对芒果果实某些生理过程的影响 [J]. 华南农业大学学报，21 (3)：13-16.

王一珊，徐欢，胡美绒，2019. 果园三种主要椿象的防治 [J]. 西北园艺 (果树) (12)：29-31.

韦晓霞，黄世勇，1996. 芒果疮痂病病情消长规律的调查观察 [J]. 福建果树 (4)：20-22.

魏岑，1999. 农药混剂研制及混剂品种 [M]. 北京：化学工业出版社.

文衍堂，黄圣明，1994. 芒果细菌性黑斑病症状与病原鉴定 [J]. 热带作物学报，15 (1)：79-85.

武英霞，唐志鹏，2004. 紫花芒果实生理病害：海绵组织形成原因的研究 [D]. 南宁：广西大学.

西北农业大学，1991. 农业昆虫学 [M]. 北京：农业出版社.

萧刚柔，1997. 拉英汉昆虫/蜱螨/蜘蛛线虫名称 [M]. 北京：中国林业出版社.

肖功年，杨胜远，李湘萍，等，2001. 芒果采后防腐保鲜研究概况 [J]. 食品研究与开发，22 (5)：62-64.

肖倩纯，李绍鹏，1998. 芒果炭疽病抗病品种筛选研究 [J]. 热带作物学报，19 (2)：43-48.

杨永生，2000. 芒果花瘿蚊的发生与防治试验 [J]. 广西农业科学 (1)：20-21.

袁锋，2001. 农业昆虫学 [M]. 北京：中国农业出版社.

张承林，1997. 芒果 (*Mangifera indica* L.) 果实的生理病害及其病因的研究 [D]. 广州：华南农业大学.

张承林，黄辉白，1997. 芒果对氟的吸收与果实生理病害的关系 [J]. 园艺学报 (2)：111-114.

张海岚，吴宁尧，陈厚彬，等，1996. 芒果黑顶病的发生及防治初步研究 [J]. 广东农业科学（3）：34-36.

张贺，刘晓妹，喻群芳，等，2013. 海南芒果露水斑病的初步鉴定［J］. 广东农业科学，40（7）：75-77.

张贺，漆艳香，谢艺贤，等，2010. 芒果细菌性黑斑病病原细菌室内药剂筛选［J］. 中国农学通报，26（1）：344-347.

张胡焕，谢艺贤，蒲金基，等，2010. 常用杀菌剂及其混剂对芒果炭疽病菌的毒力测定［J］. 农药，49（1）：64-65，68.

张伟，陈国德，吴挺佳，等，2016. 五种杀虫剂对绿鳞象甲的生物活性研究［J］. 中国森林病虫，35（5）：38-40.

张伟，苏学元，罗怀海，等，2020. 22％氟啶虫胺腈 SC 对柑橘矢尖蚧和橘二叉蚜的防治效果［J］. 中国南方果树，49（5）：47-49.

张小亚，黄振东，2011. 柑橘八点广翅蜡蝉若虫形态特征及防治［J］. 浙江柑橘，28（4）：29-30.

张欣，2002. 胶胞炭疽菌 DNA 的 PCR 特异性扩增［J］. 热带农业科学，22（2）：17-18.

张振文，黄绵佳，2003. 芒果采后生理及贮藏技术研究进展［J］. 热带农业科学，23（2）：53-59.

章士美，1998. 中国农林昆虫地理区划［M］. 北京：中国农业出版社.

中国科学院动物研究所业务处，1983. 拉英汉昆虫名称［M］. 北京：科学出版社.

中国农业百科全书编辑部，1990. 中国农业百科全书·昆虫卷［M］. 北京：农业出版社.

周至宏，王助引，黄思良，等，2000. 香蕉、菠萝、芒果病虫害防治彩色图说［M］. 北京：中国农业出版社.

朱俊洪，马光昌，陈晓胜，等，2015. 几种热带果树对绿额翠尺蛾实验种群增长的影响［J］. 中国南方果树，44（5）：66-68，71.

朱伟生，等，1994. 南方果树病虫害防治手册［M］. 北京：中国农业出版社.

朱勇，齐华，王执和，等，1998. 芒果负压渗透处理保鲜效果的研究［J］. 园艺学报，25（2）：143-146.

AGARWALA SC, NAUTIYAL BD, CHITRALEKHA CHATTERJEE, et al., 1988. Manganese, zinc and boron deficiency in mango［J］. Scientia Horticulturae, 35（1～2）：99-107.

ARAUZ, L. F., 2000. Mango anthracnose: Economic impact and current options for integrated management [J]. Plant Disease, 84 (6): 600 - 611.

BURDON J N, Dori S, LOMANLIEC E, et al., 1994. Effect of pre - storage treatment on mango fruit ripening [J]. Annals of Applied Biology, 125 (3): 581 - 587.

CHANDRA A and YAMDAGNI R., 1984. A note on the effect of borax and sodium car - bonate sprays on the incidence of black - tip disorders in mango [J]. Punjab Horticultural Journal, 24: 17 - 18.

CHAPLIN G R, COLE S P, LANDRIGAN M, et al., 1991. Chilling injury and storage of mango (Mangifera indica L.) fruit held under low temperatures [J]. Acta Horticulturae, 291: 461 - 471.

COATES L M, JOHNSON G I, COOKE A W, 1993. Postharvest disease control in.

GAGENVIN L, PRUVOST 0., 2001. Epidemiology and control of mango ba431. cterial black spot [J]. Plant disease, 85 (9): 928 - 935.

GAGNEVIN L, LEACH J E, PRUVOST 0., 1997. Genomic varialility of Xanthomonas compestris pv. mangiferaeindica agent of mango bacterial black spot [J]. Applied and Envirnnrnental Microbiology, 63: 246 - 253.

GUNJATE R T, WALIMBE B P, LAD B L, et al., 1982. Development of intemal breakdown in alphonso mango by post - harvest exposure of fruits to sun - ight [J]. Science and Culture, 48: 188 - 190.

GUNJATE RT, TARE SJ, RANGWALA AD, et al., 1979. Calcium content in Alphonso mango fruits in relation to occurrence of spongy tissue [J]. Journal of Maha - rashtra Agricultural Universities, 4: 159 - 161.

GUPLA D N, LAD B L, CHAVAN A S, et al., 1985. Enzyme studies on spongy tis sue: A physiological ripening disorder in Alphonso mango [J]. Journal of Maharashtra Agricultural Universities, 10: 280 - 282.

ISO 6660 mangoes - cold storage, 1993 - 12 - 1 (Second edition) [S]. JOHNSON G I, HOFMAN P J., 2009. Postharvest technology and quarantine treatments [M] //Litz, R. E. (Ed.), The Mango: Botany, Production and Uses (2nd edition). CAB International, Wallingford, UK, 529 - 605.

JOSHI GD and LIMAYE VP., 1986. Effects of tree location and fruit weight on spongy tissue occurrence in Alphonso mango [J]. Journal of Maharashtra Agricultural Universities, 11: 104.

LIMA LC de O, CHITARRA A B, CHITARRA MIF. , 2001. Changes in
Amylase Activity Starch and Sugars Contents in Mango Fruits Pulp
cv. Tommy Atkins with spongy tissue [J]. Brazllan Archives of Biology and
Technology, 44 (1): 59 - 62.

LITTLEMORE J, WINSTON EC, HOWITT CJ, et al. , 1991. Improved
methods for zinc and boron application to mango (*Mangifera indica* L.)
cv. Kensington Pride in the Mareeba - Dimbulah district of North Queensland [J].
Australian Journal of Experimental Agriculture, 31 (1): 117 - 121.

MALO SE and CMAPBELL CW. , 1978. Studies on mango fruit breakdown in
Florida [P]. Proceedings of the Tropical Region of American Society for
Horticultural Science, 22: 1 - 15.

Mangoes using high humidity hot air and fungicide treatments [J], Annals of
Applied Biology, 123 (2): 441 - 448.

NY/T 750—2020, 2020. 绿色食品 热带、亚热带水果 [S]. 北京：中国农
业出版社 .

NY/T 1476—2007, 2007. 芒果病虫害防治技术规范 [S]. 北京：中国农业出
版社 .

NY/T 391—2021, 2021. 绿色食品产地环境质量 [S]. 北京：中国农业出
版社.

NY/T 392—2023, 2023. 绿色食品 食品添加剂使用标准 [S]. 北京：中国
农业出版社 .

NY/T 393—2020, 2020. 绿色食品 农药使用准则 [S]. 北京：中国农业出
版社 .

NY/T 394—2021, 2021. 绿色食品 肥料使用准则 [S]. 北京：中国农业出
版社 .

PRUSKY D. , 1983. Assessment of latent infection as a basis for control of post
harvest diseases of mango [J]. Plant diseases (67): 816 - 818.

SARAN PL and KUMAR RATAN. , 2011. Boron deficiency disorders in man-
go (*Mangifera indica*): field screening, nutrient composition and ameliora-
tion by boron application [J]. Indian Journal of Agricultural Sciences, 81
(6): 506 - 510.

SHIVASHANKARA KS and MATHAI CK. , 1999. Relationship of leaf and
fruit transpira - tion rates to the incidence of spongy tissue disorder in two

mango (*Mangifera indica* L.) cultivars [J]. Scientia Horticulturae, 82: 317 - 323.

SOME A, SAMSON R. , 1996. Isoenzyme diversity in Xanthomonas compestris pv. Mangiferae indica [J]. Plant Pathology, 45: 426 - 431.

SUBRAMANYAM HH and MURTHY H. , 1971. Studies on internal breakdown, a physiological ripening disorder in Alphonso mangoes [J]. Tropical Science, 13: 203 - 210.

WAINWRIGHT H and BURBAGE MB. , 1989. Physiological Disorders in Mango (*Mangifera Indica* L.) Fruit [J]. The Journal of Horticultural Sience 8. Bio - technology, 64 (2): 125 - 136.

附录 禁限用农药名录

　　《中华人民共和国农产品质量安全法》规定，禁止在农产品生产经营过程中使用国家禁止使用的农业投入品以及其他有毒有害物质。《农药管理条例》规定，农药使用应按照标签规定的使用范围、安全间隔期用药，不得超范围用药。剧毒、高毒农药不得用于防治卫生害虫，不得用于蔬菜、瓜果、茶叶、菌类、中草药材的生产，不得用于水生植物的病虫害防治。

一、禁止使用的农药（56种）

　　六六六、滴滴涕、毒杀芬、二溴氯丙烷、杀虫脒、二溴乙烷、除草醚、艾氏剂、狄氏剂、汞制剂、砷类、铅类、敌枯双、氟乙酰胺、甘氟、毒鼠强、氟乙酸钠、毒鼠硅、甲胺磷、对硫磷、甲基对硫磷、久效磷、磷胺、苯线磷、地虫硫磷、甲基硫环磷、磷化钙、磷化镁、磷化锌、硫线磷、蝇毒磷、治螟磷、特丁硫磷、氯磺隆、胺苯磺隆、甲磺隆、福美胂、福美甲胂、三氯杀螨醇、林丹、硫丹、氟虫胺、杀扑磷、百草枯、灭蚁灵、氯丹、2，4-滴丁酯、甲拌磷、甲基异柳磷、水胺硫磷、灭线磷、氧乐果、克百威、灭多威、涕灭威、溴甲烷

　　注：甲拌磷、甲基异柳磷、水胺硫磷、灭线磷过渡期至2024年9月1日，过渡期内禁止在蔬菜、瓜果、茶叶、菌类、中草药材上使用，禁止用于防治卫生害虫，禁止用于水生植物的病虫害防治；甲拌磷、甲基异柳磷过渡期内禁止在甘蔗上使用。过渡期后禁止销售和使用上述4种农药。氧乐果、克百威、灭多威、涕灭威过渡期至2026年6月1日，过渡期内禁止在蔬菜、瓜果、茶叶、菌

类、中草药材上使用，禁止用于防治卫生害虫，禁止用于水生植物的病虫害防治；克百威过渡期内禁止在甘蔗上使用。过渡期后禁止销售和使用上述 4 种农药。溴甲烷仅可用于"检疫熏蒸处理"。

二、在部分范围内禁止使用的农药（12种）

通用名	禁止使用范围
内吸磷、硫环磷、氯唑磷	禁止在蔬菜、瓜果、茶叶、中草药材上使用
乙酰甲胺磷、丁硫克百威、乐果	禁止在蔬菜、瓜果、茶叶、菌类和中草药材上使用
毒死蜱、三唑磷	禁止在蔬菜上使用
丁酰肼（比久）	禁止在花生上使用
氰戊菊酯	禁止在茶叶上使用
氟虫腈	禁止在所有农作物上使用（玉米等部分旱田种子包衣除外）
氟苯虫酰胺	禁止在水稻上使用